NATIONAL GEOGRAPHIC

世界トップクラスの
ワクチン学者が語る、
Covid-19の
陰謀・真実・未来

PAUL A. OFFIT

TELL ME
WHEN
IT'S OVER

ポール・A・オフィット
関谷冬華 訳
大沢基保 日本語版監修

疫禍動乱

装丁
田中久子

装画
木原美沙紀

疫禍動乱

シャーロット・モーザーに捧げる

彼女が科学と教育に注ぐあくなき熱意に敬意を表し、

私たちの長きにわたる友情への感謝を込めて。

Contents

PART 1
過去

PART 2 現在

PART 3 未来

はじめに

２０１９年12月11日、中国の武漢でコウモリ由来のコロナウイルスが出現した。そこからＳＡＲＳ－ＣｏＶ－２（サーズ・コロナウイルス－２）と呼ばれるこのウイルスによる肺炎で数百人の患者が入院する事態になるまでに、時間はかからなかった。のちに新型コロナウイルスと呼ばれるようになったＳＡＲＳ－ＣｏＶ－２は４０００人以上の命を奪い、中国国外にも広がった。新型コロナウイルスの免疫を持つ人はおらず、誰もこのウイルスについて知らなかった。

２０２０年1月に科学者たちがウイルスの分離に成功し、塩基配列を解読した。こうしてワクチンの開発が始まった。

２０２０年3月に、世界保健機関（ＷＨＯ）は世界中に広がったウイルスのパンデミック（世界的大流行）を正式に宣言した。この時点で、すでに1万２０００人の死者が出ていた。コロナウイルスによる米国の死者数が20万人を超えた２０２０年5月、ドナルド・トランプ米大統領は「ワープ・スピード作戦（超高速作戦）」の開始を発表した。これは、米国政府が１１００億ドルを投じて、製薬会社によるワクチン開発を加速させようとする取り組みだった。

全世界のコロナによる死者が２００万人に達した２０２０年12月、米食品医薬品局（ＦＤＡ）は緊急使用許可（ＥＵＡ制度）と呼ばれる簡略化されたプロセスを適用してファイザーとモデルナが製造したワクチンの使用を許可した。どちらのワクチンも、新しいワクチン技術である修飾メッセンジャー

RNA（mRNA）を使用していた。これらのmRNAワクチンは臨床試験段階で7万人以上に接種され、高い効果が認められたが、EUA制度の承認プロセスは一般的なワクチンの承認に比べると基準が緩く、ワクチン開発もかなりの急ピッチで進められたため、少なからぬ数の国民が開発に手抜きがあったのではないか、安全ガイドラインが守られていないのではないかという不安を抱いた。（著者はロタウイルスワクチンを発明した研究者の一人だが、ロタウイルスワクチンの開発と試験には26年かかった。一方、最初の新型コロナワクチンの開発と試験の期間は11カ月だった。）

米国の新型コロナウイルスによる死者が50万人を超えた2021年1月、ジョセフ・バイデンが第46代米大統領に就任した。バイデン政権はただちにワクチンの大量生産、大量流通、大量接種に向けて動いた。米国の医療制度は大勢の成人がワクチン接種を受けることを想定していなかったため、これはなかなか大変な作業だった。バイデン大統領の就任当時、米国では1日当たり100万人の医療従事者が新型コロナワクチンの接種を受けていた。この数字は1カ月後の2021年2月には150万人、3月には250万人、4月には350万人と順調に増えていった。これは見事な成果だと言えるだろう。

2023年6月現在、米国人のおよそ96パーセント（子供は90パーセント以上）が新型コロナウイルスのワクチン接種を受けるか、ウイルスに感染するか、あるいはその両方を経験している。もはや病院が新型コロナ患者であふれ返ることはない。新型コロナワクチンの当初の目的は、重症化を防いで入院したり、集中治療室に入ったり、霊安室に運び込まれたりする人を減らすことだったが、その目的は達成された。ほとんどの人は、以前の生活を取り戻した。ニュース番組『60ミニッツ』でバイデン大統領はこう語った。「パンデミックは終わった。それでも新型コロナウイルス感染症の問題は完全には解決していない。まだやるべきことはたくさん残っている。しかし、パンデミックは終わった」

バイデン大統領の発言は正しいのだろうか？

パンデミックの定義の一つに、私たちの仕事や暮らしや活動をすっかり変えてしまうことが挙げられる。パンデミックは、インフルエンザのようなよくある感染症の流行（エピデミック）とはわけが違う。

新型コロナウイルスが米国に入り込む2年前、インフルエンザは80万人の入院患者と6万人の死者を出した。インフルエンザは毎年流行するが、だからといって私たちの生活が変わることはない。日常的なマスク生活も、ソーシャルディスタンス（対人接触距離）の確保も、感染者の隔離も、移動制限も、休校も、会社の休業も、検査を受けることも、求められることはない。もしもこうした感染対策をすべて実行すれば、毎年のインフルエンザによる入院患者数や死者数は大幅に減るかもしれない。実際に、新型コロナウイルスの感染拡大を抑えるための対策が大々的に行われた２０２０年には、米国からインフルエンザはほとんど姿を消し、冬に流行することが多い他のウイルス性呼吸器感染症もほとんど見かけなかった。

今の私たちは、新型コロナウイルスと共存し、この感染症による死者が出ることを受け入れる段階に来ている。新型コロナウイルスが消えることはない。これだけは確かだ。インフルエンザは１３００年代から流行を繰り返してきた。同じように、新型コロナウイルスも世界中を巡り、より感染力が強く、免疫をすり抜ける新たな変異株を生み出しながら、数十年、いや数世紀にわたって私たちを脅かし続けるだろう。

今や誰もがマスクを脱ぎ捨て、屋内に大勢で集まり、大規模なスポーツイベントやコンサートに出かけ、公共交通機関を利用し、映画館で映画を見ている。日常は以前の姿を取り戻しつつある。しかし、免疫不全などの理由でワクチン接種が有効でない人々が米国内だけで900万人もいることを忘れてはいけない。また、米国だけでも毎年400万人の赤ちゃんが生まれているが、赤ちゃんはウイルスに非常に感染しやすい。それに、高齢であったり、何らかの理由で体力が低下していたりするために、比較的軽い感染症でも命に関わりかねない米国人も数千万人いる。さらに、新型コロナワクチンは重症化の予防効果は高いが、発症の予防や感染防止という意味合いの効果はそれほど期待できない。世界中のすべての人がワクチンを接種し、ウイルスの変異株が出現することがなくなったとしても、新型コロナはなくならないだろう。

特にこの感染症による影響を受けやすい人々を守りながら、私たちはどのように新型コロナウイルスと共存していけばよいのだろうか。これからも検査とマスク着用は続けるべきか？　幼い子供たちにもワクチン接種を受けさせる必要はあるだろうか？　パンデミック後の世界で新型コロナワクチンの接種が義務化される可能性はあるのだろうか？

本書では、私たちのこれまでの歩みを振り返り、これからどこを目指すのかを考えていく。新型コロナウイルスが蔓延（まんえん）した2020年、私はフィラデルフィア小児病院感染症科で医師として勤務していた。他の多くの病院と同様に、私の勤務先にも大勢の感染者が運ばれてきた。新型コロナにかかった子供たちは呼吸をするのも苦しそうだった。集中治療室に運び込まれて人工呼吸器につながれた子供たちの両親は泣いていた。命を落とした子供たちもいた。病院で働く多くの医療従事者は、目の前の光景に打ちのめされた。

同じく2020年に、私は新型コロナワクチンを設計し、試験を実施する最善の方法について製薬会社に助言するグループに加わるように米国立衛生研究所（ＮＩＨ）所長のフランシス・コリンズ博士から要請を受けた。さらに私は２０１７年からＦＤＡワクチン諮問委員会の委員を務め、投票権も与えられていた。こうした肩書のせいで、ＣＮＮやＭＳＮＢＣ、ＦＯＸニュースなどの全国ネットのニュース番組や、ＣＢＳ、ＮＢＣ、ＡＢＣなどのモーニングショーに出演して刻々と変わる状況を解説するように頼まれることも少なくなかった。私の言葉はしょっちゅうメディアに引用された。同じような立場に置かれた多くの人々と同じように、私は状況を正しく理解することに大きな責任を感じていた。

しかし、パンデミックが長引くうちに、私たちが常に正しいとは限らないことがわかってきた。その理由は、私たちが判断を下すときに手元にある情報が十分でないことが多かったからだ。ときには、あちこちから内容が食い違う勧告が出されることもあった。その結果、多くの米国人が組織であろうが、個人であろうが、パンデミックから世界を救い出そうとする案内人を信頼しなくなっていった。米国の成人を対象として２０２２年に実施されたピュー研究所の調査によると、医者が公共の利益のために動いていることを強く信じていると答えた割合はわずか29パーセントだった。同じ年のＮＢＣニュースの世論調査では、米疾病対策センター（ＣＤＣ）を信頼していると答えた人の割合は、パンデミックが始まった当初の69パーセントから2年間で44パーセントまで低下した。

これから、私たちが学んできた――そして間違いなくこれからも学び続けることになるであろう――新型コロナウイルス感染症にまつわる出来事の裏側を紹介する。新型コロナウイルスはインフルエンザやＲＳウイルス感染症のように冬に流行して米国で毎年数十万人を入院させ、数万人を死亡させる呼吸器感染症ウイルスの仲間入りをした。本書では新型コロナウイルスをめぐる陰謀論の出どころを探り、今後のパンデミックへの私たちの対応にどのような危険をもたらす可能性があるかを明らかにする。さらに、私たち自身や子供たちを新たな病原体からしっかり守れる方法も考えていく。また、本書のウェブサイトでは詳しい資料や最新の科学や勧告のリンクを紹介している。

それでは、最初のところから話を始めよう。この恐ろしいウイルスはどこから、どのようにしてやって来たのだろうか？

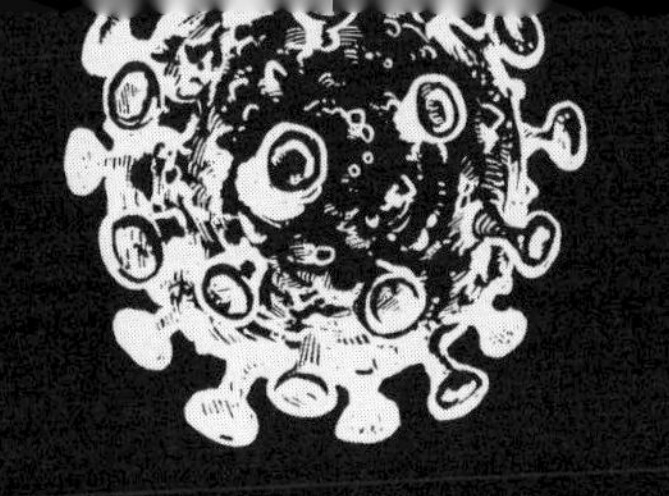

PART 1
過去

多くのニセ情報やデマに踊らされ、
米国では新型コロナウイルスの感染者、そして死者を増やした。
いったいなぜ、どういう経緯で、こんなことになってしまったのか。

第1章　悪夢の始まり

・新型コロナウイルス（ＳＡＲＳ－ＣｏＶ－２）とは何か？
・新型コロナウイルスはどこからやって来たのか？
・新型コロナウイルスは研究所で作り出されたのか？
・新型コロナウイルスが自然の産物であるとどうしてわかるのか？
・新型コロナウイルスはなぜ危険なのか？

新型コロナウイルスとは何か？

２０２０年1月20日、ＣＤＣは米国内で初となる新型コロナウイルスの感染者が出たと発表した。その日のうちに、ＣＤＣは災害対策本部を立ち上げた。

新型コロナウイルスの正式名称であるＳＡＲＳ－ＣｏＶ－２とは、重症急性呼吸器症候群コロナウイルス2型（Severe Acute Respiratory Syndrome Coronavirus type 2）を意味する。コロナ（ｃｏｒｏｎａ）とはギリシャ語で王冠のことだ。電子顕微鏡で見るとコロナウイルスは王冠の装飾のようなたくさんの突起があることから、そう呼ばれている。

新型コロナウイルスはどんなところが特別なのだろうか？

人間に感染するコロナウイルスは、新型コロナウイルスが登場する前から存在していた。米国では毎年、4種類のコロナウイルスが順番に流行している。新型コロナウイルスと同様に、以前からのコロナウイルスも鼻やのどに感染し、風邪のような症状が現れる。重症化した場合は、肺炎を起こすこともある。毎年冬に呼吸器系疾患で入院する患者の約15パーセントは、この4種類のコロナウイルスのどれかに感染している。

世界的に大流行し、パンデミックを起こしたウイルスは、新型コロナウイルスが初めてではない。例えば、過去100年間でインフルエンザは1918年、1957年、1968年、最近では2009年の4度にわたって世界的に大流行している。

さらに言えば、パンデミックを起こしたコロナウイルスも、新型コロナウイルスが初めてではない。最初に大流行したコロナウイルス、SARS-CoV-1（SARSコロナウイルス）は2002年2月に中国で確認された。このウイルスは30カ国に広がり、8000人以上の感染者を出し、約800人が死亡した。2003年7月に流行は終息し、以降は世界のどこでもこのウイルスによる感染者の報告はない。

その10年後に世界的に流行した2番目のコロナウイルスによるMERS（Middle East respiratory syndrom［マーズ］：中東呼吸器症候群）は、2012年6月にサウジアラビアで発生した。このウイルスは20カ国に広がり、2500人以上の感染者を出し、約900人が死亡した。SARSと同じく、MERSも今のところ感染拡大は見られない。SARSもMERSも、ウイルスの発生源はコウモリとされている。コウモリが持っていたウイルスが人間に感染して広がったのだ。

新型コロナウイルスがこれらの過去のウイルスと違っているのは、他のどのウイルスよりも大きな被害をもたらしたことだ。米国ではＳＡＲＳでもＭＥＲＳでも死者は出なかった。一番最近の２００９年のインフルエンザの大流行による米国での死者はおよそ1万２５００人だった。１９１８年の「グレート・インフルエンザ（訳注　日本でいうスペイン風邪）」は、米国の歴史でも類を見ないほどの被害を出し、67万５０００人が命を奪われた。一方の新型コロナウイルスは、２０２３年4月までに米国内で１１０万人の死者を出している。

なぜ新型コロナウイルスはこれほど多数の犠牲者を出したのか？　この点については、この章の最後で詳しく説明する。その前にまずは、このウイルスがどこからやって来たのかを知ろう。それを知らずして次のパンデミックは防げない。

新型コロナウイルスはどこからやって来たのか？

パンデミックが始まってまもない時期に、トランプ政権は大きなミスを立て続けに犯した。政権は、ウイルスが猛威を振るう地域――最初はアジア、次にヨーロッパ――からの移動制限をなかなかかけようとしなかった。医療機関では感染予防のための個人防護具が不足し、看護師たちは医療用ガウンの代わりにゴミ袋をかぶり、マスクの代わりにバンダナを顔に巻いた。人工呼吸器も足りなくなり、各州が自力での対応を迫られた。韓国や日本、カナダ、英国などの国々がウイルスの感染源を突き止めるために信頼性の高い検査キットの提供をいち早く開始したのに対し、米国は出だしからもたつき、精度の低いキットを出回らせた揚げ句に、結局は回収するはめになった。しかもあろうことか、トランプ大統領は米国では検査が多すぎると発言した。米国では不必要に恐怖があおられているだけで、パンデミックは実際のところたいしたことはなく、2020年のイースター（訳注　3〜4月に行われるキリスト教の復活祭）までには終息する可能性が高い、というのがトランプ大統領の主張だった。パンデミックの初期の対応のまずさは尾を引き、メディアも国民もトランプ政権の無能さを批判した。

批判の矛先をそらすため、トランプは新型コロナウイルスの封じ込めに失敗した中国に責任を転嫁し、新型コロナウイルスを「中国ウイルス」とか「カンフール」（「カンフーのかぜ」のもじり）と呼んだ。さらに、武漢のウイルス研究所がオバマ政権時代に米国立衛生研究所（NIH）から補助金を受け取ってウイルスを開発したと非難した。

新型コロナウイルスが武漢の研究所から流出したのではないか、あるいは意図的に拡散されたのではないかという疑念は、政権がバイデン政権に移っても根強く残っていた。2023年2月26日にホワイトハウスと議会の主要メンバーに提出された機密情報報告書によれば、米エネルギー省（DOE）は「新型コロナウイルスによるパンデミックは研究所からウイルスが流出したために発生した可能性が高い」という結論を出した。DOEがそのような結論にたどり着いた詳しい経緯はわからない。その2日後の2月28日、米連邦捜査局（FBI）のクリストファー・レイ局長がFOXニュースで「FBIはかなり前から、パンデミックは研究所の事故が原因で発生した可能性が最も高いと考えている」と語った。ここでも、詳しい説明は一切なかった。

翌日の2023年3月1日には、膵臓（すいぞう）外科医で公衆衛生の専門家のマーティ・マキャリー博士が下院特別委員会で新型コロナウイルスが中国の研究所から発生したことは「疑いの余地がない」と断言した。

ただし、DOEやFBIとは違って、マキャリーは2014年にNIHがコウモリ由来のコロナウイルスの研究のために武漢ウイルス研究所に60万ドルの研究資金を渡していたという事情を明らかにした。「我々が武漢の研究所に資金を提供していたというのは恥ずべき事実だ」と彼は下院で語った。「(コロナウイルスのパンデミックが)発生した地点は、中国有数の高レベルウイルス研究所から5マイル(約8キロ)ほどしか離れていない。当初、研究所の医師たちは逮捕され、情報の口外を禁止する書類に無理やり署名させられた。研究所の報告書は破棄され、調査の手も入っていない」

マーティ・マキャリーも、クリストファー・レイも、DOEも、新型コロナウイルスは人間の手によって作り出されたウイルスだと主張した。過去に、研究機関でパンデミックを起こすようなウイルスが作り出されたことはなかった。「とんでもない主張には類いまれな証拠による裏づけが必要」というカール・セーガンの言葉を信じるなら、これは裏づけとなる直接的な証拠が何もないとんでもない主張、単なる陰謀論や中傷と変わらないことになる。「私はパンデミックの発端が研究所であるという説を裏づける証拠があればいつでも受け入れる」と進化生物学者のマイケル・ウォロビーは書いている。「これまでのところ、そのような証拠はない」

米連邦議会委員会で「研究所からの流出説」についての発言が出たのは、上院委員会でのマキャリーの証言が初めてではない。彼の証言の2年前の2021年5月11日には、ケンタッキー州選出の共和党議員、ランド・ポールが上院の保健委員会と公衆の面前で武漢ウイルス研究所への資金提供の主な責任者だったと見られるNIH国立アレルギー・感染症研究所所長、アンソニー・ファウチ博士を厳しく追及した。ポール上院議員は、パンデミックを招いた新型コロナウイルスが武漢の研究所で作り出された可能性についてファウチに問いかけた。

ポール：ファウチ博士、パンデミックが武漢の研究所から始まったのか、あるいは自然に発生したのか、私たちにはわかりません。けれども、私たちはそれを知りたいと思っています。しかし、政府当局はそこに調べるべきことは何もないと言っています。（中略）真実にたどり着くために、米国政府は武漢ウイルス研究所がコロナウイルスの人間に対する感染力を高める研究を進めていたことを認めるべきです。（中略）この機能獲得研究はＮＩＨからの資金提供を受けていました。（中略）ファウチ博士、あなたはそれでも武漢の研究所への資金提供に賛成するのですか？

「機能獲得」研究とは何か？　その研究がどうやって世界を揺るがせる規模のパンデミックを引き起こしたのか？

機能獲得について理解するために、狂犬病ウイルスを例にとって説明しよう。人間は狂犬病ウイルスに感染した動物に噛まれることによって、狂犬病に感染する。ウイルスが皮膚の内側に入り込むと、神経を通って脳に到達し、せん妄、痙攣（けいれん）、昏睡（こんすい）などの症状が出て、やがて死に至る。狂犬病の死亡率は100パーセント、発症すればまず助からない。人間に感染する病気の中で最も恐ろしい感染症であることは間違いないだろう。

例えば、この恐ろしい狂犬病ウイルスにどこかの科学者が手を加えて、動物に噛まれたときだけでなく、普通の風邪と同じように感染した動物が出した飛沫が鼻や口に入るだけで狂犬病に感染するようにしたとしたらどうだろうか。この新たなウイルスは感染力が強い上に、致死性は変わらない。これが機能獲得だ。もしこんなウイルスが本当に登場したら、有効なワクチンでもない限り人類が絶滅しかねない。

幸いなことに、狂犬病ウィルスの感染力を高めようとした人間はまだいない。しかし、だからといってそのようなウィルスの改変が不可能だとは言えないし、これからもそのような試みをする人間が出ないとも言い切れない。実際に、2012年にある実験が米国の公衆衛生関係者を恐怖に陥れ、2年も経たないうちに米国内の機能獲得研究を違法とする規制が整備されたことがあった。

その実験はウィスコンシン大学マディソン校で行われていた。そこでは、鳥インフルエンザウィルスが（人間と同じ哺乳類である）フェレットの体内で増殖しやすくなるように、研究者たちがウィルスに手を加えていた。つまり、彼らは鳥類にしか感染しないインフルエンザウィルスを、人間にも感染する可能性があるウィルスに作り変えたのだ。もちろん、このようなインフルエンザウィルスに対する免疫は誰も持っていない。機能獲得研究がパンデミックを起こしかねないウィルスを生み出したわけだ。

ランド・ポール議員から激しい批判を受けたファウチは、すぐに怒りを込めて反論した。

ファウチ：ポール上院議員、失礼ながら、ＮＩＨが武漢の研究所で行われている機能獲得研究のための資金提供を行った、また現在も行っているというのは上院議員の完全なる誤解です。

ランド・ポール上院議員は、研究所からのウィルス流出説を米国内で最初に広めた人間の一人だった。機能獲得研究がパンデミックを起こすウィルスを誕生させる可能性があるという点については、彼は正しかった。しかし実際のところ、武漢ウィルス研究所ではどのような研究が行われていたのか？

そこの科学者たちが意図して、あるいはそれと気づかずに新型コロナウィルスを作り出した可能性はあるのだろうか？

新型コロナウイルスは研究所で作り出されたのか？

２０１６年に、武漢ウイルス研究所でコロナウイルスの研究責任者を務めていたのは石正麗博士だった（政治家からは侮蔑的な意味を込めて「コウモリ女」と呼ばれることも多かった）。

石正麗はＷＩＶ１（Wuhan Institute of Virology-1：武漢ウイルス研究所－１）と名づけられたコロナウイルス株を研究していた。これは、研究室の管理下であればサルの細胞で増殖できるコウモリ由来のコロナウイルスだったが、人間が感染したことはなかった。ＷＩＶ１株と新型コロナウイルスに似通った点はない。

石正麗は、ＷＩＶ１と武漢周辺の洞窟にいる8種類のコウモリのコロナウイルスをかけ合わせるとどうなるかを調べようとしていた。だが、かけ合わせから生まれたコロナウイルス株の中に元のＷＩＶ１よりも危険性の高い株はなかった。つまり、ＷＩＶ１のように多少なりとも人間に感染する可能性があるものはなかったのだ。

武漢の研究所で機能獲得研究が進められていたという点については、ランド・ポールは間違っていなかった。石正麗は確かに機能獲得研究を進めていた。彼女の研究からＷＩＶ１よりも危険なコロナウイルス株が誕生する可能性も確かにあった。だが、可能性は可能性のままに終わり、コロナウイルスは何の機能も獲得しなかった。

新型コロナウイルスが自然の産物であるとどうしてわかるのか？

動物由来のウイルスが変異して人間に感染するようになることは珍しくない。代表的なものにはインフルエンザウイルス（鳥類）、ヒト免疫不全ウイルス（チンパンジー）、エボラウイルス（コウモリ）、エムポックス（サル痘：げっ歯類）が挙げられるが、SARSやMERSも元々は動物（コウモリ）が持っていたウイルスだ。実際に、人間に感染するウイルスや細菌のおよそ60パーセントは、動物に由来する。（黒死病を引き起こしたペスト菌はネズミが持っていた菌で、ある専門家が言うように中世の細菌研究所で作り出されたわけではない。）

困ったことに、気候変動のせいで動物たちの生息環境が破壊され、多くの種がすみかを奪われている。こうして本来すんでいた場所を追われたコウモリが、動物から人間へのウイルスの感染源になることが多い。

新型コロナウイルスは人間に感染するコロナウイルスとしては7番目のウイルスで、過去20年間に限って言えば3番目にあたる。これらのコロナウイルスはすべてコウモリ由来のウイルスだ。さらに、過去のコロナウイルスの感染はどれも、動物と人間がせまい場所に集まり、様々な種類の動物が生きたまま売り買いされる生鮮市場で発生している。２００２年のSARSの最初の発生でも中国広東省仏山の市場で動物から出たウイルスが人間に感染したと見られ、２００３年には広東省広州でも同様の感染が発生している。

私たちも知っているように、中国で動物から人間に感染した最後のウイルスはSARSウイルスではない。

２０１９年12月3日、武漢の華南海鮮卸売市場にいた買い物客の一人が、違法に動物が取引されていた市場の西地区で撮影した写真や動画を（取引の違法性を承知した上で）ウェイボー（中国のＳＮＳ）に投稿した。中国当局はすぐに写真を削除したが、そのときにはすでにＣＮＮのレポーターがその写真を米国の科学者のところに送っていた。写真にはタヌキとアカギツネが写っていた。どちらもコロナウイルスに感染しやすい動物だ。

その1週間後の２０１９年12月11日に、市場の西地区の店で働いていた一人の女性が新型コロナウイルス感染症を発症した。新型コロナウイルスの最初の感染者3人のうち2人は市場の西地区に出入りしていた。実際には、初期に発生した感染者の半数以上が華南の市場に出入りしたり、出入りはしていなくても市場と何らかの関わりを持っていたりした。

武漢は人口１１００万人の大都市だ。新型ウイルスの発生源として疑われる場所は、学校や飲食店、スポーツ施設、ショッピングモールなどおよそ1万カ所に上った。しかし、最初の集団感染は武漢の華南海鮮卸売市場でウイルスを持っていた可能性のある生きた動物を扱っていた西地区に限定されていた。動物から人間へのウイルス感染はまさにこの場所で起こったのだろう。これが動物から人間への感染以外の何らかの偶然で発生した可能性は、１０００万分の1だ。

さらに、武漢はパンデミックが発生しやすい条件がそろった場所でもあった。その理由は武漢ウイルス研究所があるからではない。武漢は中国中部地域最大の都市であり、生きた動物を扱う市場がいくつもあった。加えて、ここは移動や商業の主要拠点にもなっていた。

多くの場合、ウイルスがある程度広がるには人口密度の高いことが条件になる。武漢ウイルス研究所はパンデミックを起こすために作られたわけではない。パンデミックが起こる可能性が高そうな場所でウイルスを研究することを目的にウイルス研究所が設立されたのだ。

新型ウイルスの集団感染の報告を受けた中国政府は市場を閉鎖し、設備や動物を検査して新型コロナウイルスがいるかどうかを確認した。残念ながら、中国政府は検査の結果を公表しなかったため、陰謀論や隠ぺい説が過熱することになった。検査結果は後になってから偶然発覚したが、その経緯については後述する。

パンデミックが始まってから数カ月もたたないうちに、研究所からのウイルス流出説がささやかれるようになった。流出説を信じる人たちは、新型コロナウイルスに似たウイルスは自然界で見つかっていないため、研究室で作り出されたに違いないと主張した。だが、それは真実ではなかった。ランド・ポール議員による上院聴聞会から数カ月が経った2021年、フランスのパスツール研究所とラオス国立大学の研究チームが新型コロナウイルスとほぼ同一のスパイクタンパク質（訳注　ウイルス表面の突出構造を形成するタンパク質）を持つコロナウイルスをコウモリから発見した。つまり、新型コロナウイルスのスパイクタンパク質は自然界に存在していたのだ。それならば、このウイルスが研究所で作り出されたとは言い切れなくなる。

しかし、研究所からのウイルス流出説はとどまるところを知らなかった。中でもマサチューセッツ州ケンブリッジにあるブロード研究所の博士研究員アリーナ・チャンと、気候変動に疑問を呈していることでも知られるジャーナリストで作家のマシュー・リドレーによる共著『Viral: The Search for the Origin of Covid-19（ウイルス：新型コロナウイルスの起源を探る）』はベストセラーになり、メディアにも大きく取り上げられた。チャンとリドレーは、自分たちが決定的な証拠をつかんだと信じていた。新型コロナウイルスは、フューリンと呼ばれるタンパク質分解酵素によって切断されない限り人間の細胞に侵入することができないが、新型コロナウイルスのスパイクタンパク質のフューリンによる切断部位には不自然なところがあり、研究所で作り出されたウイルスにしかこのような特徴は見られないはずだと彼らは主張した。だが、2023年5月に中国の研究者が海南省の洞窟でフューリンの切断部位が新型コロナウイルスと完全に一致するコウモリコロナウイルスを同定した。新型コロナウイルスのスパイクタンパク質と同じく、不自然に見えたフューリンの切断部位もすでに自然界に存在していたわけだ。

研究所からのウイルス流出説を否定していた科学者たちは、新型コロナウイルスは特に人間に感染させることを狙ったウイルスではないと指摘した。このウイルスと人間の細胞との結合は強力とはいえず、特に人間の細胞に結合しやすいわけでもなかった。新型コロナウイルスは、アリクイやヒヒ、ビーバー、ネコ、ジャコウネコ、クーガー、シカ、イヌ、フェレット、ゴリラ、ハムスター、カバ、ハイエナ、ヒョウ、ライオン、オオヤマネコ、マナティ、マーモセット、マウス、ミンク、サル、カワウソ、センザンコウ、ウサギ、タヌキ、トラ、ハタネズミなど、実に様々な動物に感染する。パンデミックが始まってから2～3年間のうちに、新型コロナウイルスは人間の細胞に結合しやすいように変異を重ね、感染力を増しながらアルファ株、ベータ株、オミクロン株と次々に新たな変異株が登場した。新型コロナウイルスが研究所で作り出されたものだとしたら、できの悪い大学院生が作ったに違いないと揶揄した科学者もいる。

上院公聴会でランド・ポール上院議員は、中国政府が市場の中やその周辺で検査した動物から新型コロナウイルスは検出されなかったと主張した。「当然ながら、中国政府はこのウイルスが動物に由来するかどうかを調べようとした」とポール議員は語った。「ウイルスが生鮮市場から発生したのかどうかを確認するために、8万匹の動物が検査された。しかし検査の結果、新型コロナウイルス陽性を示した動物は1匹もいなかったのだ！」ポール議員は知らなかったが、中国の市場で扱われていた動物からは新型コロナウイルスが検出されていた。ただ、この段階ではその事実が公開されていなかっただけだった。

２０２３年３月になってようやく、アリゾナ大学の進化生物学者マイケル・ウォロビー、カリフォルニア州のスクリプス研究所のウイルス学者クリスチャン・アンダーセン、シドニー大学の生物学者エディー・ホームズという3人の著名な研究者が、科学界から中国政府が隠し続けた正真正銘の動かぬ証拠を見つけた。彼らは、最初の集団感染の発生後まもなく華南海鮮卸売市場の西地区で行われた検査の結果の一部があるウェブサイトに一時的に掲載されていたことに気がついた。誤って掲載されたと見られるこれらの遺伝子情報は、事態を把握した中国政府の手ですぐに削除された。しかし、そのときにはすでに手遅れだった。

決定的な証拠が白日の下にさらされた。２０２０年1月に華南海鮮卸売市場で最初に集められたサンプルのうち、違法に売られていたタヌキから新型コロナウイルスの遺伝子が検出されていた。さらにその周辺では、排水溝、檻、カート、羽毛処理の道具、金属ケージ、食肉処理された動物を処理する機械などで新型コロナウイルスが検出された。一軒から五つのサンプルで陽性が確認された店もあった。

決定的な証拠は、中国で同時期に系統の異なる2種類のＳＡＲＳ－ＣｏＶ－２ウイルスが発生していたという事実が明らかになったことだ。「2種類の別の系統が存在している理由を矛盾なく説明するには、それぞれのウイルスが別々のルートで動物から人間に感染したとしか考えられない」とマイケル・ウォロビーは書いている。「感染拡大の起点が研究所での事故なら、B系統のウイルスに感染した人間が感染直後に華南の市場に向かい、その1週間後に別の経路からA系統のウイルスに感染した別の人間がやはり感染直後に華南の市場に向かったことになる。しかも、その2人の感染者が研究所にも人口1100万人の都市のどこにも一切の痕跡を残していないことになるが、そんなことはあるはずがない。（中略）SARS－CoV－2こと新型コロナウイルスは、市場で生きたまま取引されていた野生生物に関係していることはほぼ確実だ。この意見を否定する人は科学を理解していないか、みんなに科学を理解させたくないかのどちらかだ」

2023年3月11日に、ウォロビー、アンダーセン、ホームズの3人は『Decoding the Gurus（達人を読み解く）』という2時間45分のポッドキャスト（訳注　ネットを通じて配信される音声や動画の番組）に出演し、新型コロナウイルスがどのようにして動物から人間に感染したかを逐一説明した。だが、新型コロナウイルスの起源はすでに科学の世界だけの話にはとどまらなくなっていた。

研究所からの流出説を否定する確かな証拠が示されたにもかかわらず、2023年3月にエコノミストとYouGov社が共同で実施した世論調査によれば、米国人の3分の2は新型コロナウイルスが研究所で作り出されたことを信じているという結果が出た。

武漢ウイルス研究所で新型コロナウイルスが作られたわけではないにしても、中国政府には非難されるべき点がある。公衆衛生機関がまともに機能している他の国であれば、新型ウイルスが出現して市中に蔓延し、数百人、最終的には数千人の死者を出していたという事実が国内の内部告発者から伝わるようなことはなかったはずだ。（未知の感染症の出現を早い時期から世界に警告していた武漢の眼科医、李文亮医師も新型コロナウイルスに感染し、2020年2月6日に34歳で死去した。彼の勇敢な行動が評価されたのは後になってからだった。）

さらに悪いことに、中国当局は一貫して国内の市場で哺乳類の違法な取引はなかったという事実とは異なる主張を続けていた。武漢に4カ所ある市場では、ジャコウネコやタヌキなど、新型コロナウイルスの宿主として知られる野生生物が違法に取引されていた。実際に、2017年5月から2019年11月にかけて中国の市場では38種のおよそ4万7000匹の動物が生きたまま取引されたが、そのうち31種は中国の法律で保護対象となっている動物だった（そのような動物の販売はもちろん違法だ）。それに加えて、中国政府は新型コロナウイルス発生当初に他国の科学者による武漢での調査をなかなか許可しようとしなかった。陰謀論が過熱した理由はそこにもある。

研究所からのウイルス流出説は否定されたが、一度煙が立ったうわさはすぐに消えることはなさそうだ。2023年4月18日に公開された米上院共和党健康小委員会による300ページの報告書では、「多数の状況証拠が本件は意図しない研究関連のインシデントである（ことを示している）」と述べられている。マーティ・マキャリー、クリストファー・レイ、ならびにDOEの声明と同じく、具体的な証拠は示されなかった。

新型コロナウイルスはなぜ危険なのか？

人類は過去に何度もウイルスの大流行を経験してきたが、新型コロナウイルスが特に恐れられるのにはいくつかの理由がある。

- 新型コロナウイルスは症状が軽かったり、無症状の感染者から感染が広がったりすることが多い。

つまり、健康そうに見える人からでもこのウイルスをうつされる可能性があるのだ。一方、以前にパンデミックを起こしたＳＡＲＳやＭＥＲＳを簡単に制圧できたのは、感染するとほぼすべての患者にかなりひどい症状が現れたからだ。だから、感染者を隔離してウイルスの拡散を防ぐのはたいして難しくなかった。

・新型コロナウイルスは、感染力の強いアルファ株、ベータ株、デルタ株や免疫をすり抜けるオミクロン株など、新たな変異株が次々に登場している。ワクチンを２回以上接種している人や自然に感染した人、あるいはワクチン接種と自然感染の両方を経験した人でも、免疫をすり抜ける力を持つ変異株に感染すると軽い症状が出る場合があり、他の人に感染させる可能性もある。現在のところ、ワクチン接種や過去の感染によって得られた重症化予防効果がまったく役に立たなくなるような変異株は登場していない。しかし、そのような変異株が今後も現れないとは限らないのだ。新たな変異株は次々と誕生している。

・新型コロナウイルスは高齢者にとって特に恐ろしいウイルスだ。新型コロナウイルス感染症による死者の80パーセント以上を65歳以上が占め、55歳以上の割合は約93パーセントに上る。実際に、介護施設では新型コロナウイルスは「死の天使」と呼ばれて恐れられ、初期には米国の新型コロナウイルスによる死者の40パーセント以上をこうした施設の入居者が占めていた。米国で毎年数万人が死亡するインフルエンザの場合、介護施設の入居者が全体の死者に占める割合は10パーセントに満たない。

・パンデミックが始まって最初の夏が来ても、新型コロナウイルスの勢いは衰えなかった。これは誰も予想しなかった事態だった。インフルエンザウイルスやRSウイルス、パラインフルエンザウイルス、ライノウイルス（いわゆる普通の風邪のウイルス）など、他のウイルスが引き起こす呼吸器系感染症は冬に流行することが多く、夏にはほとんど見られない。

・新型コロナウイルスに感染すると味覚や嗅覚に異常が出る人もいる。研究により、このウイルスは鼻から神経を経由して脳に入り込む可能性があることがわかっている。

・新型コロナウイルスに感染すると、倦怠感、記憶障害、運動障害、心疾患、胸の痛み、「ブレインフォグ（頭に霧がかかったようにぼうっとして思考力や集中力が低下した状態）」、言語障害など、いわゆる「コロナ後遺症」が数カ月から数年にわたって続くこともある。

・新型コロナウイルスに子供が感染すると、ＭＩＳ－Ｃ（小児多系統炎症性症候群）と呼ばれる疾患を引き起こすこともある。この病気は5歳から13歳の子供が発症することが多い。最初のうちはたいしたことはなく、ウイルスに感染しても症状は軽いか、無症状で、すぐに軽快する。しかし感染から1カ月ほど経ち、ウイルスが体内から完全に消失した頃に、高熱や肺炎、心臓や肝臓、腎臓、脳の機能低下などの症状が現れた子供たちが病院に担ぎ込まれる。ＭＩＳ－Ｃを発症した子供は集中治療室に運ばれることが多く、死亡することもある。２０２３年6月の時点で、米国では９０００人以上の子供たちがＭＩＳ－Ｃを発症し、76人が死亡した。ＭＩＳ－Ｃによく似たＭＩＳ－Ａと呼ばれる疾患が成人に見られることもある。

・新型コロナウイルスは血管の内側で炎症（血管炎）を起こし、肝臓や腎臓の機能を低下させ、さらに脳卒中や心臓発作のリスクも上昇させる。驚いたことに、新型コロナウイルスが血管の中に侵入しなくても、血管炎を起こすことがある。ウイルスが体の免疫系を操って、血管の細胞を破壊させるのだ。体内のあらゆる臓器には血液が流れ込んでいるため、すべての臓器がリスクにさらされることになる。

研究所からのウイルス流出説を最初に唱えたのはランド・ポール議員ではない。この説が誕生したのは、ポール議員の上院公聴会のちょうど1年前、まだワクチンや抗ウイルス薬やモノクローナル抗体が新型コロナの治療や予防に使われるようになる前だった。こうした陰謀論が米国の一般人に与えた影響はとてつもなく大きかった。私たちが戦う敵は新型コロノウイルスだったはずだが、戦う相手が人間に変わるまで、それほど時間はかからなかった。

第2章　陰謀論の甘いわな

・新型コロナウイルス感染症にまつわる陰謀論はいつ出現したのか？
・元々の新型コロナウイルス陰謀論の中に信憑（しんぴょう）性のあるものは存在したのか？
・人はなぜ陰謀論に惹かれるのか？

新型コロナウイルス感染症にまつわる陰謀論はいつ出現したのか？

パンデミックが始まってからわずか数カ月後の2020年5月4日、ハリウッド風にもっともらしく作り込まれた映画「Plandemic: The Hidden Agenda Behind Covid-19（プランデミック：新型コロナウイルス感染症の裏側に隠された計略）」が複数のソーシャルメディアで出回った。陰鬱な音楽とモノクロの映像で仕上げられたこの映画は、新型コロナウイルスにまつわる陰謀論を紹介していた。世間の反応は早く、映画を観た人々はマスクの着用やソーシャルディスタンス、検査、感染者の隔離、検疫のための隔離、新型コロナワクチンの接種などを拒否するようになった。『プランデミック』はソーシャルエンジニアリング（訳注　人間の心理につけこんで、思い通りの行動をさせようと操作すること）を見事に実証してみせていた。

予算わずか2000ドルで制作されたこの映画は、のちに1月6日の国会議事堂襲撃の場でも演説をすることになるほぼ無名の映画監督マイキー・ウィリスと、生化学者のジュディ・マイコヴィッツの2人を中心に展開する。

元モデル兼俳優で当時52歳だったウィリスは、『Shoe Shine Boys（靴磨きの少年たち）』というインディーズの低予算映画を監督していた。『プランデミック』の前には、ヨガと瞑想に関する短編映画や、コンポストを使用した堆肥作りを紹介した公共広告、古代マヤ文明の墓室で呪われた骨を発見し、そのわずか1カ月後に骨のがんと診断された男のドキュメンタリーなどを制作したことがある。（これは偶然だろうか？　そう、偶然とはそういうものだ。）

映画は不穏な警告から始まる。「国家の命運が危機に瀕している今、すべての人間の命を危険にさらしている腐敗がらみの疫病の裏で糸を引く人物をマイコヴィッツが名指しで告発していく」。その後、マイコヴィッツは、新型コロナウイルスによるパンデミックは自然に発生したわけではなく、政府高官や公衆衛生当局、製薬会社のお偉方や悪意を持った科学者、さらにはビル・ゲイツのような大金持ちや医学会の重鎮が寄ってたかって今のような状況を仕立て上げ、自分たちの銀行口座の金額をつり上げるためにパンドラの箱を開こうとしていると語る。ナレーターはジュディ・マイコヴィッツを「『サイエンス』誌で科学界を震撼させる科学論文を発表し、彼女の世代で最も実績のある科学者の一人となった」と紹介している。それからまもなく、見た目にはとてもそんな人間には思えないマイコヴィッツは、新型コロナウイルス陰謀論の生みの親となった。

ジュディ・マイコヴィッツは、1988年にメリーランド州ベセスダにある米国立がん研究所の検査技師としてキャリアをスタートさせた。1991年にはジョージ・ワシントン大学で生化学と分子生物学の博士号を取得し、ベセスダを離れてカリフォルニアに移り住んだ。しばらくヨットクラブでウェイトレスをした後で、ネバダ州リノにある民間研究所のホイットモア・ピーターソン神経免疫疾患研究所で研究責任者となった。この研究所では、重い場合には体を動かせなくなることもある慢性疲労症候群の原因を突き止めるための研究が進められていた。

マイコヴィッツはこの病気の原因がわかったとして、2009年に一流雑誌の『サイエンス』誌で論文を発表した。慢性疲労症候群を発症した患者は、マウスのレトロウイルスに感染していたというのが彼女の主張だった。レトロウイルスはどこにでもいるウイルスで、エイズの原因となるヒト免疫不全ウイルス（HIV）を除けば、ほとんどは感染しても問題はない。マイコヴィッツは、エイズ以外でレトロウイルスが原因となっている別の病気を自分が発見したと思っていた。慢性疲労症候群に苦しむ患者にようやく希望の光が差し込んだように思われた（彼らの多くはエイズの治療にも使われる抗ウイルス薬の服用を開始した。ただし、この薬にはそれなりのリスクもあった）。

『プランデミック』のナレーターは、マイコヴィッツの発見が医学界を震撼(しんかん)させたと言ったが、それは間違いではなかった。しかし、その衝撃は長くは続かなかった。2年後の2011年、『サイエンス』誌の編集部は「本論文の著者らを含め、複数の研究所による研究で慢性疲労症候群の患者から確実にマウスレトロウイルスを検出できず、加えていくつかの特定の実験において品質管理が不十分であったことを示す証拠が存在する」としてマイコヴィッツの論文を撤回した。つまり、ジュディ・マイコヴィッツがいた研究所では慢性疲労症候群患者の血液サンプルがいつのまにかマウスレトロウイルスで汚染されるという、初歩的なミスを犯していたのだ。彼女が発見したと思った結果を誰も再現できなかった理由はそれで説明がつく。ジュディ・マイコヴィッツの科学者としてのキャリアはこうして終わった。これ以降、彼女は科学論文を一切発表していない。

マイコヴィッツは『サイエンス』誌による論文の撤回は不当だと訴え、撤回通知への署名を拒んだ。この問題に決着をつけるため、米国立衛生研究所はコロンビア大学のウイルス学者のイアン・リプキン（新種のウイルスの感染拡大を描いた映画『コンテイジョン』で医療監修を担当した）に230万ドルを提供し、最終的な結論を出すように求めた。マイコヴィッツの同意を得て、リプキンの研究室では慢性疲労症候群患者300人分の血液サンプルに対して慎重な検査が行われ、「最終的な結論」が出た。リプキンはマイコヴィッツの結果を再現できなかった。マウスレトロウイルスが人間の病気を引き起こすことはなかったのだ。リプキンの出した結果を受け入れると約束していたマイコヴィッツだったが、この結果を彼女は認めようとしなかった。

同年、『サイエンス』誌の編集部は論文を撤回し、ホイットモア・ピーターソン研究所の所長であるアネット・ホイットモアはジュディ・マイコヴィッツを解雇した。さらに、マイコヴィッツは研究所から窃盗の罪で訴えられ、逮捕された。ネバダ州ワショー郡の地方検事は、「盗品の保管ならびにコンピューターのデータ、機器類、消耗品およびその他のコンピューターに関連する財産の違法な持ち出し」の容疑でマイコヴィッツを起訴した。マイコヴィッツはネバダ州リノからカリフォルニア州ベンチュラ郡に逃れたが、逃亡先で逮捕され、5日間拘置された（最終的にすべての刑事訴追は取り下げられた）。

この時点で、ジュディ・マイコヴィッツの前には二つの道が残されていた。第一の道は、自分が研究所でミスを犯したことを認め、一から出直すことだ。間違った内容の論文を発表したことがある科学者は彼女だけではない。過去にも多くの優れた科学者が同じような過ちを犯し、間違いを認めて謝罪してきた。第二の道は、自分が正しく、他の全員が間違っているという考えにしがみつくことだ。マイコヴィッツは第二の道を選び、一人の陰謀論者が誕生した。やがて彼女は新型コロナウイルスや新型コロナワクチンについて大勢の米国人を「教育」するようになった。

『プランデミック』が世に出たのは、ジュディ・マイコヴィッツが『サイエンス』誌に投稿した論文が撤回されてから9年後のことだった。この頃のマイコヴィッツは、マウスレトロウイルスが慢性疲労症候群のみならず、自閉症、リンパ腫、前立腺がんの原因にもなっていると主張していた。『プランデミック』の中でマイコヴィッツは自らの過去にも言及し、自分は「無実の罪で拘束された」だけで、ホイットモア・ピーターソン研究所からの物品の持ち出しの一件は警察のSWATチームが夜に彼女の自宅に強制捜索に入ったときに仕組んだものだと主張した。さらに彼女は、アンソニー・ファウチから「慢性疲労症候群に関する彼女の研究の検証を目的とした研究に参加するために国立衛生研究所に来たら逮捕すると脅しをかけられた」とも発言している。「彼女が話していることにはまったく心当たりがない」とファウチ博士は言う。

米国で最初の新型コロナウイルス感染者が出てから4カ月後、この感染症を予防できるワクチンの接種が開始される7カ月前に、『プランデミック』は公開された。平たく言えば、ジュディ・マイコヴィッツは大勢の米国人がそのときに求めていた言葉をそっくりそのままに口にしたのだ。

元々の新型コロナウイルス陰謀論の中に信憑性のあるものは存在したのか？

『プランデミック』は新型コロナウイルスと新型コロナワクチンに関する様々な説を紹介していたが、

やがて明らかになったように、その情報は間違いだらけだった。

ウイルスの発生源について、マイコヴィッツは「ノースカロライナの研究所、フォート・デトリック、米陸軍感染症医学研究所、さらに武漢の研究所で人為的に作り出された」と述べている。「このウイルスが人間の手で作り出されたことはどう見ても明らかだ。自然に発生したとすれば、出現までに800年はかかるはずだ」。第1章でも説明したように、新型コロナウイルスは自然に発生したウイルスであり、人間の手が生み出したものではない。しかも、ごく短期間のうちに出現している。

新型コロナウイルス感染症の治療に関して、マイコヴィッツは「抗マラリア薬のヒドロキシクロロキンが最も効果の高い治療薬なのだが（中略）彼らはその事実を隠している」と言っている。しかし、これも事実とは大きく異なる。次の章でも見ていくが、FDAはヒドロキシクロロキンを新型コロナウイルス感染症の治療薬として使用することを一度は許可したものの、まもなくこの薬にはコロナの治療効果がない上にリスクがあることが判明した。

マスクについては、「マスクをすると、文字通りに自分自身が持っているウイルスが活性化される」とマイコヴィッツは述べている。新型コロナウイルスはすでに活性化されているし、マスクを着けたところでウイルスの攻撃力が高まるわけではない。逆に、ウイルスは鼻や口から飛び出す小さな飛沫に含まれるため、飛沫よりも隙間が小さいマスクをつけていれば、どこかでウイルスをもらったり、誰かにうつしたりする確率を大幅に下げることができる。それにもかかわらず、テキサス州選出のルイー・ゴーマート共和党下院議員は、自分が新型コロナウイルスに感染したのはマスクを着用していたせいではないかと不安がっていた。

マイコヴィッツは新型コロナウイルスによるパンデミックの原因がワクチンだとも主張している。「これまでにインフルエンザのワクチンを接種したことがある人は、コロナウイルスを注射されている」。インフルエンザのワクチンにコロナウイルスは入っていない。ワクチンを製造する企業には、厳格な手順に従ってワクチンに無関係なウイルスやウイルス断片、ウイルス遺伝子が含まれないことを示すいくつもの証拠をFDAに提出することが義務づけられている。マイコヴィッツは新型コロナウイルスが武漢の研究所で作り出されたと発言しながら、インフルエンザワクチンが新型コロナウイルスに汚染されていると主張し、さらにマスクがウイルスを活性化させると言っている。彼女の言葉は矛盾だらけだ。一体彼女は何が言いたいのか？　マイコヴィッツの作戦は昔からよく使われてきたやり方だ。手当たり次第に適当なことを口にして、どれかが当たればいいと思っている。

新型コロナワクチンに関して、マイコヴィッツは「現在のところ、RNAウイルスに有効なワクチンが開発される見通しはない」と話した。この発言を聞いただけでも、今や完全に科学を否定し、反ワクチン活動家と化したジュディ・マイコヴィッツがどのような人物かがわかるだろう。

マイコヴィッツは、新型コロナウイルスはRNAウイルスであると言っている。これは正しい。しかし、RNAウイルスに有効なワクチンは基本的に作れないとも言っている。これは間違いだ。

1930年代以降、RNAウイルスに効果のあるワクチンはたくさん開発されている。例えば、かつてフィラデルフィアの全住民の10パーセントが命を落とした黄熱は、ワクチンのおかげで米国とヨーロッパからほぼ姿を消した。ワクチンが登場する前のポリオは、米国で毎年3万人に麻痺が残り、1500人の死者が出る病気だった。同様に麻しんによって米国では毎年5万人が入院し、500人が死亡していたし、おたふくかぜでは6000人の子供たちが聴力を失い、多数の聾学校が設立される原因になった。妊婦の風疹感染により、2万人の赤ちゃんが先天性風疹症候群（白内障や難聴、重度の先天性心疾患）を抱えて生まれ、ロタウイルスでは脱水症状で7万5000人が入院し、60人が死亡していた（開発途上国ではさらに多くの死者を出している）。これらの病気はすべて、RNAウイルスが原因だ。そして、今ではこの病気はどれもワクチンで感染や重症化を防ぐことができる。

まもなく世に出るはずの新型コロナワクチンの安全性について、マイコヴィッツはワクチンを製造する企業が「すでに犠牲者を出している（他の）ワクチンと同じように、何百万人もの死者を出す」と主張した。2023年6月の時点で、新型コロナワクチンは世界180カ国以上で世界の全人口の70パーセントに130億回以上接種されている。このときまでに新型コロナウイルスによる死者は700万人を超えていたが、死亡した感染者のほとんどはワクチンを接種していなかった。米国だけでも、少なくとも300万人が新型コロナワクチンに命を救われている。数百万人の命を奪ったのは新型コロナウイルスであり、新型コロナワクチンではない。

パンデミックの初期に感染対策としてビーチが閉鎖されたことについてマイコヴィッツは言っている。「なぜビーチを閉鎖する必要があるのか？　海水の中には治療効果を発揮する微生物がいる。それなのに立ち入れないようにするなんて、まともではない」。海の中の微生物に治療効果を発揮するものはいない。バクテリオファージと呼ばれる細菌を殺すウイルスはいるが、ウイルスを殺す細菌はいない。

個人の自由を主張することについて、マイコヴィッツは「私たちが今すぐこの動きを止めなければ、私たちは共和制と自由を失うだけでなく、人間らしさをも失いかねない。この策略に私たちは殺されようとしている」と語る。マイコヴィッツは、個人の権利と自由の上に成り立つ米国は、命に関わる可能性があるウイルスであっても甘んじて受け入れ、感染したり、感染させたりすることも仕方がないというゆるぎない立場をとっている。社会全体の感染防止策に対抗する姿勢を打ち出せば、彼女の言葉に釣られた反ワクチン活動家や政治的右派も続いて動き出すだろう。

『プランデミック』がFacebookやYouTube、Vimeoで公開されてからおよそ24時間後の2020年5月5日の朝、Qアノンと呼ばれるオルタナ右翼集団（訳注　米国の反動的な新保守主義集団）がこの映画に「絶対に見逃せない独占コンテンツ」という見出しをつけて2万5000人のメンバーに送った。その数時間後には、1700人が自分のFacebookページでこの動画を共有していた。5月5日の夜には、3万6000人のメンバーを擁し、外出禁止令の解除を求める団体、リオープン・アメリカの一団体であるリオープン・アラバマのFacebookページにも『プランデミック』は登場し、さらにリオープン・アメリカの数十団体がリンクを共有した。また、コレクティブ・アクション・アゲンスト・ビル・ゲイツ（ビル・ゲイツに対抗する集団行動）、フォール・オブ・カバル（陰謀団の崩壊）、トゥルース・レボリューション（真実の革命）など、デマの強力な発信源もこの動きにどんどん加わっていった。『プランデミック』に触発された反ワクチン集会の参加者たちは「ビル・ゲイツを逮捕しろ」と叫んだ。

翌日の2020年5月6日になると、『プランデミック』はメインストリームにもなだれこみ、爆発的に拡散した。1週間も経たないうちに、800万人以上がYouTube、Facebook、Twitter（現X）、Instagramなどで『プランデミック』を視聴した。Facebookでの『プランデミック』の公開と時期を同じくして、テイラー・スイフトがコンサート『シティ・オブ・ラヴァー』のテレビ放送を告知し、人気ドラマ『ジ・オフィス』の出演者たちがZoomで開かれる18分間のオンライン結婚式で集まることを公表し、ペンタゴンは「未解明空中現象」の動画を3本投稿した。これらはどれも大きな話題を呼んだが、『プランデミック』にはかなわなかった。人々は明らかに、エイリアンの侵略や人気歌手のテイラー・スイフトよりも『プランデミック』に興味を引かれたのだ。コメディアンのダレン・ナイトとラリー・ザ・ケーブル・ガイ、総合格闘技チャンピオンのティト・オーティズとアレックス・リード、さらにはＮＦＬのスター選手やＩｎｓｔａｇｒａｍのインフルエンサーらが、こぞってジュディ・マイコヴィッツが発信した情報を積極的に拡散した。

２０２０年５月の終わりには、前月に発表されたばかりのマイコヴィッツの著書『Plague of Corruption（腐敗からみの疫病）』がステファニー・メイヤーの大人気『トワイライト』シリーズの最新作を抑えてアマゾンの売れ筋ランキングで1位を記録した。「新型コロナウイルスの陰謀論者になって損はない」とブログ『サイエンス・ベースド・メディシン（科学に基づく医療）』の編集者、デビッド・ゴルスキーは言う。「新型コロナウイルスに手をつけるまでのマイコヴィッツは、せいぜい二流止まりの変わり者の反ワクチン主義者だった。それが今はどうだ！」

人はなぜ陰謀論に惹かれるのか？

ジュディ・マイコヴィッツとマイキー・ウィリスは、混沌から秩序を生み出した。ウイルスの出どころをどうしても知りたい人々に、マイコヴィッツは（武漢ウイルス研究所という）一つの答えを差し出した。新型コロナウイルス感染症の治療法を切実に求める人々に、マイコヴィッツはすぐに手に入る薬（ヒドロキシクロロキン）を教えた。どうしてもマスクを着けたくない人々に、マイコヴィッツはマスクを外しても問題ない（マスクはウイルスを活性化させる）と告げた。何としてもビーチに戻りたい人々に、マイコヴィッツはビーチを開放する大義名分（海水の中にいる治療効果を発揮する微生物が新型コロナを治してくれる）を与えた。この騒動を誰かのせいにしたい人々に、マイコヴィッツは悪役（ビル・ゲイツ、アンソニー・ファウチ、国立衛生研究所、世界保健機関、米国と中国の悪者科学者たち）を用意した。

数年後、研究者の側も混沌から秩序を生み出した。だが、科学的発見を根拠として生み出される秩序は、築き上げるまでが大変で、理解するのも簡単ではないが、あっさりと崩れることはない。一方、陰謀論はわかりやすく、わずか数分で作り上げて拡散することもできる。だから、陰謀論が完全になくなることはない。

今にして思えば、恐ろしい新型ウィルスの登場とともに陰謀論も出てくるのは当然の流れだった。1981年にエイズの原因であるヒト免疫不全ウィルス（HIV）が最初に見つかったときも、多くの人々はこのウィルスが研究所で作り出されたものではないかと疑った。当時は、米中央情報局（CIA）が兵器としてHIVを開発し、ハイチやアフリカで何も知らない人たちを使って研究を進めていたが、やがてウイルスをコントロールできなくなったというとんでもないうわさまでささやかれていた。実際に、ケニアの環境保護活動家でのちにノーベル平和賞を受賞したワンガリ・マータイは当時の陰謀論に反応して、次のように発言した。「エイズについて、なぜこれほどたくさんの事実が隠されているのか？隠すせいで、余計に疑わしく思えてくる（中略）私はいつも、人々に真実を話すことが重要だと考えてきたが、表に出せない事実がまだあるのではないかと勘繰りたくなる」

HIVが米国内で最初の感染者を出してからおよそ30年後の2010年、HIVの原型にあたるサル免疫不全ウィルス（SIV）が初めてチンパンジーで検出された。SIVからHIVへの進化は、1930年代にカメルーンで起こった可能性が高いと考えられている。研究所からの流出やCIAの関与を疑った陰謀論も流れたが、最終的には消滅した。しかし、エイズウイルスの本当の起源を突き止めるまでに数十年の時間がかかったため、様々な説が出回ることになった。

2020年半ばには、毎日数千人の人々が新型コロナウイルス感染症で命を落としていた。世界中がこの病気の治療薬を切実に求めていた。絶対に、何か使えるものがあるはずだ。別の病気の治療に使われている薬の中に、この新たな恐ろしい感染症にも効果を発揮するものがあるのではないか。薬局で手軽に買えたり、病院に行けば処方してもらえたりするような薬の中に、そのようなものはないだろうか。

ふたを開けてみれば、その何かは100年以上前から使われてきたもので、実はパンデミックの当初から使うことができた。だが、それはみんなが期待していたものとは違っていた。治療薬をめぐるどたばたのせいで公衆衛生当局に対する不信の種が植え付けられ、芽生えた不信感はその後もひたすらに募るばかりだった。

第3章　ＦＤＡのしくじり

・なぜＦＤＡ（米国食品医薬品局）は新型コロナウイルス感染症に効果のない薬を治療薬として承認したのか？
・研究者たちは薬に効果があるかどうかをどうやって確かめるのか？
・２０２０年前半の時点で、命を救えるような薬はあったのだろうか？

米国で初めて新型コロナウイルスの感染者が出たとき、このウイルスには誰が感染してもおかしくない状況だった。感染する可能性は誰にもあった。抗ウイルス薬が開発されたのは２０２０年10月、モノクローナル抗体が使えるようになったのは２０２０年11月、ワクチン接種を受けられるようになったのは２０２０年12月になってからだ。その前の治療薬も予防する手段もない段階で新型コロナウイルスに感染した患者は、高熱と咳と肺炎に苦しみ、場合によっては集中治療室に運ばれて人工呼吸器につながれ、命を落とすこともあった。

トランプ政権は魔法の薬を切実に求めていた。安価で手に入りやすく、このパンデミックを終わらせることができる薬。そんな薬はないものだろうか？

そこに登場したのが、マラリア治療薬のヒドロキシクロロキンだった。

なぜFDA（米国食品医薬品局）は新型コロナウイルス感染症に効果のない薬を治療薬として承認したのか？

初期の研究では、ヒドロキシクロロキンは新型コロナウイルス感染症の治療薬として有望視されていた。（ヒドロキシクロロキンよりも毒性が低い）クロロキンでコロナウイルスに感染したマウスを治療できる可能性があり、ヒドロキシクロロキンはコロナウイルスとヒトの細胞の結合を阻害できる可能性があることが研究によって示されていたからだ。

しかし、ほとんどの実験で思わしい結果は得られなかった。例えば、ヒドロキシクロロキンには新型コロナウイルスに感染したサルに対する治療効果は見られなかった。この結果だけでも、人間にヒドロキシクロロキンを投与する実験を中止する理由としては十分だったはずだ。ヒドロキシクロロキンには貧血、てんかん発作などの副作用があることが知られており、命に関わるような不整脈を起こすこともある。

特に注目を集めたのは、68歳のフランスの研究者ディディエ・ラウールによる研究だった。フランスでラウールと言えば、フランスの科学者にとって最高の栄誉とされるフランス国立衛生医学研究所グランプリを受賞したこともあるかつてのスターだ。遺伝学者で医師のアクセル・カーンは「ラウール教授の変わらないところは、自分の優秀さをわかっていることだ」と話す。「しかし、彼は自分以外の人間には価値がないと思っている。その点も昔からずっと変わらない」。ラウールはダーウィンの進化論を「完全な間違い」だと言ってはばからず、ダーウィンは「ばかげたことしか」書いていないと思っている。彼の自宅には、古代ローマの胸像のコレクションと一緒に、大理石でできた彼自身の像が飾られている。

2020年3月に、ラウールは36人の新型コロナ患者を対象とした小規模な臨床試験を実施した。20人の患者にヒドロキシクロロキンが投与され、それ以外の16人は標準治療を受けた。翌週、新型コロナウイルスの遺伝子を検出するPCR（ポリメラーゼ連鎖反応）検査が全患者に実施された。ラウールによれば、ヒドロキシクロロキンによる治療には効果があった。この治療を受けた患者は、標準治療を受けた患者よりも検出されたウイルス量が少なかった。ラウールは、ヒドロキシクロロキンが「患者の回復を効果的に促して治癒するまでの期間と感染力を維持している期間を大幅に短縮する」と結論づけた。

ついに、新型コロナウイルスの治療薬が見つかったかのように思われた。

2020年3月28日、ホワイトハウスからの強い圧力を受けたFDA（米国食品医薬品局）は、緊急使用許可（EUA制度）と呼ばれる特例的な手続きにより、ヒドロキシクロロキンを新型コロナウイルス感染症の治療薬として使用する許可を大急ぎで出した。それから1週間後の2020年4月4日、ドナルド・トランプ大統領はこの薬を「ゲームチェンジャー（状況を一気に変えるもの）」と呼び、米国政府に2900万錠のヒドロキシクロロキンを購入するように指示した。ラウールの研究成果は、「世界に響きわたった研究」と呼ばれた。ヒドロキシクロロキンの売上は急増した。

しかし残念ながら、ラウールの研究をよく調べてみると、ヒドロキシクロロキンは彼が主張するような奇跡の薬ではないことがわかってきた。第一に、ラウールはPCR検査でウイルス遺伝子の有無を確認していただけで、臨床評価は行っていなかったため、ヒドロキシクロロキンによる治療を受けていた患者がそれ以外の患者よりも早く回復していたかどうかははっきりしない。第二に、試験を開始する時点で26人の患者がヒドロキシクロロキン治療群にいたが、最終稿では20人分しかデータが報告されていない。他の6人はどうなったのだろう？　後からわかったことだが、6人のうちの1人にはひどい吐き気の症状が出て、さらに3人は集中治療室に運ばれた。また1人は治療を終える前に退院し、残る1人は死亡していた。

この件について科学者のエリザベス・ビックは「つまり、26人の患者のうち、4人はまったく回復していなかったことになる」と自らのブログに書いている。後になってからも、ビックは皮肉たっぷりにラウールの真似をして「死んだ患者を除けば、私の結果はいつも素晴らしい」と語っている。

ラウールの研究は進め方も管理もひどくずさんだったが、その事実が明らかになっても彼を知るものは誰も驚かなかった。ラウールの怒りを買うことを恐れて名を秘すことを条件に話を聞かせてくれたある有名なフランスのウイルス学者は、科学者の間でラウールの名声は「とっくに失われて」おり、「彼の研究所から発表される論文のほとんどは信頼性と再現性が低いことは誰もが認めている」と語った。ヒドロキシクロロキンの研究が発表される2年前の2018年に、ラウールの研究所はフランスでもトップクラスの公的研究機関2カ所から付き合いを完全に拒否された。

だが、トランプ大統領にヒドロキシクロロキンがすべてを変える「ゲームチェンジャー」になると固く信じ込ませた人物はディディエ・ラウールだけではなかった。

ラウールがヒドロキシクロロキンの研究を発表してから4カ月後の2020年7月27日、アメリカズ・フロントライン・ドクターズ（米国の最前線の医師たち）と呼ばれる右派とつながりのある団体がワシントンDCにある最高裁判所の階段を占拠した。彼らは、新型コロナウイルス感染症は「大規模にでたらめな情報を流す活動」だと信じ、それに対抗するための行動を起こしたのだ。保守派の政治組織ティーパーティー・パトリオッツ（ティーパーティーの愛国者たち）が主催したこの45分間の集会を、保守派のオンラインニュースサイトのブライトバートが最高裁判所の「記者会見」として流していたが、実際は最高裁判所とは何の関係もなかった。その日の夜に、トランプ大統領は8400万人いるツイッターのフォロワーに「絶対に見るべき」として複数のバージョンの動画を共有した。壇上に居並ぶ白衣に身を包んだ男性医師の集団の中に、一人の女性が混じっていた。彼女は小児科医で、牧師でもあった。「ここにいるのは非常に尊敬を集める医師の先生方だ」とトランプは言った。「一人の素晴らしい女性もいる！」

その「素晴らしい」女性とは、ステラ・イマニュエル博士だった。1965年にカメルーンで生まれた彼女は、隣国のナイジェリアにあるカラバル大学の医学部を卒業した。卒業から2年後の1992年に米国に渡り、テキサス州ヒューストンのショッピングセンターで医院を開業した。さらに彼女は、「終末に向けて聖徒たちを整え、戦士たちを訓練する」ための宗教団体、ファイアー・パワー・ミニストリーズ（炎の力による宣教活動）の創始者としての顔も持っている。最高裁判所の階段で開かれた集会で、イマニュエルは新型コロナウイルスに感染した患者の治療にあたった経験について語った。「誰もつらい思いをする必要はない。このウイルスには、ヒドロキシクロロキンという特効薬がある。私は350人以上の患者を治療してきたが、一人も死なせなかった！」イマニュエルは、今や米国人はマスクを脱ぎ捨てても問題はないと話した。「ほら！　あなたにマスクは必要ない」と彼女は言った。「特効薬があるのだから」

集会の翌日、Facebookはアップされた動画を削除した。しかし、この対応にステラ・イマニュエルは激怒し、削除した動画を元に戻さなければ、イエス・キリストがFacebook社のサーバーを破壊するだろうと警告した。（Facebookが削除した動画を元に戻すことはなかったが、その後も同社のサービスが停止したという話は聞かない。）

イマニュエルがとんでもない主張を繰り広げたのはこれが初めてではない。ファイアー・パワー・ミニストリーズで行った説教の中で、彼女は医療ではエイリアンのDNAが使われていると説き、さらに科学者たちはワクチンに人々の宗教心を失わせるような細工をしていること、卵巣嚢胞（のうほう）、子宮内膜症、不妊症、流産は女性が夢の中で悪魔や魔法使い（「夢魔」）と性交したために起こること、政府は「トカゲ人間」やエイリアンに操られていること（「この国を治める人々の中には人間ですらないものもいる」）、また「魔法使い」が「中絶、同性婚、そして子供のおもちゃ」を利用して闇の秘密結社イルミナティが実行する世界滅亡計画を企てていたとも語った。

ホワイトハウスの記者会見の場では、CNNのジャーナリストであるケイトラン・コリンズがトランプ大統領と対峙していた。「大統領、あなたが昨晩リツイートした動画であなたが素晴らしい医師と呼んでいた女性は、マスクには効果がない、新型コロナには特効薬がある、という医療の専門家によって否定されている内容を発言していました。さらに、彼女は医師たちがエイリアンのDNAを使って薬を作っている、宗教心を持たないようにさせるためのワクチンを作ろうとしていると語る動画も制作しています。これはでたらめな情報です」。それでもトランプ大統領は、ヒドロキシクロロキンが米国をパンデミックから救い出す切り札になるという主張を一切変えようとはしなかった。「私は、彼女が素晴らしい人物だと思っている」とトランプ大統領はコリンズに返した。「彼女がどこからきたのか――どこの国から来たのかは知らないが、彼女は何百人もの患者を治療して非常に大きな成功を収めたと言っている。私は彼女の声が重要だと思っている」。それだけを言うと、トランプ大統領は記者会見を打ち切った。

研究者たちは薬に効果があるかどうかをどうやって確かめるのか？

ヒドロキシクロロキンのような薬が新型コロナウイルスに効果があるかどうかを確かめる最善の方法の一つは、ランダム化対照試験（無作為化対照試験）と呼ばれる臨床試験を実施することだ。この臨床試験は、新型コロナウイルスに感染した患者を二つの集団に分けて行う。一方の集団には標準治療に加えてヒドロキシクロロキンを投与し、もう一方の集団には標準治療のみを行う。このような試験で有効な結果を得るためには、二つの患者集団で対象疾患の重症度、受療行動、併存疾患などについて同じような条件がそろっていなければならない。薬を投与する被験者がランダムに選ばれなければ、結果が臨床試験を担当した医師の先入観や被験者の条件の偏りに左右される恐れがある。例えば、臨床試験の対象となっている薬に絶対に効果があるはずで、そのことを証明したいと考えている医師が臨床試験の責任者になった場合、その医師は症状の重い患者よりも症状の軽い患者を選んで薬を投与しようとするかもしれない。そうすると、実際には薬が効いていなくても、効果があったように見えるのだ。

興味深いことに、ディディエ・ラウールはランダム化試験には倫理的な問題があると主張していた。「私たちは『聞いてくれ、残念ながら君の薬はプラセボ（偽薬）だから、君は死ぬ運命にある』などと言うつもりはない」（ディディエ・ラウールの言葉は、先入観を持つ担当医師の典型的な発言だ。）

２０２０年に米国、カナダ、ブラジル、中国、スペイン、フランス、韓国、オランダ、英国の研究者たちが数万人の患者を対象として数十件のヒドロキシクロロキンのランダム化比較対照試験を実施した。その結果、ほぼすべての試験でヒドロキシクロロキンは新型コロナの予防効果も治療効果も確認されなかった。しかし、ヒドロキシクロロキンに引導を渡すことになったのは、三つの試験だった。その三つの試験には「RECOVERY（回復）」、「SOLIDARITY（連帯）」「COALITION（合同）」という名前がつけられていた。

• RECOVERY試験：英国の研究チームが新型コロナ患者1600人に標準治療に加えてヒドロキシクロロキンを投与し、3200人の患者には標準治療のみを行った。標準治療のみの患者と比べると、ヒドロキシクロロキンを投与された患者は集中治療室に入る割合や人工呼吸器が必要になる割合が高く、死亡率も高かった。ヒドロキシクロロキンは効果がなかっただけでなく、病気を悪化させていたのだ。

• SOLIDARITY試験：30カ国の400カ所以上の病院でランダムに選ばれた900人の患者にヒドロキシクロロキンの投与と標準治療が行われ、こちらもランダムに選ばれた別の900人の患者には標準治療のみが行われた。ヒドロキシクロロキンを投与された患者は標準治療のみの患者と比較して重度の不整脈を発症する割合が高く、死亡する割合も高かった。ここでも、ヒドロキシクロロキンは効果がなく、危険であることが示された。

• COALITION試験：この試験は、ブラジルの研究チームが500人の患者を三つの集団に分けて実施した。一つの集団にはヒドロキシクロロキンが投与され、別の集団にはヒドロキシクロロキンとジスロマック（ヒドロキシクロロキンの効果を高める抗生物質：一般名はアジスロマイシン）が投与され、最後の集団には標準治療のみが行われた。ヒドロキシクロロキンを投与された患者は、ジスロマックを併用したかどうかにかかわらず、どちらの薬も投与されなかった患者に比べて改善は見られなかった。違いといえば、ヒドロキシクロロキンを投与された患者の方が心臓や肝臓に異常が出やすかったことくらいだった。再び、ヒドロキシクロロキンは効果がなく、危険であることが示された。

続々と公開されたヒドロキシクロロキンには非常に不利な研究結果を受けて、米国胸部学会、欧州呼吸器学会、米国立衛生研究所、米国感染症学会はこぞって新型コロナ患者の治療にヒドロキシクロロキンを使用しないことを強く推奨した。それでも、トランプ大統領の信念は揺らがなかった。「私にわかっているのは、いくつかの素晴らしい報告があったことだけだ」と彼は言った。「この薬のおかげで命が助かったという話を私はたくさんの人たちから聞いている」。彼にとっては科学研究の結果は問題ではなく、自分の耳に入った話がすべてだった。

ヒドロキシクロロキンの使用が許可されてからわずか3カ月後の2020年6月15日、FDAはこの薬の使用許可を取り消した。しかし、すでに数百万人がヒドロキシクロロキンを服用し、その結果、死者も出ていた。当然のことだが、FDAの信用は失墜した。

FDAのヒドロキシクロロキン使用許可取り消しを受けて、ドナルド・トランプとトランプが保健福祉長官に抜擢したアレックス・アザールは、ヒドロキシクロロキンの問題の論点をすり替えようとした。「現段階では、ヒドロキシクロロキンもクロロキンも米国で承認されている他の薬と同じ扱いになる。医師が処方すれば、入院患者にも外来患者にも使うことができるし、自宅での使用も可能だ」とアザールは話した。要するに、医師であれば、新型コロナの治療にも予防にも効果がないばかりか、危険性のある薬を自由に処方できるのだ。この日は米国保健福祉省にとってみじめな一日になった。（トランプ大統領は2020年10月2日に新型コロナウイルスに感染し、ウォルターリード国立軍事医療センターに入院したが、ヒドロキシクロロキンの投与は受けなかった。）

今にして思えば、FDAは米国民を裏切っていた。新型コロナウイルス感染症の治療薬としてヒドロキシクロロキンの使用をFDAが許可した時点で、この薬には重大で命に関わる可能性もある副作用があることが知られていた。新型コロナウイルスは世界中で蔓延しており、この薬の効果を確かめるための臨床試験に参加してもよいという患者を見つけるのに苦労はなかったはずだ。実際に、数十件の研究がすぐに行われた。

2020年前半の時点で、命を救えるような薬はあったのだろうか？

2020年のうちにモノクローナル抗体、抗ウイルス薬、ワクチンの使用が認められたが、その前にも日々新型コロナウイルス感染症に命を奪われていった多数の米国人の命を救うことができた可能性のある一つの治療法が存在した。回復期患者血漿(けっしょう)療法と呼ばれるこの治療法は、100年以上前から行われてきた。米国がこの治療法を十分に検証せず、うまく使いこなせなかったことは、今回のパンデミックの初期における最大の失敗だったと言えるだろう。

感染症から回復した人々から採取する回復期患者血漿は、1800年代後半から感染症の治療や予防のために使われてきた。基本的な発想は単純だ。ウイルスに感染して回復した人の体内では、そのウイルスに対する抗体が作られる。こうした抗体は血液の液体の部分（血漿）に含まれる。

モノクローナル抗体は２０２０年11月から新型コロナウイルス感染症の治療に使用できるようになった。だが、回復期患者血漿はそれよりも前から使用することができた。

回復期患者血漿とモノクローナル抗体には、二つの重大な違いがある。モノクローナル抗体は新型コロナウイルスのスパイクタンパク質に結合する。スパイクタンパク質はウイルスと細胞を結合させる役目があるため、スパイクタンパク質に抗体が結合して細胞と結合できないようにすれば、感染を防ぐことができる。一方、回復期患者血漿の抗体は、決まった部位にしか結合しないモノクローナル抗体とは違って、スパイクタンパク質のあちこちに結合する。しかも、新型コロナウイルスを形成する他の3種類のタンパク質にも結合できる。

回復期患者血漿には長く確かな歴史がある。

１９０１年、ジフテリア毒素を注射した動物から採取した血清でジフテリアを治療できることを証明したエミール・フォン・ベーリングが第1回のノーベル医学賞を受賞した。（血清とは凝固因子を含まない血漿だ。）20世紀初めにはジフテリアの抗血清のおかげで数千人の子供たちが命を落とさずに済み、破傷風の抗血清は傷口に破傷風菌が入ることが珍しくなかった第一次世界大戦中に大勢の命を救った。抗血清は１９１８年にスペイン風邪が流行したときにも使われた。それ以来、抗血清は麻しん（はしかのこと）、おたふくかぜ、水ぼうそう、A型肝炎、B型肝炎、エボラ出血熱などのウイルス感染症の治療に使われてきた。過去のコロナウイルス（ＳＡＲＳとＭＥＲＳ）による2回のパンデミックでも抗血清が治療に使用された。これだけの十分な実績があったからこそ、感染して回復した患者から採取した血漿を感染初期の別の患者に使用すれば、病気を治療できるのではないかと私たちは考えたのだ。

新型コロナウイルスが米国に上陸してから3カ月が経った2020年4月16日、FDAは新型コロナウイルス感染症から回復した患者からの献血の推奨を開始した。まだ予防法も治療法も確立されていなかった2020年の4月から8月にかけて拡大アクセスプログラムが実施され、数万人が血液を提供した。新型コロナウイルスによるパンデミックの間に差し込んできた多くの希望の光のうちの一筋だった。

2020年8月23日の日曜日、共和党全国大会が開催される前日の夜に、ホワイトハウスで記者会見が開かれた。モノクローナル抗体が使えるようになる3カ月前、ワクチンの接種が開始される4カ月前のことだった。このときも毎日のように数千人の米国人が命を落とし続けていた。会見の演壇に立ったのは、ドナルド・トランプ大統領とFDAのスティーブン・ハーン長官、それに保健福祉省のアレックス・アザール長官だった。

トランプ：中国ウイルスとの戦いにおいて、数えきれないほどの命を救えるであろう、まさに歴史的な発表をできることを私はうれしく思う。FDAは回復期患者血漿と呼ばれる治療法の緊急使用許可を出した（中略）この治療法は信じられないほどの高い成功率を挙げている。

アザール：主にこの治療法で治療した80歳未満で人工呼吸器を使用していない患者では、生存率がおよそ35パーセント改善されたことが確かめられている。私はこの点を強調しておきたい。なぜなら、この事実――この数字にごまかしやこじつけはないからだ。医薬品の開発において死亡率が35パーセント下がるのは夢のような話だ。これは患者の治療における大きな進歩だと言える。実に大きな進歩だ！

ハーン：わかりやすく説明しよう。FDAの長官になる前の私はがん専門医だったことは皆さんご存じだと思うが、生存率の35パーセントの改善というのは臨床効果として極めて大きい。これが意味することは——データがこのまま順調に推移すればということだが——新型コロナウイルス感染症にかかった100人の患者のうち、35人が血漿の投与によって救われたということだ。

科学者や医師たちはあぜんとして思わず言葉を失った。死亡率が35パーセント低下する？　トランプとアザールとハーンは、一体どの研究の話をしているのだろう？

2020年8月23日の記者会見で言及されていたのは、全米各地の2800カ所以上の病院が参加したメイヨークリニック（訳注　米国のトップランクの総合病院）の研究だった。2020年4月から7月にかけて拡大アクセスプログラムの一環として実施されたこの研究では、新型コロナウイルスに感染して入院した3万5000人の患者（多くは集中治療室に運ばれていた）にこの病気から回復した人々から採取した血漿が投与された。2020年8月12日に、メイヨークリニックの研究グループが結果を公表した。新型コロナウイルスの抗体を多量に含む血漿を投与された患者と、抗体の量が少ない血漿を投与された患者を比較した結果、投与された抗体量が多い集団の死亡率が8・9パーセントであったのに対し、抗体量が少ない集団の死亡率は13・7パーセントだった。これは良いニュースだった。新型コロナウイルスに対する抗体の量が多い回復期患者血漿を投与された患者は、抗体の量が少ない血漿を投与された患者よりも死亡する可能性が低かったというのだ。

だが、トランプとアザールとハーンがこの研究を引き合いに出して死亡率が35パーセント低下したと発表したことを知った科学者たちは、怒りをあらわにした。メイヨークリニックの研究の主任研究員の一人だったアルトゥーロ・カサデヴァルは、35パーセントという数字がどこから出てきたかわからないと『ニューヨーク・タイムズ』紙に話した。

それならばどうして、アレックス・アザールとスティーブン・ハーンは新型コロナ患者が血漿療法を受ければ100人のうち35人の命が救われると言ったのだろうか？　記者会見翌日の2020年8月24日月曜日の夜、ハーンは間違いを認めて謝罪した。「回復期患者血漿の効果についての日曜日の夜の私の発言に関しては、批判が寄せられた」と彼はツイートした。「批判はもっともだ。私はもっとうまく説明するべきだった。データが示すのは相対的なリスクの低下であり、絶対的なリスクが下がるわけではない。翌日、ハーンはテレビ番組『CBSディスモーニング』に出演し、改めて謝罪した。しかし、すでに手遅れだった。「国民の信頼は小さなことの積み重ねでしか得られない」とFDAのスコット・ゴットリーブ長官は語った。「しかし、信頼を失うときは一瞬ですべてを失う」

スティーブン・ハーンが相対リスクと絶対リスクを取り違えていたとはどういう意味だったのか？こう考えてみよう。家の前の歩道に立っていれば、車にはねられるリスクがある。家の前の道路を歩いて渡れば、車にはねられる相対リスクはずっと高くなる。例えば、リスクが1000倍になるとしよう。だが、道路をわたっている間に車にはねられる絶対リスクは非常に低いと言えるだろう。（私は家の前の道路をしょっちゅうわたっているが、車にはねられたことは一度もない。）

ハーンの間違いはここにあった。「新型コロナウイルス感染症にかかった100人の患者のうち、35人が血漿の投与によって救われる」という発言で、彼は新型コロナにかかった患者が全員死亡するという実際とは異なる事実を前提としていた。新型コロナウイルスに感染して集中治療室に入った患者でさえ、死亡するとは限らない。彼は、回復期患者血漿は集中治療室に入るほどの重症患者100人のうちおよそ5人の命を救えると説明するべきだった。または、重症化する相対リスクを35パーセント低下させたと言ってもよかったかもしれない。

回復期患者血漿の皮肉な点は、正しく検査を実施して特にリスクの高い患者に早い段階、つまりまだウイルスが増殖しているタイミングで投与すれば死亡するリスクを大きく下げられるが、（第9章で説明するように）患者が入院するような状態まで重症化してからの投与では効果が十分に得られないところだ。

しかし、パンデミックのこの時点では医師も研究者もまだ新型コロナウイルス感染症に関する十分な知識がなく、手探りの状態が続いていた。メイヨークリニックの研究では、入院患者にしか回復期患者血漿が投与されなかった。新型コロナウイルスに対する知識が追いつかなかったせいで起きた悲劇はここにもあった。（2022年末の時点で流行していた新型コロナウイルスの変異株は、市販されているすべてのモノクローナル抗体製品に対する抵抗性を持っていた。そのため、免疫不全などの理由でワクチンを打っても効果が出ない人にとっては、回復期患者血漿が新型コロナウイルスを予防する唯一の方法となった。）

2020年の夏には、多くの米国人がトランプやアザールやハーンの言うことを何一つ信じなくなっていた。うかつなトランプによる誇張（これは特に驚くようなことでもなかったが）に、保健福祉省とFDAの当時のトップによる科学的に間違った説明（こちらは驚くべきことだ）が加わり、さらには正しいやり方で回復期患者血漿の検証が行われなかったことも重なって、この治療法の評価はひどくおとしめられる結果になった。

回復期患者血漿の使用がピークだった2020年の秋には、入院患者の40パーセント以上にこの血漿が投与されていた。しかし、2021年の初めには、投与される患者の割合は10パーセントを下回った。回復期患者血漿が使用されなかったために2020年11月から2021年2月にかけて発生した超過死亡は、2万9000人程度と推定される。もし、この治療法が正しく行われていたら――リスクの高い患者に発症直後から投与されていたら――大勢の命が救われていたかもしれない。

在任期間中のトランプ大統領には、ほとんどの政府幹部と同様に、科学や医学をしっかり理解しようとするそぶりが見えなかった。しかし、過去の大統領たちとトランプが違っていた点は、いつも自分がいかにものを知らないかを臆面もなくみんなの前で披露し、それを気にかける様子もなかったことだ。（マーク・トウェインがこんな言葉を残している。「厄介なのは何も知らないことではない。実際は知らないのに、知っていると思い込んでいることだ」）

トランプ大統領は、自分には科学を理解し、それを国民に伝える力があると信じ込んでいた。2020年3月にアトランタにあるCDC本部をトランプ大統領が訪問した際に、一人の記者が迫りくるパンデミックに米国はどのように備えるべきかについて大統領に質問した。「ええっと、私のおじは…MITで教鞭をとっているが、記録的な年数でそれを続けてきたと思う。彼は本当にすごい超天才だ。ジョン・トランプ博士。私はこういうのが好きだ。ちゃんとわかってるよ。みんなは私が理解していることに驚く。博士たちは一人残らず、『どうしてそんなによく知っているんだ？』と言う。私には生まれつき才能があるのかもしれないな。大統領に立候補するのではなく、そちらの道に進むべきだったのかもしれない」

それから1カ月後の2020年4月24日、トランプ大統領は新型コロナを治療するために患者の体内に漂白剤を注射してはどうかと発言し、知識のなさを露呈した。漂白剤は様々な菌を殺す効果があるため消毒に使えるが、飲んだり、注射したりするものではないことを彼は理解していなかったのだ。「それに、私は1分で（ウイルスを）やっつける消毒剤を見た。1分だ」とトランプはホワイトハウスの記者会見で語った。この発言の後、米国では中毒事故の件数が急激に増えたため、消毒剤を製造する大手メーカーのライゾールは、同社の製品を飲まないように購入者に強く呼びかける声明を発表した。

戦々恐々とするホワイトハウスの職員が見守る記者会見の場で、トランプは悠々と話を続けた。漂白剤と同様に、紫外線でも多くのウイルスを無効化できると彼は聞かされていた。だが、太陽から放射される紫外線が皮膚を透過して体内に到達することはない。（いくら日光を浴びても肺まで日焼けすることはない。）だが、その話を聞いたトランプは一つの策を思いついていた。「それなら、体にものすごく強い光――紫外線でも、とても強力なただの光でも構わないだろうが――を当てるのはどうだろうか。まだ確かめられていないと君は言ったが、これから調べることになっているんだろう？」とトランプはホワイトハウスで新型コロナウイルス対策コーディネーターを務めていたデボラ・バークス医師の方を向いた。「だから私は、皮膚からでも、何か別のやり方でも、体内に光を当ててみたらどうかと言って、それもこれから調べると君は答えたはずだが」。話しかけられたバークス医師はうつむいたままで、トランプと目を合わせようとしなかった。自分の靴をひたすらに見つめる彼女は、目の前の床が突然割れてこの悪夢のような記者会見が今すぐに終わればいいと祈っているかのようだった。「私がこれまで目にしてきた大統領の記者会見の中で一番とんでもなくて、現実とは思えないような時間だった」とABCのワシントン支局長のジョン・カールは話した。「職員のうち何人かは本気で記者会見を中止しようとしていた」とホワイトハウスの元職員は語った。その後も、盟友で枕製造会社マイピローの最高経営責任者のマイク・リンデルの熱心な勧めに従って、トランプは植物から抽出されるオレアンドリン（訳注　セイヨウキョウチクトウ成分の強心配糖体）を新型コロナウイルス感染症の治療薬として「注視する」ことに同意した。リンデルは、オレアンドリンを主成分とする薬剤を開発したフェニックス・バイオテクノロジー社と金銭的な利害関係があった。さらに、同社の取締役も務めていた。

ドナルド・トランプの科学に対する理解の浅さと極端な軽視、不適当なヒドロキシクロロキンの宣伝、回復期患者血漿に関する適切な情報公開の失敗、新型コロナウイルス感染症の治療のための漂白剤と紫外線やセイヨウキョウチクトウの葉のひいき的な扱いなどのマイナス要因がそろっていたにもかかわらず、トランプ政権が過去１００年間の科学と医学を振り返っても指折りの素晴らしい進歩を支えたことは特筆に値する。そして、ドナルド・トランプは、効果のない治療法や危険な治療法、あるいはあり得ないような治療法にはすぐに飛びついたが、私たちがパンデミックから抜け出すための最善の方法にはあまり近づきたがらなかった。

第4章　とっておきの切り札

・ワクチンの開発にはどれくらいの時間がかかるのか？
・新型コロナワクチンはどうやってこれほどの短期間で開発されたのか？
・緊急使用許可制度によって使用を許可されたワクチンと、通常の手続きを経て認可されたワクチンに違いはあるのか？
・ワクチンに重大な副作用があるかどうかを調べるためには、どのくらいの時間がかかるのか？
・新型コロナワクチンはどのようにして効果を発揮するのか？
・新型コロナワクチンに重大な副作用はあるのか？

ヒドロキシクロロキンの使用許可をめぐる騒動は、ホワイトハウスがＦＤＡに不当な影響力を及ぼす可能性があることを証明した。大統領選を3カ月後に控えた2020年8月、トランプ大統領は選挙の1カ月前にあたる10月には新型コロナワクチンを受けられるようになる可能性があることをほのめかした。これが実現すれば、彼の勝利は約束されるとトランプは確信していた。その発言を聞いた公衆衛生関係者の多くは、トランプがＦＤＡに圧力をかけてワクチンの試験が完全に終わらないうちにワクチン接種を開始させるのではないかと気をもんだ。

またしてもＦＤＡは失態を繰り返し、安全性と有効性が証明されていない製品を世に送り出すのだろうか？　そんな不安を払拭しようと、ＦＤＡ長官のスティーブン・ハーンが動き出した。２０２０年８月５日、ハーンは『ワシントン・ポスト』紙に寄稿し、自らの見解を述べた。「（ワクチンに関して）正当なデータと科学に基づかない決定を下すようにＦＤＡに不当な圧力がかかっていたのではないかと、私は何度も質問された。そのたびに、私はＦＤＡのあらゆる決定は正当な科学とデータのみを判断の基準としてきたし、今後もそのようにしていくと答え続けてきた。国民の皆さんはその約束を信じてほしい」。しかし、彼の言葉を信じるものはほとんどいなかった。ヒドロキシクロロキンに関するＦＤＡの決定で「正当な科学とデータ」が判断基準とされていなかったのだから、それも当然だろう。

ワクチンの開発にはどれくらいの時間がかかるのか？

１９６３年３月23日の午前1時、５歳のジェリル・リン・ヒルマンは父親の寝室にそっと入って父親を起こした。「顔が痛いの」とジェリルは言った。父親のモーリス・ヒルマンは、メルク研究所の研究主幹だった。ヒルマンは娘の顔の辺りを調べ、あごの下にしこりができていることに気がついた。「なんてことだ、これはおたふくかぜ（訳注　流行性耳下腺炎のこと）だよ」。それからヒルマンが取った行動は、普通の父親ならまずしないようなことだった。彼は車に乗り込み、車で15分ほどの研究所に行き、綿棒と菌の培養に使われる液体を取ってきた。家に戻ると、彼は優しく娘を起こし、頬の内側を綿棒で拭ってそのまま液体培地の中に入れ、また研究所に戻ってジェリル・リンのおたふくかぜウイルスが入った培地を冷凍庫に入れてから、再び家に車を走らせた。それから4年後、おたふくかぜのワクチンが発売された。ジェリル・リン株と呼ばれるウイルスを使って開発されたこのワクチンは、それまでで一番短い期間で完成したワクチンだった。しかも、このワクチンは現在でも使用されている。

1700年代後半に天然痘（訳注　現在の痘そう）のワクチンが発明されてから200年ほどの間に、様々なウイルスに対抗するワクチンを作るためにいくつもの開発方法が生まれた。

モーリス・ヒルマンは娘が自然に感染したおたふくかぜウイルスを採取し、研究所で弱毒化した。弱毒化したウイルスを注射すれば、免疫反応を起こすことはできるが、ウイルスの量が少ないので発病には至らない。これは、ヒルマンが麻しん、風しん、水痘（水ぼうそう）ワクチンの開発に使ってきたやり方だった。

採取したウイルスを薬品で完全に不活性化する方法もある。ポリオやA型肝炎のワクチンはこのようなやり方で作られる。

また、DNA技術を使って1種類のウイルスタンパク質だけを大量に生産するやり方もあり、B型肝炎やヒトパピローマウイルスがこの方法で作られている。インフルエンザワクチンの中にもこの方法を採用しているもの（フルブロック）があり、インスリンをはじめとする様々な医療製品にも同じ技術が使われている。

しかし、どの方法で開発を進めたとしても、ワクチン開発の平均期間はおよそ15年と言われる。なぜこんなにも時間がかかるのか？

ワクチンの試験では、まずマウス、サル、フェレット、ラット、ウサギなどの実験動物でワクチンの効果を確かめる。これは前臨床試験または概念実証試験と呼ばれ、通常は何年もかけて行われる。

こうした前臨床試験でワクチンに完璧な効果が見られたとしても、次は人間での効果を確かめなければばならない。（ある有名な研究者は「マウスはうそをつき、サルは誇張をする」という言葉を残した。）次に行われる臨床試験の第1段階、第1相試験は100人程度の被験者をいくつかの集団に分けて行う。集団ごとに量を変えてワクチンを接種し、予防効果を得られる程度の免疫反応が起こるかどうかを調べるのだ。これは用量範囲探索試験と呼ばれる。ここでワクチンの効果を得るために必要な用量が予想よりも多いことが判明する場合もあるし、予想より少ない用量でも効果があることが確かめられることもある。さらには、2回以上（あるいは3回以上）の投与が必要なことがわかることもあるし、投与間隔を長めに設定しなければならないことがわかる場合もある。これらの試験でもさらに数年の時間がかかる。

この段階で、ワクチンの投与回数と1回当たりの投与量、さらに投与間隔が決まる。しかし、まだここからワクチンを接種したときにいつも免疫反応が起こるかどうかを確かめ、安全性に関する重大な問題がめったに起こらないことを確認する必要がある。そのため、今度は数百人にワクチンが接種される。これは第2相試験と呼ばれ、2〜3年ほどで終わる。

第2相試験が終わると、研究者たちは手ごたえを感じるようになる。だが、実際にワクチンを接種したときの効果はまだ証明されておらず、めったに起こらない重大な副作用がないとも限らない。そこで、次は第3相試験で数万人にワクチンを接種し、別の数万人にはプラセボ（比較対照物：生理食塩水が使われることが多い）を接種する。ほとんどの成人用・小児用ワクチンでは、この試験だけでも数年かかる。

第3相試験でワクチンの安全性と有効性が認められれば、製薬会社はすべての開発段階のデータをＦＤＡに提出し、承認を得るための手続きを進める。

新型コロナワクチンはどうやってこれほどの短期間で開発されたのか？

新型コロナウイルスの分離に成功したのは2019年の終わりで、ゲノム情報が解読されたのは2020年1月のことだった。11カ月後、このウイルスのワクチンの大規模な第3相試験をファイザーとモデルナの2社が終えていた。ワクチンができるまでに通常なら15年はかかるはずなのに、わずか11カ月でワクチンが完成した裏にはどのような仕組みがあったのだろうか？

まずは、新型コロナウイルスについて説明していこう。

新型コロナウイルスは、4種類のタンパク質がRNAゲノムを取り囲む構造になっている。（英国の生物学者で作家のピーター・メダワー卿は「ウイルスとはタンパク質の上着にくるまれた悪い知らせのかけらだ」と言った。）遺伝子は、ウイルス（と細胞）に自己複製の方法を教える設計図のようなものだ。新型コロナウイルスの場合、この設計図はRNA（リボ核酸）と呼ばれる。新型コロナウイルスのRNAはメッセンジャーRNA（mRNA）と呼ばれるタイプで、ウイルスの遺伝子が直接ウイルスのタンパク質に変わる。

できるだけ短期間のうちに、可能な限り効果のあるワクチンを開発しようとしていた研究者たちは、新型コロナウイルスのmRNAの中でもウイルスが細胞にくっつくためのタンパク質――スパイクタンパク質――の部分のコードを読み取り、それを利用してワクチンを作ればよいのではないかと考えた。このワクチンから作られる抗体はスパイクタンパク質と結合し、ウイルスが細胞にくっつかないように邪魔をすることで感染を防ぐ。こうして誕生したのがmRNAワクチンだ。ウイルスの遺伝子がワクチンとして使われたのは人類史上初めてのことだった。

当然ながら、多くの米国人はｍＲＮＡワクチンのようなできたばかりのものを信用することなどできず、不安を感じていた。だが実際のところ、２０１９年に新型コロナウイルスに最初に人間が感染した時点で、エイズウイルスをはじめとするいくつものウイルスに対抗するｍＲＮＡワクチンの研究が始まってからすでに15年ほど経っていた。

最初の新型コロナワクチンがごく短期間で開発された理由は、迅速かつ効率的に作れるワクチン（ｍＲＮＡワクチン）を選んだことだけではない。もう一つの理由は、製薬会社が負っていたワクチン開発の経済的なリスクを米国政府が取り払ったことにある。

２０２０年5月15日、ドナルド・トランプ大統領はホワイトハウスのローズガーデンで行われた式典で「ワープ・スピード作戦」の開始を公表した。さらには、手始めにワクチン開発を加速させるため、米国政府がワクチンのメーカーに１１０億ドルを提供すると発表したのだ。（「ワープ・スピード」という言葉は、人気番組『スタートレック』シリーズに登場する光よりも速く移動する技術の名前をヒントにしている。プログラムの名前を考えたのは、スタートレックのファンであるＦＤＡ生物製剤評価研究センター長のピーター・マークス博士だった。）このプログラムの目標は、２０２１年1月までに安全で効果のある新型コロナワクチンを3億回分製造し、流通させることだった。この時点では新型コロナワクチンはまだ出来上がっておらず、もちろん試験も始まっていない。この目標はかなり無茶な数字だったし、実現が可能だと考える人間はほとんどいなかった。

ワープ・スピード作戦では、ジョンソン・エンド・ジョンソンに10億ドル、（英国に本社がある）アストラゼネカに12億ドル、モデルナに15億ドル、ノババックスに16億ドル、ファイザーに20億ドル、サノフィとグラクソスミスクラインに21億ドルの資金がそれぞれ提供された。競馬場に行ったら、勝ちそうな馬を1頭選んで、その馬に賭けるのが普通だ。どこかの会社や一つの開発方法にとらわれることを嫌った政府は、同じレースに参加する馬を何頭も選んで賭けた。このやり方なら、政府が賭けた馬が勝つ可能性が大幅に高まることになる。

ワープ・スピード作戦は、ワクチン開発スケジュールの常識をひっくり返した。ワクチンメーカーは最初に前臨床試験を実施し、それから第1相試験、第2相試験、第3相試験と進めていく。そしてワクチンの効果と安全性が確認されたところで、大量生産に移るのが一般的だ。安全性と効果が確かめられる前に大量生産を開始することはまずない。会社が負う金銭的なリスクがあまりにも大きいからだ。

だが、ワープ・スピード作戦がそのリスクを解消した。マウスとサルを使った前臨床試験は数週間にわたる期間でなされた。（著者らが開発したロタウイルスワクチンの前臨床試験は著者が勤務するフィラデルフィア小児病院で行われたが、ここだけで10年かかった。）第1相試験と第2相試験はまとめて実施され、適切な投与量を決定するために接種を受ける被験者の数は、通常なら数百人程度のところを20～50人程度に絞られた。次に、第3相試験が始まったところで、各社はワクチンの効果と安全性が試験で確認されるという前提でワクチンの大量生産に踏み切った。もし効果や安全性に問題があれば数百万回分のワクチンが廃棄されることになるが、金銭的なリスクを会社が負うことはない。新型コロナによる1日当たりの米国での死者数が連日3000人を超えていた2020年後半、3カ月にわたる第3相試験が終了した。（著者らのロタウイルスワクチンの第3相試験は4年の年月を要した。）

2020年5月にワープ・スピード作戦の開始が発表されたとき、トランプ大統領は「マンハッタン計画以来、米国が見たこともないようなものになる」と言った。人類初となる核兵器の研究開発を目的として1942年から1946年にかけて実施されたマンハッタン計画に、米国は20億ドル（現在の360億ドルに相当）を投じた。ワープ・スピード作戦はマンハッタン計画に匹敵する大規模研究開発プログラムになるというトランプの言葉は正しかった。だが、「誰も見たこともないようなもの」という部分は間違っている。

マンハッタン計画から10年後の1950年代半ばに、米国の母子保健慈善団体、マーチ・オブ・ダイムスがポリオワクチン研究、特にジョナス・ソーク博士の研究に数千万ドルの資金を提供した。ソークはポリオウイルスを採取して研究室のサルの腎臓細胞で培養し、精製したものをホルムアルデヒドで死滅させてワクチンを作った。そのワクチンを使ってピッツバーグ周辺の子供たちおよそ700人を対象に試験を実施したところ、安全性が確認され、さらに防御抗体と思われるものが大量に作られることがわかった。そこで、マーチ・オブ・ダイムスが医療製品の試験としては史上最大規模となるポリオワクチンの試験のために資金を提供したのだ。1954年から1955年にかけて、42万人の子供たちにソークのポリオワクチンが接種され、20万人にプラセボとして生理食塩水が接種された。ワクチンの安全性と有効性が証明されると、FDAはこのワクチンを2時間半で認可した。

ポリオワクチンの臨床試験がまだ進行中で、効果も安全性も確認されていない状況のなか、マーチ・オブ・ダイムスは5社の企業に資金を渡してワクチンの大量生産を開始させた。これはワープ・スピード作戦とほぼ同じやり方だ。新型コロナワクチン研究開発を加速させようとするトランプ政権による取り組みは、実際のところ、「ワープ・スピード作戦Ⅱ」という名前の方がふさわしかったかもしれない。

だが、スピードを追い求めたことには代償が伴った。

大規模な第3相試験で使われたポリオワクチンを製造したのは、古くからワクチンを製造してきたイーライリリーとパーク・デイビスの2社だったが、マーチ・オブ・ダイムスは第3相試験が終わる前からワクチンを大量生産するためにワイス、ピットマン・ムーア、カッター・ラボラトリーズというや小規模な3社にも資金を提供していた。そのうち、カッター社が製造したワクチンには問題があった。ホルムアルデヒドによるポリオウイルスの不活性化が不完全だったのだ。カッター・ラボラトリーズが製造した生きたままのポリオウイルスが含まれた危険なワクチンは、1955年に主に米国西部と南西部の子供たちを中心とするおよそ12万人に注射された。その結果、およそ4万人に一時的な麻痺の症状が出て、164人にはそのまま麻痺が残り、10人が死亡した。カッター事件と呼ばれたこの出来事は、米国史上最悪の生物災害となった。この事件をきっかけにワクチンの規制が強化されたが、カッター事件はわずか数カ月で新型コロナワクチンを大量生産し、数週間でそのワクチンの使用を許可しようとする米国にとって戒めになったはずだ。

緊急使用許可制度によって使用を許可されたワクチンと、通常の手続きを経て認可されたワクチンに違いはあるのか？

2020年12月にファイザー社とモデルナ社のワクチンの接種が米国で始まったとき、これらのワクチンはまだFDAの認可を受けていなかった。その代わりに、緊急使用許可と呼ばれるそれほど厳しくない手続きを経て使用を認められていた。通常であれば、FDAは製造工程のあらゆる段階の手順を詳しく確認してからワクチンを認可する。つまり、FDAはワクチンそのものだけではなく、製造工程や生産される施設まですっかり調べ上げた上でワクチンに認可を出しているのだ。第3相試験のすべてのデータがそろい、分析も終わってから、FDAの認可手続きが完了するまでは10カ月程度かかるのが一般的だ。だが新型コロナワクチンの場合は、最終的なワクチンの製造と並行して行程や施設の確認が進められた。そのおかげで、2週間ほどでFDAは緊急使用許可を出すことができたのだ。結果として見れば、後から認可を受けたワクチンと緊急使用許可が与えられたワクチンに差はなく、この二つはまったく同じものだった。

ワクチンに重大な副作用があるかどうかを調べるためには、どのくらいの時間がかかるのか？

ワクチンの臨床試験では、重大な副作用がないことを確認するために、試験段階のワクチンを投与されたすべての被験者に対して最終接種から少なくとも2カ月間の健康観察期間を設けることが通例となっている。他のあらゆる医療製品と同様に、ワクチンでも重大な副作用や、場合によっては命に関わるような問題が発生する可能性があるため、この2カ月間の追跡観察期間は非常に重要だ。

例えば、ジョナス・ソークのワクチンの代わりに使われるようになった経口ポリオワクチンはまれにポリオを発症する場合があった。生ワクチンとも呼ばれるこのワクチンは、弱毒化した生きたウイルスを飲むタイプのワクチンで、米国では1962年から2000年まで（訳注　日本では1990年から2012年まで）使用されていた。黄熱ワクチンも、まれに黄熱の症状に似た多臓器不全を起こすことがある。また、2009年の新型インフルエンザの流行時にヨーロッパで使用されていたインフルエンザワクチンは、日中に強い眠気に襲われるナルコレプシーをまれに引き起こすことがあった。このような問題はすべて、ワクチンを接種してから2カ月以内に起こっていた。

だからワープ・スピード作戦でも、トランプ大統領は最終接種から少なくとも2カ月間はワクチン接種者の健康観察を続けることを認めざるを得なかった。進行中の臨床試験が順調に進んだとしても、2カ月間の追跡観察期間を設ければ、ワクチンの接種開始は選挙の1カ月後の12月初旬までずれ込むことになる。

2020年9月10日、カイザー・ファミリー財団はFDAがホワイトハウスからの圧力に負けて準備の整っていないワクチンの使用を許可してしまうのではないかという不安を成人の62パーセントが感じているという結果を公表した。ヒドロキシクロロキンの性急な使用許可の悲劇が繰り返されるのではないかという不安が社会には広がっていた。こうした混乱を受け、FDAが諮問（しもん）委員会による審議をすっ飛ばすのではないかと恐れたカリフォルニア州、コロラド州、コネチカット州、ミシガン州、ネバダ州、ニューヨーク州、オレゴン州、ワシントン州、ウェストバージニア州、コロンビア特別区が独自のワクチン諮問委員会の設置に向けて動き出した。ある州の知事は「国民は米国政府にこのワクチンの製造を任せることはできないと思っている」と発言した。例えば、一部の州では新型コロナワクチンの使用が許可され、それ以外の州では認められなかった場合にはどのような混乱が生じるだろうか。「テキサス州とアラバマ州とアラスカ州のワクチンに関する方針が、ニューヨーク州とカリフォルニア州とマサチューセッツ州のそれとまったく違っているというような状況を皆さんは本当に望んでいるのだろうか？」とイェール大学グローバルヘルス研究所の感染症学者、サード・オマール博士は問いかけた。

しかし、事態はさらに悪化した。

2020年10月5日、『ニューヨーク・タイムズ』紙はホワイトハウス高官がFDAによる新型コロナワクチンの新たな安全ガイドラインの導入を阻止しようとしていると報じた。ガイドラインが導入されると、ワクチンの使用許可が選挙後にずれ込み、都合が悪いというわけだ。その翌日、FDAは公式ウェブサイトにワクチンの試験に参加した被験者全員に最終接種から最低でも2カ月間の健康観察期間を設けることを明記した厳格なガイドラインを掲載し、ワクチンの使用許可は選挙後まで下りないことを毅然とした姿勢で示した。トランプはすぐにホワイトハウスにハーン長官を呼びつけ、口汚い罵りの言葉を浴びせながら、辞職を迫った。しかし、ハーンは大統領の要求をきっぱりと拒否した。

トランプは大統領の座を守るための手段としてワクチンを選んだようだが、これも皮肉な話だ。過去の言動を見る限り、トランプはワクチンを快く思っていなかったようだ。2015年に行われた大統領選の共和党候補討論会で、トランプはこんな発言をしている。「私のところで働いている人間の話だが、つい先日、2歳のかわいらしい子供がワクチンを打ちに行って、1週間後に戻ってきたときには大変な高熱で、ものすごく具合が悪くなって、今では自閉症になってしまったそうだ」。麻しん・おたふくかぜ・風しん（MMR）混合ワクチンが自閉症の原因になるという誤解をトランプはうのみにしていた。当時、3大陸の7カ国で行われた18件の研究により、自閉症とワクチンの関係はすでに否定されていた。その後、トランプは「MMRが自閉症の原因になっている」という説を提唱した英国の医師、アンドリュー・ウェイクフィールドを大統領就任式後の舞踏会に招待した。また、反ワクチン活動家としても有名だったロバート・F・ケネディ・ジュニアに会い、ワクチンの安全性と科学的な公正性に関する委員会の委員長への就任を打診したこともある。だから、ドナルド・トランプが大統領に選ばれたときに、反ワクチン活動家たちはホワイトハウスに自分たちの声を代弁してくれる人間が現れたと信じていた。幸いにも、大統領に就任してからのトランプは、反ワクチン活動を後押しするようなことはなかった。

新型コロナワクチンはどのようにして効果を発揮するのか？

mRNAワクチン（ファイザー社およびモデルナ社製）

ファイザーとモデルナの研究チームは、新型コロナウイルスのスパイクタンパク質をコード化したmRNAを合成し、（ナノ粒子と呼ばれる）脂質の液滴の中に閉じ込めた。第3相試験で、ファイザーの研究チームはこの改変したウイルスのmRNA 30マイクログラムを成人に注射し、モデルナの研究チームは用量を100マイクログラムにして注射した。（この液体1グラムは小さじ5分の1杯に相当し、1マイクログラムは1グラムの100万分の1にあたる。つまり、このときに投与されたmRNAは極めて少量だったことになる。）ワクチンは上腕に注射され、そこから筋肉細胞に入る。接種から数日が経つと、新型コロナウイルスと同じスパイクタンパク質が体内で作られる。そして免疫細胞の一種である樹状細胞（抗原提示細胞）がこのタンパク質を取り込み、小さく分解して自らの表面にくっつける。スパイクタンパク質のかけらで着飾った樹状細胞は、わきの下にある局所リンパ節に移動する。

ウイルスタンパク質を周囲にくっつけた免疫細胞がリンパ節に入ると、（抗体を作る）B細胞や（B細胞が抗体を作るのを手伝ったり、ウイルスに感染した細胞を殺すB細胞の仕事を手伝ったりする）T細胞のような免疫系の他の細胞に作用して、活性化させる。mRNAワクチンの作用はかなり強いため、わきの下のリンパ節が一時的に腫れることもある。腕に注射するワクチンはたくさんあるが、（痘そうワクチンを除けば）これほどリンパ節の腫れが多発するワクチンも珍しい。それでも、mRNAワクチンには多数の免疫細胞を刺激できるという大きな利点がある。

ファイザーのワクチンの第3相試験には4万人の成人が被験者として参加し、2万人にワクチンが、残りの2万人にはプラセボが接種された。モデルナのワクチン試験には3万人の成人が参加し、1万5000人にワクチンが、残りの1万5000人にはプラセボが接種された。どちらのワクチンも接種回数は2回で、ファイザーは1回目から3週間、モデルナは4週間の間隔を空けて2回目が接種された。どちらのmRNAワクチンの第3相試験でも、ワクチンで全症状について約95パーセントの発症予防効果が示された。驚くべき結果だ。

（個人的な話になるが、ファイザーとモデルナのワクチンの使用許可申請を受けて2020年12月に開かれたFDAのワクチン諮問委員会に私は投票権を持つ委員として参加していた。投票権を持つ委員は、感染症、ワクチン、免疫学の専門知識があり、独立した立場のアドバイザーが務めることになっている。また、政府の役職に就いたり、製薬業界と金銭的な関係を結んだりすることは認められていない。第3相試験の結果がわかる前から、委員たちにはワクチンに新型コロナウイルス感染症の予防効果が50パーセントを超えていれば両社のmRNAワクチンを推奨して構わないと伝えられていた。結果がわかる1カ月ほど前に、ファウチ博士はワクチンの効果は70パーセント程度ではないかと予想していた。ワクチンの効果が95パーセントにもなると伝えられたときには、その場にいた全員が一人残らず驚いた。）

2020年12月11日、FDAはファイザーのワクチンに使用許可を出した。その1週間後に、CDCがすべての成人に対してワクチンの接種を推奨した。ファイザーのワクチンは全米各地にどんどん出荷されて、次々と接種されていった。1週間遅れでモデルナのワクチンも同じ流れをたどった。

ウイルスベクターワクチン（ジョンソン・エンド・ジョンソン社製）

ファイザーとモデルナのワクチンが使用許可を受けてから2カ月ほど経った2021年2月、ジョンソン・エンド・ジョンソンが開発した新たな新型コロナワクチンが登場した。同社の研究チームは、アデノウイルスと呼ばれるいわゆる風邪のウイルスを採取し、遺伝子を操作して増殖できないようにした。これはいわば、死んだウイルスで、アデノウイルスベクター（訳注　細胞内に目的の遺伝子を運び込むウイルス媒体）と呼ばれる。次に、新型コロナウイルスのスパイクタンパク質のコードが書き込まれた遺伝子をアデノウイルスベクターに挿入する。このアデノウイルスベクターを筋肉に注射すると、細胞内に取り込まれたベクターに挿入された遺伝子によってスパイクタンパク質のmRNAが作られ、そこから先はmRNAワクチンと同じように作用する。新型コロナウイルスのスパイクタンパク質遺伝子を細胞に取り込ませるためのトロイの木馬としてアデノウイルスを使うことには問題もある。アデノウイルスは多くの人が過去に感染したことがあるような一般的なウイルスであるため、ほとんどの人はアデノウイルスを中和できる抗体を持っている。そのため細胞内に取り込まれにくいのだ。この問題を解決するために、ジョンソン・エンド・ジョンソンの研究チームは26型と呼ばれる珍しいタイプのヒトアデノウイルスを使うことにした。これなら抗体を持っている人も少ないと思われる。

2021年2月26日、著者も参加したFDAのワクチン諮問委員会でジョンソン・エンド・ジョンソンのワクチンに関する審議が行われた。2回接種する必要があったファイザーとモデルナのワクチンとは異なり、ジョンソン・エンド・ジョンソンのワクチンに必要な接種回数は1回とされていた。ファイザーと同じく、ジョンソン・エンド・ジョンソンも4万人の成人を対象に試験を実施し、2万人にワクチンを、残りの2万人にはプラセボを接種した。ファイザーとモデルナのワクチンの予防効果が95パーセント前後だったのに対して、ジョンソン・エンド・ジョンソンのワクチンの予防効果は75パーセントほどだった。

ジョンソン・エンド・ジョンソンのワクチン申請には不自然な点があった。同社のワクチンを2回接種すると1回接種の場合に比べて明らかに新型コロナウイルス抗体の量が増えることを示した論文を同社が『ニューイングランド・ジャーナル・オブ・メディシン』誌に発表していたことだ。つまり、ジョンソン・エンド・ジョンソンのワクチンは2回接種の製品として発売するのが妥当だと言える。実際に、FDAが1回接種のワクチンとしてこの製品を審議した時点で、ジョンソン・エンド・ジョンソンは3万人を対象とした2回接種の試験を実施している最中だった。なぜ2回投与試験が終わるまで待ってからワクチンの使用許可申請を行わなかったのだろうか？　同社の回答は、1回接種でも重症化に関しては高い予防効果が得られており、1回接種にすれば移動が多かったり、住居がなかったりするためにワクチンを受けることが難しい人々もワクチンを受けやすくなるというものだった。さらに、米国では全成人が予防接種を受けられるほど十分にワクチンが供給されていないため、ささやかでもその問題を解消する役に立つのではないかとも説明があった。

数カ月後にジョンソン・エンド・ジョンソンは2回接種ワクチン試験を完了し、同社ワクチンの2回接種で新型コロナウイルス感染症を予防できる効果は95パーセントと、mRNAワクチンとほぼ同じ結果になったことを公表した。結局、ジョンソン・エンド・ジョンソンのワクチンは2回接種のワクチンとなった。ただし、2回目の接種ではジョンソン・エンド・ジョンソンのワクチンを使用せず、ファイザーまたはモデルナのmRNAワクチンが接種された。このような変則的な接種スケジュールになったのは、ジョンソン・エンド・ジョンソンのワクチンには発生はまれだが重大なリスクが潜んでいたからだ。その事実が明らかになったのは、数十万人が接種を受けた後だった（詳しくは後述する）。

組み換えタンパクワクチン（ノババックス社製）

ファイザー、モデルナ、そしてジョンソン・エンド・ジョンソンのワクチンは、新型コロナウイルスのスパイクタンパク質の設計図となる遺伝子を注射して、体内でスパイクタンパク質を作らせる方法を用いている。一方で、ノババックスは従来のワクチンに近いアプローチを採用している。それが、スパイクタンパク質のコードが書き込まれた遺伝子ではなく、スパイクタンパク質そのものが入ったワクチンだ。B型肝炎、ヒトパピローマウイルス、インフルエンザワクチン（経鼻（けいび）ワクチンのフルブロック）がこの方法を採用している。ワクチンでこれらのウイルスを構成するタンパク質のうちの1種類を注射するのだ。また、ノババックスのワクチンにはアジュバント（免疫増強物質）も使用されている。（アジュバントには様々な方法で免疫系を活性化させる効果があり、ワクチンの有効成分量や投与量を抑えるために使用される。）

２０２２年7月に、ＦＤＡは18歳以上を対象としてノババックスの2回接種ワクチンを承認し、２０２２年8月には対象年齢を12歳に引き下げた。

新型コロナワクチンに重大な副作用はあるのか？

数万人の被験者が参加した研究結果を基に、２０２０年の終わりから２０２１年の初めにかけてＦＤＡはファイザー、モデルナ、ジョンソン・エンド・ジョンソンのワクチンを承認し、ＣＤＣはすべての成人に接種を推奨した。誰もが固唾を飲んで経緯を見守り、起こるべきことを不安な気持ちで待たねばならなかった。歴史を振り返れば、同じようなことは何度も繰り返されてきた。

例えば、最初の生物製剤となったジフテリア血清をセントルイスで投与された子供たちのうち、13人が死亡した。この血清には破傷風菌が混入していたことがわかった。この事件をきっかけに、米国では生物製剤規制法が成立した。最初に抗生物質として使われるようになったスルファニルアミドは、ジエチレングリコールと混ぜて子供でも飲みやすい「万能薬」エリキシール・スルファニルアミドが作られたが、この薬は腎不全を引き起こすことがのちに判明した。エリキシール・スルファニルアミドを飲んだ100人以上が死亡し、死者のうち34人は子供だった。エリキシール・スルファニルアミドの悲劇を受けて、米国では食品・医薬品・化粧品法が制定された。妊娠中の女性につわり止めの薬として使われていたサリドマイドは、重度の先天性異常を引き起こすことがわかった。この薬のせいで、2万4000人の赤ちゃんが重い先天性異常を持って生まれてきた。事件の後で、このような悲劇が繰り返されることがないように、食品・医薬品・化粧品法が改正された。(「薬事規制の歴史は墓石の上に築かれている」と歴史学者のマイケル・ハリスは言った。)

その先も悲劇が絶えることはなかった。世界で最も有名ながん専門医の一人だったシドニー・ファーバーが最初に手がけた化学療法は、がん細胞の成長を抑えるどころか、逆に成長を促す成分が含まれていたことがわかった。そのせいで、この化学療法を受けた11人の白血病の子供たちが死期を早める結果になった。1999年には、新型コロナワクチンのウイルスベクターとして使用されているものと同じような、不活性化したアデノウイルスを使ったごく初期の遺伝子治療を受けた19歳のジェシー・ゲルシンガーが死亡した。このような問題を繰り返さないために、再び規制が設けられた。しかし、医学の知識を得るためにときとして誰かが被ることになる代償を規制ですべて防ぐことは難しい。わずか数年後に、フランスで別の遺伝子治療を受けた10人の子供のうち4人が白血病にかかった。

まもなく数億人に接種されようとしているワクチンに予想だにしない、まれながらも重大な副作用が見つかることは避けがたい宿命のようなものだった。問題は、副作用がどのくらい重大で、どの程度まれかということだ。数百万人の米国人に新型コロナワクチンが接種された後で、mRNAワクチン（ファイザーとモデルナのワクチン）には心筋炎との関連が見られることがいくつかの研究で示された。心筋炎は主に2回目の接種から4日以内に発生し、ほとんどが16歳から30歳の男性だった。割合はワクチン接種者の5万人に1人程度とまれで、ほとんどは数日で回復した。だが、心筋炎が副作用として起こることは間違いなかった。発症率が最も高かったのは16〜19歳の男性で、6600人に1人の割合で発症するリスクがあった。5〜11歳の子供での発症率は50万人に1人で、確率としては1年間のうちに落雷に遭う可能性（120万人に1人）の2倍にすぎない。

もう一つの重大な健康上のリスクは、ウイルスベクターワクチン（ジョンソン・エンド・ジョンソンのワクチン）で脳などに深刻な血栓（けっせん）が生じることだった。血栓は40歳以下の女性で生じることが多く、ワクチン接種者20万人に1人程度と極めてまれだった。しかし、心筋炎とは違って、脳に血栓ができると命に関わることもある。2022年の初めまでに数人のワクチン接種者が死亡した。これは命に関わりかねない深刻な副作用だった。一方でmRNAワクチンにはこれほど重大な副作用は見られなかったため、2023年5月以降はジョンソン・エンド・ジョンソンの新型コロナワクチンは米国では使用されなくなった。

新型コロナワクチンの接種が始まったばかりの頃は、すぐにはワクチンを接種せず、様子を見ていた人々もいた。ＦＤＡはパンデミックの緊急性を理由に、基準の緩い緊急使用許可を出してワクチンを使えるようにした。数百万人がワクチンを打ち終わるまでは様子を見る方が得策ではないか、というのが彼らの意見だった。その考えはもっともだ。乳幼児に接種される14種類のワクチンのうち9種類の主な研究開発を行い、現代ワクチンの生みの親ともいえるモーリス・ヒルマンも、「私は最初の300万人の接種が無事に終わるまで絶対に気を抜かない」という言葉を残している。

それでも、ワクチンを接種しないという選択肢にもリスクがないとは言えない。まったく種類の違う、より深刻なリスクを選ぶことになるというだけの話だ。新型コロナウイルスに感染しても心筋症を起こすことはある。ただし、新型コロナウイルスに感染した場合の心筋症のリスクは5万人に1人どころか、2000人に1人程度で、症状もはるかに重くなる。さらに、新型コロナウイルスに感染しても血栓ができることはある。新型コロナウイルスに感染した場合に血栓ができるリスクは400人に1人程度で、ジョンソン・エンド・ジョンソンのワクチンを接種した場合（20万人に1人）よりもはるかに高い。ここでもやはり、ワクチンを接種する方が安全なのだ。

多くの医学的な判断に当てはまることだが、一切のリスクがない選択肢というものは存在しない。おそらく、ワクチンを接種する際に最も大きなリスクが生じるのは、接種場所に向かうときの車の運転だ。交通事故では1年間におよそ4万3000人が亡くなっている。米国の人口が3億3000万人であることを考えれば、1年間のうちに7700人に1人が交通事故で命を落としている計算になる。

2023年1月までに、世界の人口の3分の2にあたる50億人が1回以上の新型コロナワクチンの接種を受けた。接種率が高かった国では、入院する患者や死亡する患者の数が減少した。ワープ・スピード作戦のおかげで、トランプ政権はまさに奇跡を成し遂げた。

新型コロナワクチンが目覚ましい成功を収めたため、科学否定論者や反ワクチン派の出番はなくなったと多くの人たちは考えていた。もはや国民がデマを信じたり、不安につけ込まれたり、陰謀論に振り回されることはないだろう。ワクチンが命を救うものであることを、ようやく誰もが認めるようになったはずだ。しかし残念ながら、そんな都合よく物事は運ばなかった。

新型コロナウイルスが米国に上陸してからの2~3年間で、数百万人の米国人が『プランデミック』でぶち上げられた考えを受け入れ、マスクを外して大人数で集まり、ワクチンの接種を拒否した。2023年4月までに、米国では死なずにすんだはずの33万人が命を落としたと推定されている。だが、こうした危険な思想を広げたのは、ジュディ・マイコヴィッツとマイキー・ウィリスばかりではない。彼らが、数百万人の米国人を当人にとってもその子供たちにとっても何の得にもならないような行動に走らせることができたのは、他の活動家たちの協力もあってこそだった。次の章では、このような動きを助けたのはどのような人々だったのか、資金を出したのは誰だったのか、彼らはなぜ、どのようにして成功を収めることができたのかを見ていこう。

第5章　デマで金もうけ

・反ワクチン運動はどのようなきっかけで誕生したのか？
・新型コロナウイルスのパンデミックが起きたときに、反ワクチン運動が右傾化したのはなぜか？
・反ワクチン運動の資金はどこから出ているのか？
・反ワクチン運動を主導しているのは誰なのか？　新型コロナワクチンは彼らの言うほど危険なものなのか？

反ワクチン運動はどのようなきっかけで誕生したのか？

1982年4月19日、NBC系列のワシントンDC地方局が『DPT: Vaccine Roulette（ワクチンルーレット）』と題した1時間のドキュメンタリー番組を放送した。番組では手足がひどくやせて、痙攣したり、よだれをたらしたり、うつろな目で空を見上げる子供たちの姿が映し出された。インタビューを受けた親たちは、子供たちをこんなふうにした犯人は百日せきワクチンだと訴えた。元気だった子供たちが、今ではこんな姿になってしまった。マーケティング担当の取締役として働いていたバーバラ・ロー・フィッシャーもこの番組を見ていた。彼女は問題があった自分の息子の発達状態にこれで説明がつくと思い込み、番組の放送後すぐにディスサティスファイド・ペアレンツ・トゥゲザー（DPT：不満を抱えた親の共同体）なる保護者支援団体を設立した。『ワクチンルーレット』は全米ネットのニュース番組でも取り上げられ、一部の内容が放送された。我が子がてんかんや発達の遅れ、注意欠陥障害、多動性、神経が関わる何らかの病気になった原因を、親たちはついに知ることになったのだ。議会では公聴会が開かれ、訴訟や集団での抗議運動が行われた。次々と怒涛のように起こされる訴訟に耐えかねて、ワクチンメーカーはワクチン事業から手を引いた。『ワクチンルーレット』の放送前は米国で18社の企業が小児用ワクチンを製造していたが、わずか数年のうちにその数は4社にまで減った。反ワクチン派の勢いは止まらなかった。

『ワクチンルーレット』が放送されてからまもなく、ディスサティスファイド・ペアレンツ・トゥゲザーは非営利組織のナショナルワクチン情報センター（NVIC）と名前を改めた。マスコミにとって、バーバラ・ロー・フィッシャーとNVICはワクチンに関する親の意見を聞きたいときの総合窓口のような存在だった。反ワクチン運動が主流に乗るまでに時間はかからなかった。フィッシャーの下にはCDCの予防接種の実施に関する諮問委員会に投票権のある委員として参加してほしいという依頼が届き、やがてFDAのワクチン諮問委員会にも委員として出席するようになった。

それから数年が経ち、子供に百日せきワクチンを接種しても神経系疾患のリスクを高める恐れはないことがいくつもの研究で示された。そして、『ワクチンルーレット』の放送から30年が経った2010年、オーストラリアの研究者、サム・ベルコヴィッチが、番組で紹介された子供たちは脳細胞のナトリウムの出入りの調節に異常をきたすドラベ症候群と呼ばれる遺伝性疾患にかかっていたことを突き止めた。ドラベ症候群の子供たちには生まれてから1年以内に神経症状が現れる。百日せきワクチンを接種していても、していなくても、その事実は変わらない。

百日せきワクチンに対する親たちの不安を真摯に受け止めた公衆衛生機関や学術機関は、ワクチンの潔白を証明するための研究を何十件も行った。だが、彼らの努力は報われなかった。かつては命を救う存在としてもてはやされていたワクチンが、今では治ることのない数々の慢性疾患の原因として名指しされているのだ。

髄膜炎（ずいまくえん）や肺炎、血流感染症の原因菌として一般的なヘモフィルス・インフルエンザ菌b型（Hib［ヒブ］）を予防するワクチンが米国で接種できるようになった1987年、バーバラ・ロー・フィッシャーはピーター・ジェニングスがアンカーを務めるABCの番組『ワールド・ニュース・トゥナイト』に出演し、このワクチンは糖尿病を引き起こすと警告した。2000年に髄膜炎や肺炎、血流感染症のもう一つの主な原因菌である肺炎球菌を予防するためのワクチンが登場したときも、フィッシャーはABCのニュース番組でこのワクチンは種々の発作を誘発すると主張した。2006年に子宮頸がんの原因として唯一確認されているヒトパピローマウイルスの感染を予防するワクチンの接種が開始されたときも、またまたフィッシャーは全米で放送される番組に顔を出し、このワクチンを打つと慢性疲労症候群になると述べた。それぞれのワクチンの登場から数年間で行われた数十件の研究により、彼女の主張はすべて誤りであることが示された。だが、反ワクチン運動は盛り上がる一方だった。

中でも『ワクチンルーレット』の放送から16年後に英国で起きた出来事は、かつてなく米国のワクチン不信をあおった。1998年2月28日、英国の外科医、アンドリュー・ウェイクフィールドが世界で最も古く権威のある医学雑誌の一つ、『ランセット』誌に論文を発表した。その内容は、麻しん（はしかのこと）・おたふくかぜ・風しん（MMR）混合ワクチンは自閉症の原因になるというものだった。論文では、このワクチンを接種してから1カ月以内に自閉症を発症した8人の子供について報告していた。

新聞各紙はウェイクフィールドの主張を事実であるかのように報道したが、MMRワクチンを接種した子供が自閉症になる割合が未接種の子供よりも高いことをウェイクフィールドは証明していなかった。ウェイクフィールドが証明したのは、MMRワクチンで自閉症は予防できないということくらいだ。（MMRワクチンは麻しん・おたふくかぜ・風しんを予防するために開発されたワクチンであり、それ以外の病気を予防する効果はない。）それにもかかわらず、英国では数千人の親が子供にMMRワクチンを接種しない選択をした。そして数百人が麻しんで入院し、4人の子供が死亡した。

アンドリュー・ウェイクフィールドは国境を越えたヒーローになっていった。権力に屈することなく真実を語り、製薬会社やそこからたっぷりの金を受け取っているロビイストたちに対抗しようとする人物がようやく現れたのだ。しかしウェイクフィールドの論文が発表されてからの数年間で、数十万人の子供たちを対象に数千万ドルの予算をかけて18件の研究が行われ、子供たちがMMRワクチンを受けることで自閉症にかかるリスクが高くなることはないことが示された。

アンドリュー・ウェイクフィールドはこうした研究結果を信じようとしなかった。自閉症の子供を持つ親たちから宗教的ともいえるほどの熱心さで応援されていたウェイクフィールドは、でたらめな主張を続けた。ウェイクフィールドは朝や夜のニュース番組にも顔を出した。米国のテレビ番組『60ミニッツ』に出演したときは、エド・ブラッドリーがウェイクフィールドの活動を賞賛した。米議会の委員会でも証言した。感じがよく弁が立ち、英国なまりでまじめな印象を与えるウェイクフィールドには、人を説得する力があった。彼は科学研究の結果などお構いなしに、自分が正しいと信じていた。

米国でも数千人の親が子供にMMRワクチンを受けさせるのをやめた。その結果、米国では2000年に根絶されたはずの麻しんが再び流行し始め、感染した数百人の子供たちが入院した。2000年代の初めには、アンドリュー・ウェイクフィールドのカリスマ性とバーバラ・ロー・フィッシャーのマーケティング手腕とNVICの力のおかげで、反ワクチン運動はこの上なく順調だった。

そんなときに登場したのが調査取材を得意とする英国のジャーナリスト、ブライアン・ディアだった。ディアはアンドリュー・ウェイクフィールドの化けの皮をはがした。ウェイクフィールドの論文が『ランセット』誌で発表されてから6年が経った2004年2月22日、ディアが書いた連載記事の第1回がロンドンの『サンデー・タイムズ』紙に掲載された。記事では、ウェイクフィールドの『ランセット』誌の論文に登場した子供たちの話には間違った情報が含まれていたこと、少なくとも子供たちのうち1人が自閉症を発症したのはワクチンを接種する前だったことが書かれていた。また、ウェイクフィールドは論文の他の著者にも知らせずに「より安全性の高い」麻しんワクチンの特許を出願していた。さらに、ディアはウェイクフィールドが法律扶助委員会からおよそ80万ドルを受け取っていたことも明かした。『ランセット』誌の論文で紹介された子供たち8人のうち5人の親は製薬会社を相手取って裁判を起こしていた。

明らかにされた新事実は世間の注目を集めた。『ランセット』編集部はウェイクフィールドの論文を撤回し、英国の医事審議会はウェイクフィールドを医師登録から除名した。英国で医師として診療を続けることができなくなったウェイクフィールドは米国に逃れたが、そこでも彼の人気はがた落ちだった。ウェイクフィールドが最後に有名番組に出演したのは、2011年に放送されたテレビ番組『アンダーソン・クーパー360』だった。この番組で彼は著書『Callous Disregard: Autism and Vaccines｜The Truth Behind a Tragedy（無情な黙殺：自閉症とワクチン――悲劇の裏側にあった真実）』を宣伝しようとしていた。しかし、この時点でウェイクフィールドは間違っていたことが多くの研究で示されていた。「しかしながら、先生」とクーパーは言った。「あなたの研究がうそだったなら、あなたの本の中身もうそだということになる」。ウェイクフィールドは、それは自分を敵視する製薬会社による中傷で、自分は被害者だと反論した。

このとき以来、アンドリュー・ウェイクフィールドはメディアへの露出を控えるようになり、極右陰謀論者のアレックス・ジョーンズが司会を務める『ザ・アレックス・ジョーンズ・ショー』のような番組に出演したり、コンスピラ・シー（Conspira-Sea：陰謀を意味する「Conspiracy」のもじり）クルーズなどで他の陰謀論者たちと互いに同情し合う場を持ったりする程度になった。ウェイクフィールドの名声が地に落ちるとともに、反ワクチン運動も下火になっていった。反ワクチン運動への風当たりは強くなる一方だった。

2014年に米国のあちこちで麻しんが流行した。発端は、カリフォルニア州南部のディズニーランドにほど近い地域で、親たちが子供にMMRワクチンを打たせなかったことだった。当時のカリフォルニア州は、他のすべての州と同様に小学校入学前のワクチン接種を義務づけていた。そして、二つの州（ミシシッピ州とウェストバージニア州）を除いたすべての州で、接種を幅広く免除する制度――思想信条が理由であっても免除が認められる制度――があった。

カリフォルニア州サクラメント選出の上院議員で小児科医でもあるリチャード・パンは、地元の州から麻しんの流行が始まったことに気をもんでいた。そこで、パン議員は2015年2月19日に思想信条を理由とするワクチン接種の免除を撤廃する上院法案２７７号を提出した。この法案が可決されれば、親が子供にワクチンを接種したくない場合は学校に通わせずに家で勉強を教えるか、かかりつけ医から医学的な理由による免除証明書を発行してもらわなければならなくなる。（残念なことに、手数料さえ払えば子供にワクチンを接種すべきでない医学的な理由がなくても免除証明書を発行する医師もいる。）

　公聴会は一般にも公開される形で行われたため、反ワクチン派が大挙して押し寄せ、法案に激しく反対した。リチャード・パンにも集中砲火が浴びせられた。プラカードにはこんなメッセージが書かれていた。「麻しんでパン・ニック（パニック）だって⁉　現実を見ろ！　68人に1人が自閉症でパン・ニックなのはどこだ⁉　法案２７７号にノーを‼」彼らはパンの自宅にスプレーで落書きをし、力づくで彼を脅しにかかった。パン議員は警備員を雇って身の回りを警護させ、のちに1人の活動家に対する接近禁止命令を出してもらった。

　上院議案２７７号の公聴会で、反ワクチン活動家の集団は『ＤＰＴ：ワクチンルーレット』放送後の35年前に作成された作戦帳を手にしていたが、ここにはワクチンが自閉症、糖尿病、てんかん、注意欠陥障害、多動、先天性異常、さらにはあらゆる小児慢性疾患の原因になると記されていた。しかし、リチャード・パンが法案を提出した２０１５年の時点では、多数の研究によりそのような主張はすべて間違っていることが示されていた。科学的な研究が不安を抑えることに成功したのだ。大手メディアは反ワクチン派の主張にもはや耳を貸さなかった。そのせいで、反ワクチン派はさらに主張を強め、手段を選ばず暴力的に振る舞うようになった。すべては報道で取り上げてもらい、世間の注意を引くためだったが、どれも徒労に終わった。上院法案２７７号は可決された。２０１５年6月30日、カリフォルニア州のジェリー・ブラウン州知事がこの法律に署名した。

新型コロナウイルスによるパンデミックが起こるわずか数年前の反ワクチン活動は主流から外れ、世間からも大手メディアからも注目されることはほとんどなくなっていた。だが、まもなく風向きが変わった。新型コロナウイルス感染症が流行し始めてから、反ワクチン派は潤沢な資金を手に入れ、世間を味方につけるための秘訣を知った。接近禁止命令によってリチャード・パンに近づくことを禁止された反ワクチン活動家のジョシュア・コールマンは、Facebookのライブ配信でこれから起ころうとしていることを極めて正確に予想した。「人類の歴史上で、この国の人間が一人残らず予防接種とワクチンに関心を持つ瞬間は今しかない」と彼は語った。「今こそ、我々が教育に取り組むべきときだ」。反ワクチン派は意味がひっくり返った言葉をよく使うが、彼らのいう「教育」とは「間違った情報を与える」という意味だ。

新型コロナウイルスのパンデミックが起きたときに、反ワクチン運動が右傾化したのはなぜか？

2015年にカリフォルニア州議会で反ワクチン派が屈辱的な敗北を喫した直後に、スタンフォード大学の研究者、ルネ・ディレスタが反ワクチン派によるTwitter投稿の「メッセージの進化」に気がついた。反ワクチン派はワクチンの安全性に関する間違った主張を展開することをやめ、主に「医療の自由」に言及するようになっていた。その方が議員たちの共感を得やすいと判断したのだろう。

このような方針の変更の真価が問われたのは、テキサス州の共和党議員ジェイソン・ビラルバがよかれと思ってカリフォルニア州の上院法案277号とほぼ同じ内容の法案をオースティンで提出したときだった。ワクチン推進団体イミュナイゼーション・パートナーシップ（予防接種パートナーシップ）の理事、レカー・ラクシュマナンが指摘したように、ビラルバはそれと知らずに危険な地雷を踏んでいた。「何の前触れもなく、テキサス州でそれまでとはまったく種類の違った反ワクチン運動が巻き起こった」とラクシュマナンは話す。ビラルバの法案が採決に持ち込まれることはなかった。それどころか、このことをきっかけにテキサンズ・フォー・ワクチン・チョイス（ワクチンの選択に賛成するテキサス人）なる団体が設立され、同様の法案に反対すべくロビー活動を始めた。「自由」というメッセージは反ワクチン団体の間に連帯感を生んだ。彼らはティーパーティー運動（保守派の市民による政治運動）とも関わりを持つようになり、やがてフリーダム・コーカス（自由議連：極右保守派の連邦議会下院議員連盟）ともつながりができた。こうなると、ジェイソン・ビラルバのような共和党議員がワクチンの「選択の自由」に反対するようなリスクを冒すことはできなくなった。

ここから新型コロナウイルスが米国に上陸するまでの５年間で、テキサス州での成功で勢いづいた反ワクチン派は、活動資金を募る政治活動委員会のネットワークを全米に広げた。医療に関する判断は個人にゆだねられるべきだと彼らは主張した。私たちの体は自分でバランスをとっている。ワクチンは個人の自由と選択の自由の問題だ。自分や我が子の体に何を入れるか、あるいは何を入れるべきでないかを指図する権利は政府にはない。決めるのは政府ではなく、私たち自身だ。

彼らは公衆衛生を無視し、ワクチンを個人の判断の問題にすり替えた。

さらに、新型コロナウイルス対策として様々な規制がかかったことが医療の自由と共和党右派の距離を近づけた。リアウェイクン・アメリカ・ツアー（アメリカ再覚醒ツアー）なる運動が誕生し、２０２１年から２０２２年にかけてフロリダ、ミシガン、オクラホマ、カリフォルニア、コロラド、テキサスの各州（ここではＱアノンの支持者がバックについた）でイベントが開催された。イベントのチケットの値段は一般が250ドル、VIPチケットになると500ドルまでつり上がった。ツアーにはFBIへの虚偽証言の罪を認めたマイケル・フリン、議会での虚偽証言や証人買収などの罪で有罪判決を受けたロジャー・ストーン、（マイピローの最高経営責任者でオレアンドリンの一件で登場した）マイク・リンデルなど、トランプに近い人間が参加していた。また、ヒドロキシクロロキンを使うようにトランプに進言したステラ・イマニュエル、新型コロナウイルスやコロナワクチンに関するでたらめな情報を拡散したとしてファクトチェック（事実確認）組織ポリティファクトから「ライ・オブ・ザ・イヤー（年間最悪うそ賞）」を授与されたスコット・ジェンセン、新型コロナワクチンには効果がない、パンデミックは公衆衛生上の危機ではない、FDAが承認したワクチンの正体は「ワクチンという名でごまかした実験的な生物製剤」だなどと主張するシモーヌ・ゴールドといった医師らが顔をそろえた医師団体、アメリカズ・フロントライン・ドクターズもイベントに参加した。

アメリカ再覚醒ツアーに参加した保守派は、堂々とワクチン接種を拒否するようになった。2021年7月までに民主党議員の86パーセントがワクチンを接種したが、共和党議員の接種率は54パーセントにとどまった。2021年10月末までに、ドナルド・トランプの支持率がかなり高い州では人口10万人当たり25人が新型コロナウイルス感染症で死亡した。バイデンの支持率がかなり高い州では、新型コロナウイルス感染症による人口10万人当たりの死者数は0・4人と低く、60倍の開きがあった。人々は新型コロナウイルスによるパンデミックを「レッド・コビッド（赤い新型コロナウイルス）」と呼ぶようになった。（訳注　米大統領選で共和党と民主党の投票数を示す際などに慣例的に共和党は赤、民主党は青で色分けされる。）

共和党が強いテネシー州では、反ワクチン、反科学、反公衆衛生のメッセージがどれほど危険なレベルに達しているかを示す出来事が立て続けに起こった。２０２１年7月の半ばに、テネシー州のワクチン接種の統括責任者を務めていたミッシェル・フィスカス博士が解雇された。共和党のスコット・セピッキー下院議員が一般市民——十分に判断力のある年齢の未成年を含めたあらゆる市民——にワクチンを接種させようとする彼女の取り組みは「非難されるべき」だと主張した後のことだった。その後、テネシー州では新型コロナワクチンばかりでなく、すべてのワクチンに関する教育、推進活動、接種支援活動などが停止された。「水面下で広がっているたちの悪い思惑の影響を、のせられやすい議員たちが受けているのだと思う」とフィスカスは嘆いた。「特に南部の州では『医療の自由』を振り回し過ぎて、おかしな方向に向かっている」。フィスカスは家族とともにテネシー州を離れた。現在の彼女は、メリーランド州ロックビルに本部を置く予防接種管理者協会で主席医務官を務めている。

共和党によるワクチンへの攻撃はしばらく止みそうもない。２０２２年12月13日、フロリダ州のロン・デサンティス知事はフロリダ州最高裁判所に「新型コロナワクチンに関連してフロリダ州で行われたあらゆる悪事」に関する調査を開始する旨の申し立てを行い、認められた。２０２４年に行われる米大統領選の共和党候補者指名争いに加わろうとしていたロン・デサンティスは、強硬な新型コロナワクチン否定論者だった。反ワクチン運動はますますばかげた方向に向かい、２０２３年にはノースダコタ州、アイダホ州、フロリダ州で共和党議員らがｍＲＮＡワクチンの投与を犯罪とする法案を提出するというところまで来ていた。

なぜこんなことになったのだろうか？

文化や政治の変化のせいかもしれないし、私たちが以前よりひねくれて、すぐに訴訟をふっかけるようになり、社会を信用できなくなってきたせいかもしれない。これらはどれも当てはまるが、もっと恐ろしい事実が隠れているのかもしれない。反ワクチン活動家の性格について調べた「パンデミック、政治、人間について」と題した論文がデューク大学の2人の研究者によって発表された。

リベラル派と保守派はワクチン接種をめぐっても対立しているように見えるが、反ワクチン活動は伝統や権威、制度や機関の尊厳、そして法律を重んじる品行方正な保守派の価値観に反する。実際に、保守派の多くは反ワクチン活動家ではない。ひとくくりにして扱うのはフェアではないかもしれない。

デューク大学の研究者らが数千人を対象にした8件の研究を調べた結果、ワクチンに関するデマを生み出し、広めて回るような人間はごく一部であることがわかった。こうした研究の参加者たちについては、様々な性格特性の評価が行われていた。中でも特に際立っていた特性は「混沌を求める」傾向だった。これは「自身が所属する集団が他者に対して優位に立つために、世間に認められている機関が作り上げた既存の秩序を混乱させて破壊したいという衝動」と定義される。このような考え方が最も出てきやすいのは、人々が「自分はより広い文化的環境から疎外され、拒絶されている」と感じているときだと研究者たちは指摘した。

これは、ジョセフ・バイデンが第46代米国大統領に就任する数日前の事件を思い出させる。

2021年1月6日、大統領選の結果の撤回を求めておよそ2500人が米議会の上下両院合同会議が開かれていた国会議事堂を襲撃した。暴徒たちは国会議事堂の窓を割り、机をひっくり返し、警察官に暴行した。議事堂は封鎖され、議員や職員は逃げ出したが、140人の警察官がけがをした。このときの暴動で5人が死亡し、応戦した警察官のうち4人がのちに自殺した。オース・キーパーズ（誓いを守る人々）、プラウド・ボーイズ（誇り高き少年たち）、スリー・パーセンターズ（3パーセントの人々）などの反政府極右過激派団体のメンバー30人以上が暴動を計画した容疑で逮捕された。オース・キーパーズのリーダー格だった2人、スチュワート・ローズとケリー・メッグスは扇動共謀罪でそれぞれ懲役18年と12年の判決を言い渡された。最終的には、襲撃に加わった1000人以上が逮捕され、250人以上が刑務所に送られた。

反ワクチン活動家のシャーリーン・ボリンジャーとタイ・ボリンジャーもその場に居合わせた。2021年1月6日に国会議事堂からわずか数ブロックのエリプス広場で開かれた集会でドナルド・トランプが集まった支持者たちにかけた言葉が群衆を煽り立て、暴力に走らせたとしてトランプは弾劾裁判にかけられることになったが、2回目の裁判で暴徒たちを支援していた彼らも告発されることになった。2021年1月4日に投稿された動画で、シャーリーン・ボリンジャーは「ストップ・ザ・スティール（泥棒を止めろ）」運動の首謀者のアリ・アレクサンダーを指すと思われる「アリ」を含む集会の主催者らと協力していると主張していた。暴徒たちに荒らされる国会議事堂の前に立つシャーリーン・ボリンジャーはこのときを「素晴らしい日」と呼び、彼女が「愛国者」と呼ぶ人々のために祈りを捧げた。タイ・ボリンジャーは国会議事堂の扉のそばに立って、中に乗り込む瞬間を待っていた。『プランデミック』のプロデューサー、マイキー・ウィリスはシャーリーン・ボリンジャーの隣に立ち、「我らが誇り高き愛国者たちは一列に並んだ機動隊を平和的に押しのけ、この上なく平和的にだ、今では階段のところ、議事堂の扉のところにいる」と叫んでいた。「なんと美しい光景だろうか」。シャーリーン・ボリンジャーも叫んだ。「私たちは勝利しようとしている。これは戦争だ」

同じく反ワクチン活動家のデル・ビッグツリーもその場に居合わせ、群衆に呼びかけていた。「私たちは崖っぷちに立たされている。トニー・ファウチが諸君の安全を気にかけていると言えればよかったと思う。私がCDCを信じていると言えればよかったと思う。（中略）このパンデミックは本当に危険なのだと言えればよかったと思う。投票計算機がきちんと機能していると信じられればよかったと思う。（中略）だが、一つとして現実にはならなかった」

２０２２年６月16日、反ワクチン活動家のシモーヌ・ゴールドが国会議事堂を襲撃した罪で懲役２カ月の判決を言い渡された。

泥棒を止めさせ、混沌を受け入れ、議事堂を焼き払い、ワクチンを接種しない。反ワクチン運動は新たな形を見つけた。

反ワクチン運動の資金はどこから出ているのか？

新型コロナウイルスによるパンデミックが始まった頃から、反ワクチン運動はソーシャルメディアの影響力を利用して右派活動家から政治的・経済的なバックアップを受けていた。反ワクチン運動はうまくいき、恐ろしいほどの勢いでデマを広めていった。２０２１年９月半ばの時点で、世界でも特に人口が多く、経済的に発展している７カ国の民主主義国（英国、カナダ、フランス、ドイツ、イタリア、日本、米国）が参加する「Ｇ７」の中で、米国は最もワクチンの接種率が低かった。米国の人口は世界人口の４パーセントに過ぎないが、全世界の新型コロナウイルス感染症による死者の20パーセント以上を米国が占めていた。

問題の深刻化を受けて、デジタルヘイト対策センターという団体がワクチンに関するデマが主にどこから広がっているのかを調査した。その結果、Ｆａｃｅｂｏｏｋに出回っている反ワクチンがらみのデマの70パーセント以上はわずか12の個人や団体から発信されていることがわかった。さらに、新たな事実も判明した。デマの発信を支える資金の多くは、なんと健康食品業界から出ていたのだ。この業界は、反ワクチン運動が掲げるのと同じような類の医療の自由を数十年前から主張し続けてきた。皮肉なことに、1994年に栄養補助食品健康・教育法という名前の法案が可決されてから、栄養補助食品、つまりサプリメントの販売は事実上野放しになった。このような製品のラベルは「心臓の健康」「前立腺の健康」「免疫の健康」をサポートするとうたうものが多かったが、科学的な研究による裏づけはまったくなかった。このようなラベル表示は、製品がFDAによる評価を受けていないことと、病気の診断、治療、予防を目的としていないことをメーカーが明記してさえいれば問題ないと1994年の法律で定められている。正確を期すならば、この法律は栄養補助食品健康・不教育法と名づけるべきだったかもしれない。

サプリメント業界がFDAを相手にうまく立ち回ったのと同様に、反ワクチン運動は公衆衛生当局を相手にうまく立ち回った。

反ワクチン運動を主導しているのは誰なのか？新型コロナワクチンは彼らの言うほど危険なものなのか？

米国で新型コロナワクチンの接種が開始される2カ月ほど前の2020年10月16日、世界で反ワクチン運動を繰り広げる大物たちが集まって内輪の会合を開いた。新型コロナワクチンに対する不信感をみんなに植えつけるためにソーシャルメディアをどのように活用していくかを相談するためだった。パンデミックを歴史的な好機ととらえた反ワクチン活動家たちは、大義を掲げて仲間を増やそうとしていた。そのために作られたのが「マスターナラティブ（大きな物語）」だ。マスターナラティブには三つのメインテーマが設定されている。これは①新型コロナウイルス感染症は危険な病気ではない、②新型コロナワクチンは危険なワクチンだ、③ワクチン推進派は信用できない、というものだ。デジタルヘイト対策センターと『ニューヨーク・タイムズ』紙が「ディスインフォメーション・ダズン（デマを広める12人）」と呼ぶ、この極秘会議の参加者たちの一部を紹介しよう。

ロバート・F・ケネディ・ジュニアは、ロバート・F・ケネディ上院議員の息子で、ジョン・F・ケネディ大統領の甥にあたる。1976年にハーバード大学を卒業した後、バージニア大学で法律の学位をとった。

ケネディは2011年にワクチンはそれが予防する病気よりも大きな害をもたらすと考える非営利団体「チルドレンズ・ヘルス・ディフェンス（子供たちの健康を守る会）」を設立した。設立の年に同団体に集まった寄付額は1万3000ドルだった。翌年の2012年は6000ドル、2013年は2万4000ドル、2014年は1万3000ドルと寄付額は一向に増えなかった。チルドレンズ・ヘルス・ディフェンスは解散の危機に瀕していた。そこで、ケネディはワクチン接種の自由を標榜するテキサンズ・フォー・ワクチン・チョイスの活動にならって、ワクチンの危険性を宣伝して回った。そうすると、彼の団体への寄付は一気に増えた。

2018年にチルドレンズ・ヘルス・ディフェンスには100万ドルの寄付が集まり、2019年には300万ドル、2020年には700万ドル、2021年には1500万ドルと寄付額は年を追うごとに増えていった。同団体は動画を撮影するスタジオを作り、インターネットテレビ局を設立して専門チャンネルで番組を流し始めた。カナダやヨーロッパ、オーストラリアにも支局を立ち上げ、フランス語、ドイツ語、イタリア語、スペイン語に翻訳した記事を掲載した。新型コロナワクチンの接種を拒否する権利に関するケネディの主張はますます激しくなり、ワクチンのおかげで命が助かる人間の数よりもワクチンのせいで命を落とす人間の数の方が多いと言い出した。この頃にはFacebookやTwitter、Instagramの彼のフォロワーは数百万人規模に膨れ上がっていた。ケネディのFacebookページだけでも1カ月間のアクセス数は470万回を超えた（パンデミックの前年のアクセス数は15万回を下回っていた）。彼がTwitterでつぶやく内容は、CNNやNPR、CDCの投稿よりも注目を集めた。

なぜケネディはこれほどの人気を得たのだろうか？　ウェブトラフィック（ウェブサイトの訪問者数）を調べるデジタル情報分析企業のシミラーウェブの分析から、チルドレンズ・ヘルス・ディフェンスは世界で最も人気のある「代替医療・自然医療サイト」の一つになっていることがわかった。サプリメント業界とのつながりのおかげもあって、反ワクチンビジネスは活況を呈していた。ケネディもその恩恵にあずかった一人だった。自身が設立した団体から彼が受け取る金額は年間49万7000ドルに上った。

ケネディの反ワクチン語録には、「インフルエンザワクチンは新型コロナウイルス感染症よりも2・4倍も致死率が高い」、「ビル・ゲイツは監視とトランスヒューマニズム（訳注　科学や技術を使って人間の体と能力を、限界を超えて進化させようとする概念）を目的として私たちの体にチップを埋め込みたがっている」、「5G技術（訳注　高周波数帯を利用した第5世代の高速大容量の通信技術）は「生物に壊滅的なダメージを与える」」、新型コロナワクチンは「人類史上最も恐ろしいワクチン」といった言葉が並ぶ。さらに、ケネディは最初にFDAが緊急使用許可を与えた新型コロナワクチンと、後から正式に承認したワクチンは別物だとも主張している。ウィスコンシン州選出のロン・ジョンソン上院議員もFOXニュースのタッカー・カールソンの番組に出演したときにこの事実無根の主張を繰り広げ、ワクチンの製造や規制について彼らがいかに無知であるかを証明した（第4章を参照）。

2020年7月には、アフリカ系米国人にワクチン接種を受けさせないためにケネディは「ワクチンを接種したときのアフリカ系米国人の血液の反応は白人の血液とは違っていて、はるかに敏感に反応する」と発言している。野球界のレジェンド、ハンク・アーロンが86歳で自然死したときには、ケネディは彼を「新型コロナワクチンの投与後の高齢者に相次いでいる不審死」を遂げた一人であるとした。2021年にはアフリカ系米国人をターゲットにしたプロパガンダ映画『Medical Racism: The New Apartheid（医療における人種差別：新たなるアパルトヘイト）』を公開し、新型コロナワクチンは「米国の黒人を使った大規模な実験にすぎない」と主張した。親に子供へのワクチン接種をやめさせるために、ケネディは「子供にこんなワクチンを打たせるのは犯罪的な医療過誤だ」とも言った。さらに、ケネディはペンシルベニア州ランカスター郡のアーミッシュ（訳注　キリスト教プロテスタントの一派）のコミュニティーを訪問し、新型コロナワクチンの危険性について警告した。アーミッシュのワクチン接種率が低かった背景には、彼の発言の影響もあったのかもしれない。

しかも彼は、自分のでたらめな話を広めるために必要とあらば、「ケネディ」の名前を利用することもいとわなかった。ヨットに乗ったケネディ一族が登場する2019年の宣伝用動画で彼はこのように言っている。「あなたとあなたのゲストが、かの名高いハイニアス・ポートのケネディ・コンパウンド（訳注　ケネディ家の夏の別荘地の一つ）で私と一緒にヨット遊びとプライベートツアーの一日を過ごすことができます。寄付額が多いほど、当選のチャンスが増えますよ」。2020年にケネディが投稿したある動画では、大口の寄付をした人々がケープコッドのケネディ・コンパウンドに旅をする様子が撮影されていた。「ここにはいつも大勢の人がいて、楽しい会話が交わされています」と彼は言う。「私の母が来ると決めたら、絶対に何か面白いことが起こりますよ」

しかし、数あるケネディの発言の中でも特にひどかったのは、ワクチン接種を繰り返しホロコーストに例えていたことだろう。2021年12月12日、ケネディは集会に参加した支持者たちにワクチン反対のステッカーを「法律に触れないよう地域に貼って回る」ことを呼びかけたが、ステッカーの中にはヒトラーの口ひげをたくわえたファウチの写真が使われているものが混じっていた。2022年1月23日には、「ヒトラーが支配していた時代のドイツでさえ、人々はアルプスを越えてスイスに入ることができたし、アンネ・フランクがしたように屋根裏部屋に隠れることもできた。1962年に私が父とともに東ドイツを訪問したときには、壁を乗り越えて脱出したという人たちにも会った。そんなことも実際に可能だった。そうしようとして多くの人たちが死んでいったが、不可能ではなかったのだ」。ナチスが支配するドイツにいたユダヤ人の子供たちには、21世紀の米国の子供たちよりも自由があったとケネディは考えていたのだ。（のちに彼は謝罪した。）

しかし、彼のメッセージは共感を呼んだ。著書『The Real Anthony Fauci: Bill Gates, Big Pharma, and the Global War on Democracy and Public Health（アンソニー・ファウチの実像：ビル・ゲイツ、大手製薬会社、民主主義と公衆衛生をめぐるグローバルな戦い）』の中で、ロバート・F・ケネディ・ジュニアはアンソニー・ファウチや、科学者たちや、公衆衛生当局が米国の一般大衆にうそをつくのは、大手製薬会社や闇の資金、さらにはビル・ゲイツなどの大金持ちと結託しているからだと述べている。ケネディの本にはナチスがホロコーストを指して使った「最終的解決」という言葉が使われている章がある。

(『アンソニー・ファウチの実像』は50万部以上を売り上げた。)

突き詰めると、悪意に満ちたケネディの言葉のほとんどは、医療の自由――特にレストランやバー、映画館、スポーツイベントなどの大勢の人が集まる場所に入るときのワクチン義務化への反対――のために発せられていた。そうすることで、保守的な価値観に直接打撃を与えられると彼は信じていた(これが民主党の名門ケネディ家の息子とは皮肉な話だ)。2022年1月23日の集会で声援を送る観衆に向かって彼は告げた。「ワクチン接種証明書を渡された瞬間に、あなたたちが持つあらゆる権利は政府の独裁的な命令に服従することと引き換えに与えられる特権に変わる。そうなれば、あなたたちは奴隷も同然だ」

ケネディの家族は、彼の反ワクチンのメッセージに取り合っていなかったようだ。2021年12月に彼の自宅でパーティーが開かれたときに、ケネディの妻は参加するゲストにあらかじめ新型コロナウイルスの検査を受けるか、ワクチンを接種してくるように呼びかけていた。のちにケネディはパーティーに参加したければワクチンを打ってくるように自分の妻が言っていたことを知らなかったと主張し、パーティーの参加者に接種証明書や検査結果を見せるように求めることはなかったと述べた。

いいかげんな情報を流し続ける行為が危険と判断されたため、ロバート・F・ケネディ・ジュニアのInstagramのアカウントは停止され、チルドレンズ・ヘルス・ディフェンスのFacebookアカウントも使えなくなった。

2023年4月19日、マサチューセッツ州ボストンのパーク・プラザ・ホテルでRFKジュニアは大統領選への出馬を表明した。この発表の後で、Instagramは彼のアカウントを再び使えるようにした。

フロリダ州コーラル・ゲーブルズの医師、ジョー・メルコラが運営する代替医療とサプリメントのウェブサイト、Mercola.com は世界でもトップクラスの人気を集めている。2017年には純資産が「1億ドルを超えた」とメルコラは豪語する。

彼はSNSでもこまめに情報を発信し、Facebookで170万人、Twitterで30万人、YouTubeで40万人のフォロワーがいる。ジョー・メルコラはパンデミックのずっと前から様々な反科学論を展開し続けてきた。過去にはスプリング付きマットレスから有害な放射線が出ていると主張したこともある。2012年には日焼けマシンはがんのリスクを下げると言って、「バイタリティー」という日焼けマシンを1200ドルで、「D-ライト」というマシンを4000ドルで販売した。2016年に米連邦取引委員会がメルコラの会社の宣伝は不当表示にあたると判断し、メルコラが日焼けマシンの購入者に259万ドルを返金することで合意した。（日焼けマシンはむしろ皮膚がんのリスクを高める。）

そんなジョー・メルコラにとって、新型コロナウイルスのパンデミックは金の鉱脈だった。そして、米国の一般大衆をだますまたとない機会でもあった。パンデミックが始まってまもない時期に、メルコラはウェブサイト『ストップ・コービッド・コールド（コロナ風邪を止めろ）』を開設し、過酸化水素と植物性色素のケルセチンを新型コロナウイルス感染症の治療薬として販売した。また、彼は新型コロナワクチンに感染を予防したり、免疫を獲得したり、感染拡大を抑える効果はなく、「医療詐欺」のようなものだとも主張した。新型コロナワクチンは「遺伝暗号を書き換え、スイッチを切ることができないウイルスタンパク質の製造工場にあなたを変えてしまう」とメルコラは言う。

ジョー・メルコラの発言は正しいのだろうか？　ファイザーやモデルナが製造したｍＲＮＡワクチンは、人間の遺伝暗号を書き換えるのか？

新型コロナワクチンの接種をためらう人々からｍＲＮＡワクチンがＤＮＡを変化させるのではないかという不安の声はよく聞くが、生物学的にそのようなことはあり得ない。第一に、ｍＲＮＡワクチンにはｍＲＮＡを細胞核の中に運び込むために必要な核輸送シグナルがない。ＤＮＡは核の内部にあるため、そこに入れなければＤＮＡを変化させることはできない。第二に、ｍＲＮＡワクチンにはｍＲＮＡをＤＮＡに変換する逆転写酵素が含まれていない。この酵素がなければ、ｍＲＮＡワクチンがＤＮＡを変化させることはできない。最後に、ｍＲＮＡワクチンにはｍＲＮＡをＤＮＡに取り込ませる酵素インテグラーゼが含まれていない。ｍＲＮＡワクチンがＤＮＡを変化させる確率は、普通の人間がスパイダーマンに変身する確率と同じくらいだ。少なくとも１９７７年の漫画の通りなら、放射能を浴びたクモにかみつかれない限り、スパイダーマンに変身することはない。また、ウイルスタンパク質製造の「スイッチを切ることができない」どころか、ｍＲＮＡワクチンを接種して体内でスパイクタンパク質が作られる期間はせいぜい数日だ。

多額の資産を持つメルコラは、他の反ワクチン団体にも惜しみなく資金を提供し、ワクチンは危険だという意見をせっせと広めている。過去10年間で、メルコラはバーバラ・ロー・フィッシャーが運営するＮＶＩＣに自身の資金提供の40パーセント近くを占める３４０万ドルを寄付している。メルコラの支援のおかげで、ＮＶＩＣはＡＭＣの映画館やタイムズスクエアにあるＣＢＳの巨大スクリーンで広告を流すことができた。さらにメルコラから気前よく出された資金は、ＮＶＩＣが米国の大手航空会社の機内ビデオを流している会社の広告枠を買うためにも使われた。

「インフォームド・コンセント・アクション・ネットワーク（ICAN：インフォームド・コンセント行動ネットワーク）」なる団体を主宰するデル・ビッグツリーは、元テレビプロデューサーだ。過去には『ザ・ドクターズ（医師たち）』という番組を制作し、現在は『ザ・ハイワイヤー（綱渡り）』という反ワクチンサイトをマガジン形式で運営している。以前はFacebookとYouTubeで動画を配信し、60万人のフォロワーがいたが、現在では削除されている。それでも懲りないビッグツリーは、今も別のアカウントを使っておよそ37万人のフォロワーにでたらめな情報を発信し続けている。新型コロナウイルスにわざと感染し、免疫をつけることが神のみこころにかなったやり方だというのが彼の主張だ。

そもそもワクチンの目的は、ウイルスに感染したときほど大変な思いをすることなく、感染して治った場合と同じような免疫をあらかじめ獲得することだ。新型コロナウイルス感染症について言えば、2023年6月までに米国では100万人を超える死者が出ている。デル・ビッグツリーはこのようなウイルスにわざと感染することが神のみこころにかなうと本気で信じているのだろうか？　さらにビッグツリーは、新型コロナウイルスが実在しない可能性を示唆しながら、同時にこのウイルスは自然に感染するのが一番だと主張している。

反ワクチン運動の偽善をこれほど体現する人物は他にいないのではないだろうか。『ザ・ハイワイヤー』の番組紹介で彼はこんなことを言っている。「私は何を調査するか、何を言うかを指図してくる企業スポンサーは求めていない。あなたたちが我々のスポンサーなのだ」。ビッグツリーが示唆するように、医師や医療の専門家のようなワクチン推進派とは違って、彼が企業の利益に振り回されることはなさそうに思える。だが、ビッグツリーの団体が公開している記録を見ると、最大の支援者であるセルツ財団からは2016年から2018年にかけて同団体は290万ドル以上の寄付を受け取っている。この寄付にはICANが設立初年度に受け取った命を救うための寄付金10万ドルも含まれる。セルツ財団を運営するのは、フレクシオン・セラピューティクスやコンステレーション・ファーマシューティカルズなどの大手製薬会社にも投資する億万長者のバーナード・セルツだ。

アンドリュー・ウェイクフィールドが映画監督デビューを果たした後の2016年に、デル・ビッグツリーはウェイクフィールドの新作映画『MMRワクチン告発(原題:Vaxxed)』の制作に協力した。この映画はまたもや親たちの証言で構成され、すでに間違っていることが科学的に証明されているMMRワクチンと自閉症の因果関係に関するウェイクフィールドの主張を使い回していた。『MMRワクチン告発』のクレジットには、寄付者としてセルツ財団の名前もあった。セルツ財団は、アンドリュー・ウェイクフィールドの自閉症メディアチャンネルにも84万8000ドルを寄付していた。『MMRワクチン告発』の興行収入は140万ドルに達し、続編を望む声も出た。続編ではロバート・F・ケネディ・ジュニアが製作総指揮にあたった。

2018年にデル・ビッグツリーは、麻しんが大流行していたニューヨーク市の超正統派ユダヤ教徒のコミュニティーに潜入した。この流行を受けて市がワクチンの接種義務化に乗り出すと、ビックツリーはナチス・ドイツでユダヤ人が強制的につけさせられていた黄色のダビデの星を自分の支持者たちにつけさせて、嫌悪感を表明した。ビッグツリーの黄色の星では「Jude(ユダヤ人)」の文字が「Vaccine(ワクチン)」に書き換えられていた。ニューヨーク市の病院で何人もの超正統派ユダヤ教徒の子供たちが人工呼吸器をつけて生死の境をさまよっている間も、ビックツリーは自らダビデの星を身につけて自分ができるだけ大々的に取り上げられるように報道発表を送って回っていた。正直に言って、これほど思いやりがなく、無神経で、心ない行為はないだろう。2020年のICANの収入は550万ドルだった。

医師のシェリー・テンペニーは、代替医療に関する事業を展開し、反ワクチン活動のブートキャンプ（訳注　セミナーのこと）を有料で開催している。「私の仕事は、クラスで400人の皆さんに教えることだ」と彼女は言う。「そして、あなたたち1人ずつがどこかで1000人に教える」。Zoomで開催されたブートキャンプのあるトレーニングセッションは「新型コロナワクチンを接種するとどのように具合が悪くなるのか…死ぬ可能性もある」と題され、参加費は199ドルとなっていた。参加費が165ドルの別のセッションには2000人以上が参加した。これだけでもテンペニーの手元には数十万ドルのもうけが転がり込んだのではないだろうか。彼女のブートキャンプでは、新型コロナウイルスのパンデミックはでたらめであること、マスクは免疫力を低下させること、新型コロナワクチンは「DNAを操作し、不妊症や認知症を引き起こす大量殺戮マシン」であることなどを教えられる。2021年の3月から4月にかけて、テンペニーはいくつかのQアノンの番組に出演し、放送後にビル・ゲイツが裏で糸を引いていると思われるトランスヒューマニスト（訳注　科学技術によって人間の能力を増強しようとする超人間主義者）たちによる陰謀についてツイートした。ゲイツは太陽の光を遮るプロジェクトを進めているのだろうと彼女は考えていた。さらに彼女は、サンディフック小学校で起きた銃乱射事件もワクチンが原因だとした。他のワクチン活動家たちと同じく、テンペニーもサプリメントを普段から売り回っている。また、新型コロナワクチンを打つと、人間の体が磁気を帯びるとも信じている。

テネシー州で暮らす夫婦、シャーリーン・ボリンジャーとタイ・ボリンジャーは、がんやワクチン、新型コロナウイルスに関する本やビデオを販売し、反ワクチン活動家同士が協力し合うことによる相乗効果を体現している。彼らは『ワクチンの真実』というマルチメディアシリーズを作成し展開しているが、その中の「コロナウイルス実践ガイド」にはロバート・F・ケネディ・ジュニアやアンドリュー・ウェイクフィールド、バーバラ・ロー・フィッシャー、デル・ビッグツリー、ジョー・メルコラなどの有名な反ワクチン活動家たちも登場する。500ドル以下の予算で作られたこのシリーズは、新型コロナウイルス感染症の治療法としてビタミンCの点滴を勧め、ビル・ゲイツがすべての人にマイクロチップを注射する計画を立てているという5G陰謀論（訳注　第5世代の高速通信技術の導入が健康を阻害するといううわさ）とパンデミックを結びつけている。

しかし、これらの主張は事実無根だ。第一に、500人以上の新型コロナ患者を対象にした6件の研究で、ビタミンCを投与しても入院期間を短縮したり、人工呼吸器が必要になる患者の割合や患者の死亡率を低下させたりする効果はないことが示されている。第二に、マイクロチップは米粒ほどの大きさがあり、注射針の中を通らない。

このシリーズの販売により得られた収益の一部は、寄付金としてロバート・F・ケネディ・ジュニアに還元される。このような商売でボリンジャー夫妻は数千万ドルの製品を売り上げ、Facebookのフォロワー数は100万人を超える。

2023年5月に死去した医師のラシッド・バタールは、重金属を体内から除去するというふれこみのキレーション療法を手がけ、我が子の自閉症を治したいと切実に願う親たちから人気があった。しかし、重金属が原因で自閉症になることはないため、バタールの治療で親たちの願いがかなうことはなかった。ＦＤＡはバタールの行為を問題視し、様々な病気を治療する効果があるという虚偽の主張をしたとして彼を起訴した。

多くの反ワクチン活動家と同様に、バタールも新型コロナワクチンは不妊症の原因になると主張していた。このような話が出てきたのは、かつてファイザーで働いていた引退医師のマイケル・イードンと、同じく医師のウォルフガング・ワダルグが共同で欧州におけるＦＤＡのような存在の欧州医薬品庁（ＥＭＡ）に請願書を提出したことがきっかけだ。この2人の医師は以前にも「パンデミックは事実上、終息した」「新型コロナウイルスの危険性は季節性インフルエンザと変わらない」という、その時点では事実とは異なる発言をしていた。（米国では毎年2万人から6万人がインフルエンザで死亡している。新型コロナウイルスはワクチン接種や自然感染によって免疫を獲得していた人が少なかったために、パンデミックが発生してから最初の2年間で米国だけで１００万人以上が死亡した。）

イードンとワダルグはＥＭＡに提出した請願書で、新型コロナワクチンが不妊症の原因になるという主張を裏づけるために、新型コロナウイルスのスパイクタンパク質と胎盤の細胞の表面にあり、胎盤を健康に保つために重要なシンシチン－1と呼ばれるタンパク質（訳注　胎盤形成に働く細胞融合タンパク質）はほぼ同じものだと主張した。これがもし本当なら、新型コロナウイルスのスパイクタンパク質に対する免疫反応を起こしたことがある女性は、自分の胎盤にも免疫が反応し、不妊症の原因になるという理屈になるかもしれない。幸い、新型コロナウイルスのスパイクタンパク質とシンシチン－1で起こる免疫反応はまったくの別物で、どちらかに対して免疫が反応するからといってもう一方にも反応することはない。

もし彼らの主張が正しければ、米国で新型コロナウイルスに感染してスパイクタンパク質に免疫が反応する人々は1億人以上いるのだから、出生率が急激に低下するはずだ。だが、新型コロナウイルスによるパンデミックが起こってからも出生率に変化は見られない。さらに、ファイザーとモデルナのmRNAワクチンの第3相試験のプラセボ対照比較試験実施中に36人の被験者が妊娠した。新型コロナワクチンが不妊症を引き起こすなら、すべてとはいかなくても、ほとんどの妊娠はプラセボ群に偏るはずだ。しかし、妊娠した被験者はワクチン接種群が18人、プラセボ群が18人とほぼ同数だった。つまり、ワクチンは妊娠しやすさにも不妊にも関係がないことが示されたわけだ。

セイヤー・ジは、代替医療サイトGreenMedInfo.comを運営している。このウェブサイトは間違った情報だらけだが、人気がある。ロバート・F・ケネディ・ジュニアやデル・ビッグツリーと同じく、ジもホロコーストをよく持ち出してくる。新型コロナワクチンの接種開始について彼は「大量虐殺によってずたずたにされた人間の歴史における過去の局面に似ている」と述べている。ジはもうこれ以上「昔ながらの病原体説の基本的な考え方をまともに受け入れる」つもりはないと主張している。(病原体説では、特定の病原体が特定の病気の原因になっているとされる。例えば、新型コロナウイルス感染症は新型コロナウイルスが原因で発症する。おそらく、セイヤー・ジはそのことも信じていないのだ。)ジはサプリメントを摂取することと、5Gを避けることを勧めている。彼のFacebookには50万人のフォロワーがいて、YouTubeには1万5000人の登録者がいる。

マイク・アダムスは2005年に開設されたナチュラル・ニュースの開設者だ。ナチュラル・ニュースは、メルコラの Mercola.com に次いで2番目の人気代替医療ウェブサイトで、年間アクセス数は370万回に上る。サイトのあちこちにはアダムスがサプリメントや災害対策用品を販売する「ヘルス・レンジャー・ストア」のリンクが貼りつけられている。成功している他の反ワクチン活動家たちと同じように、アダムスも保守右派とのつながりがあり、マイケル・フリン（元トランプ大統領補佐官）やシドニー・パウエル（2020年の大統領選挙で選挙結果を覆すために不正をはたらいたドナルド・トランプ側の弁護士の一人）をゲストに招いている。

アダムスは、mRNAワクチンは「皆殺しのための道具」であり、パンデミックワクチンの接種開始は「左翼カルトによる自殺行為」であり、ワクチンを打って具合が悪くなった人々に「従順な第三世界の不法移民」が取って代わり、ワクチンを拒否する人々は「皆殺しのために狙われる」と信じている。

また、アダムスは「ワクチンを接種した人々がワクチンを発散して、健康な人々を病気にしている」とも主張する。それが脳卒中や心臓発作、不妊症の原因になっているというのだ。この主張を極端な行動に移した教育関係者もいた。フロリダ州で「指導者養成学校」をキャッチフレーズにセントナー・アカデミーを運営していたデイビッド・セントナーである。12歳以上を接種対象として新型コロナワクチンが承認された5カ月後の2021年10月、セントナーはワクチン接種後30日以内の教員に教室への立ち入りを禁止した。理由は、接種者がワクチンを「発散する」ことを恐れたからだった。禁止措置が取られる数カ月前に、セントナーは学校で講演をしてもらうためにロバート・F・ケネディ・ジュニアを招いていた。セントナーは禁止措置について保護者に事情を説明する文書を配布した。「これは新型コロナワクチンを接種したばかりの教員のすぐそばで一日を過ごすことによる、まだ知られていない影響から子供たちを守るための最善の措置です。（中略）しっかりと警戒し、可能性のあるリスクを抑えるための良識ある対応であると考えております」。さらに数ヵ月後、セントナーはワクチンを接種してから30日以内の生徒の登校も禁止した。

デイビッド・セントナーが心配するワクチンの「発散」が本当なら、どうなるのか考えてみよう。mRNAワクチンには、細胞に新型コロナウイルスのスパイクタンパク質を作らせるための設計図となる遺伝物質が少量ながら含まれる。ワクチンのmRNAが細胞に入ると、生命を維持するために必要なタンパク質と酵素を作るおよそ20万個の他のmRNAの中に混ざり込む。本当にこれらのタンパク質が体から「発散」されて、近くにいる誰かに移行するのなら、それが何を意味するのか考えてみてほしい。インスリン注射が必要な糖尿病患者は、体内でインスリンを作れる人のそばに立つだけで痛い注射を打たずに済む。あるいは、赤血球が鎌状になり、貧血などの症状が出る鎌状赤血球症患者は正常なヘモグロビンを作れる人のそばにいさえすれば、しょっちゅう入院したり、輸血を受けたりする必要はなくなるだろう。

セントナーがワクチンを接種した教員や生徒の学校への立ち入りを禁止したことは、人がいかに魔術的思考に惑わされやすいかを示している。実際に、セントナー・アカデミーで数学と理科を担当していたある教員は、「発散」の問題が起こらないようにするために、親がワクチンを接種したときは5秒以上のハグをしないように生徒たちに指導していた。

バーバラ・ロー・フィッシャーはNVIC（ナショナルワクチン情報センター）の創設者にして、現代の米国における反ワクチン運動の生みの親でもある。しかし、現在ではロバート・F・ケネディ・ジュニアやデル・ビッグツリー、ジョー・メルコラ、ボリンジャー夫妻のように主張の強い反ワクチン活動家たちが目立ち、彼女の存在はすっかり埋もれてしまった。NVICは度重なるコミュニティー規定への違反によって、2021年にFacebook、Twitter、YouTube、Instagramの利用を停止された。同年末には決済サービス会社のペイパルもフィッシャーの団体への寄付を受け付けなくなった。デジタルヘイト対策センターによれば、NVICは「長く続いてきた反ワクチン運動の中心にいる」ものの、バーバラ・ロー・フィッシャーの声はほとんど表に出てこなくなった。

ワクチンに関するでたらめを広める他の連中もサプリメントを勧めていることが多い。例えば、陰謀論で支持者を獲得しているニュースサイト『インフォウォーズ』のアレックス・ジョーンズは、栄養サプリメントの販売で年間およそ2000万ドルの大金を手にしている。ジョーンズは様々な意見を発信しているが、中でも新型コロナワクチンは免疫系を破壊すると主張している。このメッセージは彼が取り扱っている「免疫をサポートする」サプリメントの宣伝にぴったりだ。

反ワクチン情報を流す人々の例にたがわず、FOXニュースで番組を持つタッカー・カールソンも代替医療業界を支持している。彼が宣伝するのは「男の活力の低下」の治療薬だ。2021年5月6日にカールソンは「3362人が新型コロナワクチンの接種後に死亡したらしい（中略）VAERS（ワクチン有害事象報告システム）によれば、（新型コロナワクチンの）注射を打った後で亡くなった人の数は他のどのワクチンより多くなっている」と発言した。（パンデミックが始まってからはニューヨークにあるFOXニュースのスタジオでは裏方も出演者も新型コロナワクチンの接種証明書を提示することが義務づけられていた。カールソンの番組もニューヨーク市を拠点としていたが、メーン州にある彼の自宅のスタジオで収録されることも多かった。）

新型コロナワクチンが原因ではないかと思われる死者数についてカールソンが引き合いに出しているワクチン有害事象報告システムとは、FDAとCDCが共同で運営する報告システムだが、反ワクチン活動家たちに悪用されることも多い。そのからくりはこうだ。ワクチンの接種後に重大な副作用が疑われる場合、1ページのオンラインフォームに記入すれば報告できる。そしてこのフォームは、医師、患者、保護者、教師、健康被害に対応する弁護士、陰謀論者、科学否定論者、反ワクチン活動家など、誰でも記入できる。報告はすべてシステムのデータベースに登録され、公開される。もしあなたの子供がワクチンを接種した後でインクレディブル・ハルク（訳注 SF漫画「超人ハルク」の主人公）に変身したと報告したら、その情報はそのままデータベースに登録される。実際に、オレゴン州ポートランドの麻酔科医、ジム・レイドラーはそれをやってみせた。

だから、タッカー・カールソンが新型コロナワクチンの接種後に3000人以上が死亡していると言ったところで、証明できるのは新型コロナワクチンを打ったところで人は不死身にならないということくらいだ。ワクチンを打ったとしても、他の原因で死ぬかもしれない。実際に、報告された死亡例にはすべて評価が実施され、死因がワクチンではなかったケースもあることがわかっている。「（VEARSの）情報へのアクセスや情報操作はほとんど野放しになっている」とオンラインに出回るワクチンに関するデマを追跡する企業、グラフィカの分析責任者であるメラニー・スミスは言う。VAERSのデータは様々な反ワクチン系ソーシャルメディアチャンネルで共有されていると彼女は言う。「私たちが見つけるデマやでたらめな情報には必ずと言っていいほどVAERSのデータが添えられている」

ワクチンが問題の原因となっているかどうかを確かめる唯一の方法は、ワクチンを接種した人に問題が起こる割合がワクチンを接種していない人よりも高いかどうかを調べることだ。VAERSからはそのような情報は得られない。米国では他にも国の機関が運営するワクチン安全性データリンク（VSD）などのプログラムがあり、ワクチンを接種した人に起こった重大な副作用を、ワクチンを接種していない人とリアルタイムで比較しながら評価している。VAERSに登録されている副作用の多くは、VSDで精査すると副作用とは判定されなくなる。

新型コロナウイルスによるパンデミックは多くの反ワクチン活動家たちを勢いづかせているが、特に注目すべき一人の活動家がいる。かつては尊敬を集める有能な研究者としてmRNAワクチンの誕生にも尽力した彼の言葉には重みがある。その男がmRNAは危険だと言えば、みんなが真剣に耳を傾ける。

第6章　堕ちた科学者

・ロバート・マローンとはどんな人物か？
・ロバート・マローンが新型コロナワクチンを不安視するのはもっともなことなのか？
・mRNAワクチンを発明したのはロバート・マローンなのか？

米国の国会議事堂が襲撃されてから1年後の2022年1月23日、リンカーン記念堂の前で「ワクチン接種義務化反対」集会が開かれた。群衆の前に立ったロバート・F・ケネディ・ジュニアは「このワクチンを接種すれば、21パーセントの確率で6カ月以内に命を落とす」と呼びかけた。ネーション・オブ・イスラム（イスラム国家）のメンバーで歯に衣着せぬ発言で知られるリザ・イスラムは「あなた方は毒を押しつけるためにまたもや、黒人のコミュニティーを利用した」と言った。デル・ビックツリーも登壇した。「よく聞いてほしい。トニー・ファウチには責任がある。デボラ・バークスにも責任がある。ジョー・バイデンにだって責任がある」

この集会には、2020年に最高裁判所の階段を占拠してヒドロキシクロロキンを使うように呼びかけたアメリカズ・フロントライン・ドクターズからも7人の医師が参加していた。しかし、その日はもう一人、別の医師も加わっていた。ぱっとしないキャリアの持ち主ばかりのアメリカズ・フロントライン・ドクターズとは違って、この医師は確かな経歴を持っていた。本人も認めているように、彼はmRNA技術の発明者であり、いずれはノーベル賞受賞も間違いないだろうと言われていた。

医師の名はロバート・マローン。

雄弁でありながらも穏やかな物腰のマローンは、冒頭でハリー・トルーマン元大統領の言葉を引用した。「私は真実を語っているだけなのに、みんなはそれをひどい話だという」。次に出てきたのは、聖アウグスティヌスの言葉だ。「真実とはライオンのようなものだ。あなたが守る必要はない。それは自分で身を守る」、「心から出た正直な言葉は世界を変える力を持つ」と語る彼の言葉は、マーティン・ルーサー・キング・ジュニア牧師をほうふつとさせた。さらに、彼は自らが発明したと主張するmRNAについても語った。「遺伝子ワクチンに関して、科学が出した答えははっきりしている。そのようなワクチンに効果はない。高齢者や基礎疾患のある人々をウイルスから守るために意味があったかどうかは重要ではない」。（もちろん高齢者や基礎疾患のある人々にとってワクチンが重要でなかったはずはないのだが。）「これが私にとっての真実だ」とマローンは言った。おそらくは独立宣言の序文を意識したのだろう。「そして、私はその真実が自明のことと信じる」。事情を知らない人間が見れば、ロバート・マローンは選挙にでも立候補したのかと思ったかもしれない。

次にマローンは自分の研究によって実現した発明の安全性に話題を変え、「ワクチンを接種した子供たちの2000人から3000人に1人がワクチンによる健康被害で入院することになる」と説明した。マローンはワクチンの接種義務化を快く思わなかった。「リスクがあるのなら、選択肢を用意しなければならない。リスクを進んで受け入れるかどうかは、自分で決断しなければならない」。（その場合は、そうしたリスクについて間違った情報が教えられないことが前提になる。）15分間のスピーチが終わったときには、会場は盛大な拍手に包まれた。マローンは、新型コロナウイルス感染症は「政治の道具にされるべきではなかった」と言った。

「あいつらにもそう言ってくれ」と群衆の一人が叫んだ。

ロバート・マローンとはどんな人物か？

ロバート・マローンは1981年までサンタバーバラ・シティー・カレッジでコンピューター科学を勉強した後で、カリフォルニア大学デービス校で生化学の理学士号を、カリフォルニア大学サンディエゴ校で生物学の理学修士号を取得した。1991年にはノースウェスタン大学医学部を卒業し、ハーバード大学医学部で博士研究員として研究を続けた。

医学部に入学する前の1980年代後半に、マローンは何人かの共著者とともに2本の重要な論文を発表した。1本目の論文は、由緒ある『米国科学アカデミー紀要』に掲載された。マローンと共同研究者らはルシフェラーゼ（発光酵素）と呼ばれる酵素の設計図となるmRNAの一部を採取し、このmRNAを入れた脂肪滴をシャーレの中で培養したマウスの細胞に注入した。mRNAを取り込んだマウスの細胞はルシフェラーゼを作り、細胞が発光した。細胞がmRNAからタンパク質を作れるのなら、「薬としてRNAを取り扱う」こともできるかもしれないと、マローンは1988年1月11日に書いている。

その1年後に、マローンは再び同じ実験に取り組んだ。ただし、今度はシャーレの中のマウスの細胞にｍＲＮＡを注入するのではなく、生きているマウスの筋肉にｍＲＮＡを注射した。30年後にファイザーとモデルナが開発した新型コロナワクチンに近いやり方だ。筋肉細胞は狙い通りのタンパク質を作り出した。これらの2件の研究は、ｍＲＮＡワクチン開発における最初のステップとして認められている。

それにもかかわらず、現在、新聞や雑誌やテレビでｍＲＮＡワクチンについて説明されるときに、ロバート・マローンの名前が出てくることはめったにない。そのようなときに持ち上げられるのはドリュー・ワイスマンやカタリン・カリコ、バーニー・グラハム、フィリップ・フェルグナー、ピーテル・カリス、キズメキア・コーベット、デリック・ロッシなどだ。「私は歴史から消し去られた」とマローンは『ネイチャー』誌の記者に語った。彼の昔の研究の重要性を思えば、マローンが（真偽はともあれ）新型コロナワクチンの害を叫ぶようになったのは皮肉な話だ。

ロバート・マローンが新型コロナワクチンを不安視するのはもっともなことなのか？

新型コロナワクチンによって作られるスパイクタンパク質には毒性があるのか？

２０２1年11月、ロバート・マローンはＴｗｉｔｔｅｒのフォロワーに1本の動画をシェアした。17歳で突然死を遂げたインディアナ州の高校のアメフト選手、ジェイク・ウエストが死亡した原因は新型コロナワクチンだったという内容だった。マローンは20万人のフォロワーに向け、短い挑戦的なメッセージを添えてこの動画をツイートした。「安全で効果があるって？」

実際のところ、ウエストの死に新型コロナワクチンはまったく関わっていなかった。彼が突然の心臓病でこの世を去ったのは2013年、新型コロナワクチンの接種が始まる7年前のことだった。のちにウエストの家族から公開を停止するように求める手紙を受け取ったマローンはツイートを削除し、動画が不正に加工されたものだとは知らなかったと釈明した。

その1カ月後の2021年12月16日、CDCが5歳から11歳への新型コロナワクチン接種を推奨した直後に、マローンはウィスコンシン州で放送されている朝の情報番組に出演した。「皆さんが子供にワクチンを接種するという取り返しのつかない決断を下す前に、私が生み出したmRNA技術から作られたこの遺伝子ワクチンに関する科学的な事実を知ってほしい」と彼は切り出した。

「親が理解しておかなければならない問題は三つある。第一に、あなたの子供の細胞にウイルスの遺伝子が注射されること。この遺伝子は子供たちの体内で毒性のあるスパイク遺伝子を強制的に作らせる。これらのタンパク質は子供たちの重要な臓器、例えば脳や神経系、血栓を含めた心臓や血管、生殖系などに治ることのない損傷を与えることも多い。それに、このワクチンは免疫系を根本から変えてしまう可能性もある。ここで最も注意すべき点は、いったん生じた損傷は治らないということだ。脳の内部の損傷を元に戻すことはできないし、傷ついた心臓の組織も遺伝子レベルでリセットされた免疫系も修復することはできない。さらにこのワクチンは生殖機能に問題を発生させ、これから生まれてくる世代にも影響する恐れがある」。ファイザーやモデルナのワクチンにも使われているmRNAワクチン技術を発明したと称する科学者からこんな話を聞かされたウィスコンシン州の親たちの心中はいかばかりだっただろうか。マローンがテレビに出演したときまでに新型コロナウイルスに感染して集中治療室に入った5歳から11歳の子供の入院患者の数はおよそ1万人で、そのうち90人が死亡していた。子供にとって新型コロナウイルスは高齢者の場合ほど命に関わることは少ないが、それでも感染すれば入院したり、死亡したりする可能性はある。新型コロナワクチンを接種しないという選択肢のリスクもゼロではないのだ。マローンは新型コロナウイルスに感染するよりも、ワクチンを接種する方がリスクは大きいと主張した。

マローンの主張の間違いは、mRNAワクチンによって作り出されるスパイクタンパク質は人間の細胞と融合できないというところにある。通常は、新型コロナウイルスはスパイクタンパク質を介して細胞にくっつき、融合と呼ばれるプロセスを経て細胞に入り込む。（スパイクタンパク質は融合タンパク質とも呼ばれる。）

しかし、mRNAワクチンの接種後に細胞が作り出すスパイクタンパク質は、融合前の状態で固定され、細胞と融合することはできない。mRNAワクチンによって作られるスパイクタンパク質が細胞と融合できないのなら、マローンが言うように心臓や脳、神経系の細胞を直接傷つける心配はない。

しかし、右派のメディアはマローンの痛烈なワクチン論に飛びついた。

タッカー・カールソン、グレン・ベック、デル・ビッグツリーと共演を果たしたロバート・マローンは、スティーブ・バノンのポッドキャスト『ウォー・ルーム（戦いの部屋）』にもゲストとして出演し、新型コロナワクチン接種後に新型コロナウイルスに感染した場合に重症化しやすくなると主張した。トニー・ファウチ（訳注　元大統領首席医療顧問）が自分の過ちを認めざるを得なくなるであろう日のことに話が及ぶと、マローンは笑って「ああ、そうとも、私は間違っていた！」と言った。

バノンとマローンは、科学者たちと公衆衛生関係者たちと製薬会社の重役たちが犯してきた罪にようやく裁きが下される未来を思い描いていた。「これは大変な異常事態だ」とバノンは顔を輝かせた。「皆さんが聞いているのは、人生をワクチンに捧げ、mRNA（ワクチン）を発明した人間の言葉だ！　彼はワクチン反対派の対極にいる人物なのだ」。（ワクチン反対派とは、ワクチンに関する間違った情報を広めて、人々に家族や周囲の人間もひっくるめて不要なリスクを負わせる人をいう。その意味では、ロバート・マローンは立派なワクチン反対派だ。）マローンの保守派メディアへの露出は続き、視聴者数が300万人を超えるFOXニュースの『ハニティ』、キャンディス・オーウェンズの『キャンディス』、『セバスチャン・ゴルカのアメリカ・ファースト』、『ザ・ジョー・パグス・ショー』などに出演した。だが、反ワクチン活動家としての彼のキャリアが始まったと言えるのは、1回のエピソードのリスナーが1100万人を超える『ジョー・ローガンの体験』への出演からだろう。2020年、ジョー・ローガンはスポティファイとの複数年契約にサインした。推定契約金額は1億ドルで、ポッドキャスト業界でもトップクラスの待遇だった。ウィスコンシン州で朝の情報番組にロバート・マローンが出演してから2週間後の2021年12月30日、マローンはローガンとの3時間にわたるインタビューを収録し、翌日に配信が開始された。この番組は数千万人が視聴した。マローンとローガンはポッドキャストでいくつかのワクチンに関する問題について話し合ったが、ほとんどどれにも事実に基づく裏づけはなかった。

バイデン大統領は実は新型コロナワクチンを打っていない？

バイデン大統領が新型コロナワクチンの注射を受ける場面は全米のテレビで流れたが、マローンとローガンは看護師が注射をする前に注射器を手前に引かなかったことがあやしいと言い合った。

ローガン：ジョー・バイデンが注射をされているところをテレビで見たが、注射器を引いていなかった。

マローン：何と言っていいのかわからないが。

ローガン：何と言えばいいのか教えてあげよう。そのやり方は違っている！

ローガンはコメディアン、俳優、そしてテレビ番組『恐怖！トンデモチャレンジで賞金ゲット!?』での司会、そして世界最大の総合格闘技イベントアルティメット・ファイティング・チャンピオンシップの解説者を務めた経歴があるが、どうやら腕の立つ看護師でもあるようだ。

以前は針が誤って血管に入らないようにするために看護師が注射をする前に注射器を手前に引くことがあったが、ローガンのポッドキャストが収録される5年前の2016年からこの手順は不要な痛みを生じさせる以外にほとんど意味がないということがわかって廃止された。しかし、ロバート・マローンとジョー・ローガンの目には新しい手順が怪しげに映ったようだ。そして彼らはバイデン大統領が実はワクチンを打っていなかったのではないかと言い出したわけだ。

マローンとローガンはさらに続けた。

ワクチンの接種義務化はニュルンベルク綱領に違反するのではないか？

マローン：このような実験的なワクチンの接種義務化は明らかに違法だ。ニュルンベルク綱領とも明らかに矛盾する。

1947年に作成されたニュルンベルク綱領は、人間を対象として実施される医学研究の倫理原則をまとめたものだ。ニュルンベルク綱領は、ナチスの医師ヨーゼフ・メンゲレによる実験を受けて誕生した。メンゲレは麻酔をかけずに手足を切断したり、双子の臓器を切除したり、病理標本を手に入れる目的で子供たちを殺したり、囚人を氷水につけて凍死するまでバイタルサインを調べたり、囚人を減圧室に放り込んで血液に溶け込んでいた窒素が気化して泡が発生して危険な状態になるまで放置し、その後に脳を解剖したりといった行為をしていた。

ジョー・ローガンのポッドキャストの配信が開始された時点で、ファイザーとモデルナのワクチンは7万人以上を対象とする正式な試験が実施されており、CDCにより全面的に推奨されていた。決して実験的ではないし、もちろんニュルンベルク綱領にも違反しない。

mRNAワクチンを接種した後に心筋炎が発生する割合はCDCの説明よりも多く、重症になりやすいというのは本当か?

ローガン：ワクチンによる健康被害を受けるのは1000人に1人くらいだと言われているが、つまりは心筋炎のような重大な健康被害を受けるのがそのくらいの割合だということだ。

ジョー・ローガンは重大な健康被害を受けるリスクは1000人に1人だと言ったが、リンカーン記念堂の集会でロバート・マローンは2000人から3000人に1人と言っていたはずだ。ローガンが出した1000人に1人という数字は、査読も受けず、雑誌で発表もされていないカナダの研究によるものだったが、この研究は問題があったことがわかって最終的に撤回された。この研究では、2021

年6月から7月にかけてカナダのオタワで接種を受けた3万2000人のうち32人に心筋炎が認められた。この結果を基に研究チームはmRNAワクチンを接種した場合に心筋炎を発症するリスクが1000分の1であると結論づけた。しかし、実際の接種人数は3万2000人ではなく、80万人だった。つまり、ワクチンの接種後に心筋炎のような重大な副反応が生じる割合はジョー・ローガンが言ったように1000人に1人でも、ロバート・マローンが言ったように2000人から3000人に1人でもなく、2万5000人に1人だ。カナダの研究を論文にまとめた執筆者らは間違いに気がつき、論文を撤回した。

さらに多くの研究で、新型コロナワクチンによる心筋炎よりも新型コロナウイルスに感染して心筋炎を起こした場合の方がはるかに重症になりやすく、死に至る可能性もあることが明らかになっている（第4章で説明したように、心筋炎は通常は短期間で自然に治る）。しかし、ロバート・マローンとジョー・ローガンにとってこのカナダの研究は、たとえ撤回されて正確に言えば存在しなくなっていたとしても、言い広める価値があった。

ローガンとのインタビューにおけるマローンの極めつけの発言は、mRNAワクチンを接種した後で発症する心筋炎が軽度で自然に治ることを示す研究結果はないと言ったことだ。自分の主張の正しさを示すために彼が持ち出してきた香港の研究の結論は正反対だった。この研究は、心筋炎は「発症者のほとんどで軽度であり、最低限の治療を行うだけで数日以内に完全に回復する」と結論づけていたのだ。

ジョー・ローガンのポッドキャストにマローンが出演したことに誰よりも感激したのは、ロバート・F・ケネディ・ジュニアだったようだ。彼はこの番組を手放しで絶賛した。「私の経験から言わせてもらうなら、マローンの言葉はきちんとした情報を得た上で周到に用意されていた。私は彼をよく知っているが、自分の発言が真実と違っていたときにはただちにみんなの前で訂正する人物だ」とケネディは語った。マローンはジョー・ローガンのポッドキャストに出演して以来、主張のどれ一つとしてみんなの前で訂正していない。

『ジョー・ローガンの体験』へのロバート・マローンの出演に抗議して、ニール・ヤングやジョニ・ミッチェルなどのミュージシャンがスポティファイでの楽曲配信を停止した。配信停止にあわせて、ヤングはメッセージを公開した。「私がこのような行動に出ているのは、(情報を)信じた人が死ぬ可能性だってある、でたらめな情報をスポティファイが拡散しているからだ(中略)私は彼らが利用するプラットフォームから自分の音楽をすっかり引き上げたい。彼らはローガンかヤングかを選ぶことができる。両方は選べない」

マローンが出演したローガンのポッドキャストの配信開始から2週間近くが経った2022年1月10日、「虚偽情報に関する方針の導入に関する世界的な科学界・医学界からの要請」と題された文書が250人以上の医師の署名とともにスポティファイに届けられた。スポティファイのダニエル・エクCEOは、同社にローガンやゲストの発言に対する責任はないとし、ポッドキャスト配信者を「高収入のラッパー」に例えた。「彼らが楽曲にどんな言葉を入れるかを私たちが指示することはない」とエクは説明した。ロバート・マローンのインタビューが配信されると、『ジョー・ローガンの体験』は世界で最も人気のあるポッドキャスト番組になった。のちにスポティファイはローガンのポッドキャストに「コンテンツに関する注意喚起」を追加し、ポッドキャストの視聴者が新型コロナウイルスに関する正確な情報に目を向けるよう促した。しかし、ポッドキャストの削除には踏み切らなかった。ものを言う金の力の前では、ミュージシャンも医師も無力だった。

配信開始から数日後に、YouTubeとTwitterはマローンとローガンのインタビューを禁止対象にした。2021年1月3日に、テキサス州選出の下院議員トロイ・E・ネールスがインタビューの全文を議会議事録に記録した。つまり、将来の世代も同じような間違った情報を見られるようになったわけだ。

でたらめな情報を広めようとするローガンの活動は、ロバート・マローンのインタビューで終わらなかった。マローンのインタビューから数日後に、ローガンは心臓専門医のピーター・マカルーをゲストに迎えた。マカルーは（公的機関が作成した文書を誰でも入手できる権利を保障した）情報自由法により入手した文書でCDCは新型コロナウイルスの再感染は起こらないことを「認めた」と主張していた。「新型コロナウイルスに2回感染することはない」とマカルーはツイートしている。（2回以上新型コロナウイルスに感染した人は米国だけで何百万人もいたはずだ。）のちにロイターのファクト・チェックチームがCDCはそのようなことを認めた事実はないことを突き止めた。

mRNAワクチンを発明したのはロバート・マローンなのか？

ロバート・マローンがmRNAワクチンを発明したと言ったスティーブ・バロンの言葉は正しかったのか？　結論から言えば、答えはノーだ。新型コロナウイルスのmRNAワクチンの実現につながったノーベル賞級の重要な発明は2件あったが、どちらにもマローンは関わっていない。

新型コロナウイルスのmRNAワクチンを作るにあたっては、二つの問題があった。第一に、新型コロナウイルスのスパイクタンパク質は基本的に不安定で、絶えず形を変え続けるため、ワクチンとしてはやや効果が低い。そこでスパイクタンパク質をもっとしっかりした構造に固定して安定化させる必要がある。この問題は、NIHのワクチン研究者のバーニー・グラハムとテキサス大学オースティン校の構造生物学者ジェイソン・マクラーレンが2種類の硬いアミノ酸（訳注　立体構造が変化しにくいアミノ酸）を加えることで解決した。

第二に、RNAを適切に修飾しなければ、求めている免疫反応がうまい具合に得られず、大規模な炎症反応を招きかねない。この問題は、1997年に共同研究を開始したペンシルベニア大学の研究者、ドリュー・ワイスマンとドイツ企業のビオンテック（この会社はのちにワクチン開発のためにファイザーと提携した）のカタリン・カリコが解決した。RNAはアデニン、グアニン、シトシン、ウラシルという4種類のヌクレオチドと呼ばれる構成要素を持つ。ワイスマンとカリコは、プソイドウリジンと呼ばれる別の種類のヌクレオチドをウイルスmRNA（のウラシル）と置き換えて、不要な炎症反応が起こらないようにした。

マローンの怒りはおそらく他の誰よりもカタリン・カリコに向けられていた。CNNが彼女の研究を「新型コロナワクチンの基礎」と呼び、『ニューヨーク・タイムズ』紙の見出しで彼女が「コロナウイルスから世界を守る手助けをした」と紹介されてからというもの、マローンは「すべてはケイティのせいだ」とこぼすようになった。2021年6月、マローンはカリコにメールを送った。そこには、彼女自身の実績を誇張して記者にでたらめを教えたと、彼女を非難する文章がつづられていた。「そんなことをしても良い結果にはならない」と彼は書いていた。カリコは「私はRNAが炎症を生じるのを抑える方法を発見したということ以上のことは主張していない」と応じた。メールの中でマローンは自分のことをカリコの「師匠」で「コーチ」だと言っていたが、カリコによれば、マローンとは1997年に一度会ったきりだという。

ロバート・マローンが1980年代に行ったmRNAの実験に価値があったことは確かだが、新型コロナウイルスmRNAワクチンの実現に欠かせなかった前述の2件の重要な研究に彼は一切関与していない。

それにもかかわらず、反ワクチンの世界ではロバート・マローンはmRNAワクチンを発明しながらも反ワクチン活動に参加するヒーローとして崇められている。Twitterアカウントの利用を停止される前のツイートで、彼はこう書いていた。「私は28歳のときに、間違いなくmRNA技術を発明した」

反ワクチン活動家の例にもれず、ロバート・マローンも新型コロナウイルスのパンデミックで利を得た一人だ。彼がSubstack（サブスクリプション形式のコンテンツ配信プラットフォーム）で配信するニュースレターには13万4000人以上の読者がつき、そこから得られる1カ月当たりの収入は推定3万1200ドルと見られる。メディア調査会社のジグナルによれば、マローンは2022年の最初の数カ月だけでも紙媒体とケーブルとソーシャルメディアで言及された回数が30万回を超えたという。のように、ロバート・F・ケネディ・ジュニア、デル・ビッグツリー、ジョー・メルコラ、ボリンジャー夫妻などロバート・マローンも新型コロナウイルスをめぐるデマを扱うビジネスをしている。そして、彼のビジネスは順調そうだ。

実績ある研究者であったにもかかわらず、マローンは過去の自分を捨て、mRNAワクチン技術を発明した一人という立場を利用して人々がワクチンを接種しないように脅しをかけた。（マローン本人はワクチン接種を受けている。）結論からいえば、マローンは「歴史から消し去られた」わけではない。彼の名が歴史に残る可能性は高いだろう。しかし、良い影響を与えた人間としてその名が残ることはない。

反ワクチン活動家や科学否定論者には影響力がある。新型コロナウイルス感染症の発症やそれによる死亡は、ワクチンを接種していれば防げたかもしれない。しかし、人々はでっちあげられた話を信じた。そのために、死なずに済んだはずの数十万人の人々が命を落とす結果になった。

第7章　ワクチンを拒否する人たち

・どのような人が新型コロナワクチンの接種を拒否しているのか？
・なぜ一部の人々は新型コロナワクチンの接種を拒否するのか？
・みんなにワクチンを積極的に接種してもらうためにはどうすればいいのか？

私は約30年間にわたって反ワクチン運動に関する文章を書き続けてきた。１９９８年にＭＭＲワクチンが自閉症の原因になるという間違ったうわさが流れた後に、私は『Autisms' False Prophets: Bad Science, Risky Medicine, and the Search for a Cure（自閉症の偽予言者：間違った科学、危険な医学、治療法探し）』という本を書いた。子供たちにワクチンを接種させない親の割合が増え、百日せきや麻しんの散発的な流行が発生するようになったときには、『Deadly Choices: How the Anti-Vaccine Movement Threatens Us All（死をもたらす選択：反ワクチン運動はどのようにして私たちみんなを脅かすのか）』という本を書いた。

これらの本を執筆する過程で、私は自らや我が子のワクチン接種を拒否する大勢の人々と話をした。彼らがワクチンの接種をためらう大きな理由の一つは、ワクチンで予防できる病気を目の当たりにしたことがない、あるいはその恐ろしさを知らないからだ。彼らは言う。「なぜうちの子供にポリオワクチンや、ジフテリアワクチンや、肺炎球菌ワクチンや、水ぼうそうワクチンを受けさせる必要があるのか？私は水ぼうそうにかかったことがあるが、特に問題はなかった」。ワクチンは成功を収めたがゆえの反動も受けたようだ。

だから、新型コロナウイルス感染症のパンデミックの渦中でワクチンを拒否する人々がいると知って、私は驚いた。新型コロナウイルス感染症はその恐ろしさを誰もが目にしていたはずの病気だからだ。私たちの目の前で次々と人が死んでいった。企業は大きな損害を被り、家族は引き裂かれた。経済は完全にストップした。ワクチンの接種が開始されると、新型コロナによる入院患者や死者はほとんどがワクチンを接種していない人ばかりになった。そのような状況で接種を拒否することなど考えられない。公衆衛生当局の推定によれば、ワクチンを接種しなかったために死亡した米国人はおよそ33万人に達するという。

次のウイルスによるパンデミックが起こったときに感染者や死者をできるだけ出さないために――新型コロナウイルスは過去20年間で3回目のパンデミックを起こしたウイルスであることを覚えておいでだろうか――ワクチンを打たないという選択肢など考えられないような状況でも自分はワクチンを接種しない、家族にもワクチンを接種させないという選択をする人々がいる理由を私たちは理解しておく必要がある。

パンデミックの真っただ中でも、メディアは新型コロナワクチン接種派対接種拒否派という単純な図式にあてはめたがることが多い。リベラル対保守、右派対左派、民主党対共和党、都市部対地方と同じような構図だ。しかし、話はそれほど単純ではない。

どのような人々が新型コロナワクチンの接種を拒否しているのか？

２０２２年4月にピュー研究所が実施した全米規模の調査では、正規に登録されている民主党員の73パーセントがワクチン接種を受けていたが、共和党員の接種率は55パーセントにとどまることがわかった。つまり、人間の歴史において初めて、個人の政治的信条がウイルスに感染して死亡する割合に影響したことになる。さらに数字を詳しく見ていくと、衝撃的な事実がわかってきた。

- ２０２１年の終わりに、ＣＤＣはコロンビア特別区のすぐそばに位置し、民主党の支持層が極めて多いメリーランド州モンゴメリ郡が米国で一番ワクチン接種率の高い郡であることを公表した。ここでは12歳以上の住民の約93パーセントがワクチンを接種していた（全米の平均接種率は約70パーセント）。その結果、モンゴメリ郡の新型コロナウイルス感染症による死亡率は全米平均の8分の１にとどまっていた。

ワクチン接種率が全米平均を大幅に上回っていたのは、（マディソンがある）ウィスコンシン州デーン郡、（ポートランドがある）オレゴン州マルトノマ郡、（デンバーがある）コロラド州デンバー郡、（ミネアポリスがある）ミネソタ州ヘンピン郡、それにカリフォルニア州の（オークランドがある）アラメダ郡と（リンホセがある）サンタクララ郡だった。これらの郡はどこも民主党の支持率が非常に高く、新型コロナウイルス感染症による死亡率は全米平均の3分1から8分の1だった。

・２０２２年の初めの時点で新型コロナによる死亡率が特に高かった州は、アリゾナ州、ミシシッピ州、アラバマ州、テネシー州、ウェストバージニア州で、大統領選では（アリゾナ州を除く）すべての州でドナルド・トランプが勝利していた。ただし、死亡率が第6位だったニュージャージー州は民主党の支持基盤が強く、２０２０年の大統領選挙ではバイデン大統領が圧倒的大差で勝利していた。ただしニュージャージー州には特別な事情があった。同州中部のオーシャン郡は２０２０年の大統領選挙でドナルド・トランプが30ポイント差で勝利を収め、州全体のワクチンの平均接種率が80パーセント程度であったのに対して、オーシャン郡は人口の58パーセントしかワクチンを接種していなかった。また、超正統派ユダヤ教徒が多く暮らす同州のレイクウッドでも、ワクチン接種率はわずか40パーセントほどだった。オーシャン郡では人口10万人当たり４６０人が新型コロナウイルス感染症のために死亡しているが、この死亡率はニュージャージー州の郡の中で最も高い数字であるだけでなく、全米中を見回してもかなり高い部類に入る。

・多くの州ではワクチン接種が推奨されていたが、フロリダ、カンザス、アイオワ、テネシーの４州ではワクチンの接種を受けなかった人々が優遇される仕組みがあった。これらの州では、勤務先が接種を義務づけたワクチンを打たなかったために解雇されたり、退職したりした労働者に手厚い給付金が支給されていたのだ。以前なら、この手当を受け取ることができるのは何の過失もないのに解雇された労働者だけだった。２０２１年11月、ニュースウェブサイト『アクシオス』で、こうした政策の方向転換は「ワクチン未接種の米国人から支持を得て（中略）中間選挙を控えた共和党が支持基盤を立て直すチャンス」にするためだと報じられた。

ワクチンを接種しないことを選んだ人々は保守運動という味方を得たわけだが、頼りになるとは言い難かったかもしれない。2021年10月に開かれた共和党の集会で、エリック・トランプが最も大きな拍手を受けたセリフはこうだった。「ワクチンを打ちたいか、打ちたくないか？　取り残されたいか、取り残されたくないか？」心配ご無用、ワクチンを接種しないことを選んでも共和党はあなたの味方だ、とトランプ元大統領の息子は熱く語った。この集会では、エドワード・グループというホメオパシーの医師が自分の尿を飲むことで新型コロナウイルスを撃退する方法を紹介したり、カリー・マディと名乗る講演者が登場してワクチンには「体内にもう一つ別の神経系を入れる」ように設計されたミクロな技術が使われていると話したりもした。「ワクチンの真の目的は、人間をサイボーグに変えることだ」と彼女は主張した。

メディアでは、保守派の議員や識者の新型コロナウイルス感染症による死亡のニュースが相次いで報じられた。

- 2021年の8月から9月にかけて、ディック・ファレル、フィル・バレンタイン、マーク・ベルニエの3人の保守派のラジオパーソナリティが新型コロナウイルスに感染して死亡した。「ミスター反ワクチン派」を自称していたベルニエは、バイデン政権によるワクチン接種の強行的な推進は「ナチスをほうふつとさせる」と言っていた。ファレルはFacebookに「マスクや、ウイルスの発生源や、死者数についてうそばかりついてきた連中が勧めるワクチンをなぜ打つのか？」と投稿していた。

バレンタインは健康な61歳が死亡する可能性は「ほぼゼロ」だから、ワクチンは打たないと言っていた。

- 2021年11月30日、保守派キリスト教系テレビ局ディスターの共同設立者であるマーカス・ラムが、新型コロナウイルス感染症のために64歳で死去した。ラムのテレビ局は、アメリカズ・フロントライン・ドクターズなどの反ワクチン団体やロバート・F・ケネディ・ジュニア、父の死は「彼を倒そうとする敵によるスピリチュアルな攻撃」だと信じるラムの息子のジョナサンを取り上げた番組を何時間も流した。

- 2021年12月17日、地方自治体や雇用主が新型コロナワクチンの接種を義務づけることを禁止する法案を共同発議したワシントン州選出の上院議員、ダグ・エリクソンが新型コロナウイルスに感染して死亡した。

- 2021年12月25日、ワクチンに反対していたポッドキャスト配信者のダグ・クーズマが新型コロナウイルス感染症のために死亡した。クーズマがこのウイルスに感染したのは、マイク・リンデル、アレックス・ジョーンズ、マイケル・フリンらが顔をそろえてダラスで開催された「リアウェイクン・アメリカ（アメリカ再覚醒運動）」のイベント会場だった。同じイベントで感染した他の参加者は、炭疽菌にやられたと主張した。

●2022年1月6日、「ワクチンを打つのはバカだけ」でアンソニー・ファウチは「つるし首にしなければならない」と豪語していたQアノンのトッププロモーターのシルステン・ウェルドンが新型コロナウイルス感染症により死去した。Qアノンの仲間たちは、ウェルドンが死んだのは病院のスタッフがイベルメクチンやヒドロキシクロロキンといった「命を助けるための薬」を彼女に投与することを拒否したせいだと信じていた。新型コロナウイルス感染症によって命を落としたQアノンのメンバーは他にもいたが、彼らはディープステート（闇の政府）の手で殺害されたと内部では信じられていた。

●2022年1月28日、ワシントン州のジェイ・インスレー知事が州の公務員にワクチン接種を義務づけたことに抗議して辞職した同州の元警察官、ロバート・ラメイが新型コロナウイルスに感染したことにより死亡した。「ジェイ・インスレーなどくそくらえだ」と言うラメイを、FOXニュースのスターであるローラ・イングラムやマリア・バーティロモはもてはやしたが、彼の死後に2人がラメイの名前を口にすることはなかった。

それにしても、これらの誰についても「悲劇」や「失った悲しみ」といった言葉が使われなかったのは残念なことだ。彼らの活動が恐ろしく不快だったとしても、彼らが並べ立てる美辞麗句がひどく自分勝手で不愉快なものでも、間違った情報を信じたために人が死んでいいわけはない。

ろくでもない情報を基にまずい決断をしたために新型コロナウイルスに感染し、命を落とした人々を目の当たりにしてきた医療の専門家の多くが感じる葛藤を誰よりも忠実に言葉で表現したのは、アラバマ州バーミンガムにあるグランドビュー医療センターの病棟担当医、ブライトニー・コービアだった。

アラバマ州の人口のわずか33パーセントしかまだワクチンを接種していなかった2021年7月18日、コービアはFacebookに自らの率直な気持ちをつづった。

> 私は若くて健康だったのに新型コロナウイルスに感染して深刻な病状で入院している患者さんをたくさん診ている。彼らは挿管（そうかん）されようという間際に、ワクチンを打ってほしいと私に懇願する。私は彼らの手を握って、申し訳ないけれど、今からワクチンを打っても手遅れなのだと伝える。死亡宣告をした数日後に、私は亡くなった患者の家族を抱きしめて、愛する人の死を無駄にしないための最善の方法はワクチンを打つことと、知り合いみんなにワクチン接種を勧めることだと話す。
> 彼らは涙を流し、そんなことは知らなかったと言う。ワクチンなんてペテンのようなものだと、政治問題だと思っていたのだ……彼らはコロナなんか「ただの風邪じゃないか」と思っていた……
> 彼らは時間を巻き戻したいと願う。しかし、それは不可能だ。彼らは私に感謝の言葉を伝え、ワクチンを打ちに行く。
> 私は診察室に戻って、死亡診断書を書き、患者を失った悲しみによって救われる命があるように小さな祈りを捧げる。

コービアは患者に心から寄り添う気持ちになれないこともある。「第三者は『本人なりの選択をした結果だから仕方がない』と思うかもしれない。でも、実際にそういう人たちを目の前にすると、見方はまるで変わってしまう……私が『こんなことになったのも患者さん自身のせいだ』と思いながら病室に入ったとしても、そこにいるのは本当に苦しそうで、自分の選択を心から悔やんでいる人なのだ」。コービアは病室で決まって一つの質問をする。「私がいつも、患者に自分がワクチンを接種するべきかどうかをかかりつけ医に相談したかを尋ねる。これまでに、この質問にイエスと答えた患者は一人もいない」

問題はそこにある。解決は不可能ではないが、大変なことは間違いない。ワクチンを接種しないという選択をした人々の話を知れば、ある人たちがそのような選択にどれほど強くこだわっているか、根拠や論理を駆使し、その人を救いたいという強い思いをもってしても、彼らを説得することがどれほど大変なことかがわかる。実際にあったいくつかの例を紹介しよう。

世間の評判が落ちるのもいとわない人たち

カイリー・アービングはNBAのブルックリン・ネッツでプレーするバスケットボールの花形選手だ。2021年から2022年のシーズンで、ネッツの本拠地であるバークレイズ・センターは選手も含めてアリーナに立ち入る関係者全員にワクチンの接種を義務づけた。アービングはワクチン接種を拒否した。そのために、彼はホームで開催された41試合でプレーすることができなかった。さらに年棒のおよそ半額にあたる約1600万ドルの罰金が科された。チームの戦力はがた落ちで、NBAの優勝争いにからむことはできなかった。

テニスのスター選手、ノバク・ジョコビッチはワクチンの接種を拒否したためにオーストラリアからの国外退去処分を受け、連覇がかかっていた全豪オープン（優勝賞金300万ドル）に出場することができなかった。そのせいで彼は世界ランキング1位の座から陥落した。アービングもジョコビッチも、自身の評判と銀行口座の残高に手痛い打撃を受けた。それでも、2人は信念を曲げなかった。

命を賭けても構わない人たち

チャド・カーズウェルは腎臓移植をひたすらに求めていた。「（移植を）しなければ、私はあとどれほど生きられるかわからない」とカーズウェルは言っていた。だが、カーズウェルが入院していたノースカロライナ州ウィンストン・ウェーラムのウェイク・フォレスト・バプテスト医療センターは、彼がワクチンを接種するまで移植用の腎臓は提供できないと説明した。病院の規則に従う気があるかどうかを尋ねられたカーズウェルはこう答えた。「いいえ…私は生まれながらに自由です。自由なまま死を迎えます。考えを変えるつもりはありません。家族や親しい人たちとは話をして、みんな私の立場を理解してくれています。何があっても、私が考えを変えることはないでしょう」。チャド・カーズウェルはワクチン未接種者の移植手術を引き受けてくれる病院を探し当てられる可能性に自分の命を賭けた。カーズウェルは賭けに勝ち、デューク大学病院で腎臓移植手術を受けた。

3児の父であるD・J・ファーガソンは、ボストンのブリガム・アンド・ウィメンズ病院で闘病生活を送っていた。ファーガソンの心臓は移植が必要な状態で、移植の順番待ちのリストでもかなり上の方に登録されていた。だが、カーズウェルと同じく、ファーガソンもワクチン接種を拒否していた。病院側も譲らず、ファーガソンは移植待機リストから外された。（現在、米国では4000人ほどが心臓移植を待っているが、そのうち1300人は順番が回ってくる前に死亡する。）

心臓移植を受けることができなくなったファーガソンは、人工心臓ポンプ（左心室補助人工心臓）を埋め込まれた。これで5年ほどは生きられる見込みだが、心臓移植を受けた患者の平均余命は15年だ。しかも、心臓移植と比べれば、人工心臓がファーガソンの生活の質に与える負担ははるかに重い。「当面はシャワーを浴びることも、泳ぐこともできない。まともな生活を送ることはできないだろう」と彼の父は言った。ファーガソンはワクチンの害を恐れるあまりに、生活の質を落とし、寿命を縮める道を選んだ。

笑い話のような本当の事件

２０２１年12月３日、50歳のイタリア人の男が作り物の腕を使って実際には新型コロナワクチンを接種することなく、ワクチン接種証明書を手に入れようとした。「こちらはプロなのに、なめられたものだと思った」と接種を担当していた看護師のフィリッパ・ブアは言う。「腕の色がおかしかったので、左腕のそでをもっと上の方までまくるように言った。作り物の腕はよくできていたが、色が違っていた。最初は義手の患者なのかと勘違いしそうになった」。この男はどちらの腕にも問題はなく、歯科医としての資格停止処分が下された。

犯罪まがいの行為（あるいは正真正銘の犯罪）

２０２１年７月22日、陰謀論を唱えるオルタナ右翼団体のＱアノン、プラウド・ボーイズとともに十数人の反ワクチン活動家がロスアンゼルスのウェストハリウッドにあるシダーズ・サイナイ・ブレスト・ヘルス・サービスの建物を取り囲み、同センターのワクチン接種義務化方針に対する抗議活動を行った。ある乳がん患者はクマを撃退するための催涙スプレーを噴射され、暴行を加えられ、暴言を吐かれた。

２０２１年８月、イングランドの医療従事者たちの元にイギリス全土で３００カ所以上の医療センターを運営するコミュニティー・ヘルス・パートナーシップからの緊急報告が届いた。「ワクチン接種会場があるエリアに、わからないようにカミソリの刃が隠された反ワクチンポスターが貼られていました。

（ポスターを）はがそうとしたスタッフがケガをしています」。ポスターをはがそうとして手を切った21歳の医療従事者（名前はレイラとしかわからない）は、カミソリの刃に何かの菌やウイルスが塗られていたかもしれないと不安になり、ＨＩＶの検査を受けた。犯人を探すため、サウス・ウェールズ警察も捜査に乗り出した。

２０２１年11月23日、サウスカロライナ州の正看護師タミー・マクドナルドが偽物のワクチン接種証明書を販売した容疑で起訴された。マクドナルドの弁護士は、彼女が「反ワクチンを信条とする」家族のために偽物の証明書を使ったと説明した。マクドナルドは連邦捜査官にうそをついたことを認めた。最長で5年間の懲役刑が言い渡される可能性もあったが、裁判所では保護観察処分が言い渡された。

２０２１年12月30日、カリフォルニア州で37歳の男がワクチン接種会場にいた医療従事者に向かって「人殺しめ！」と叫びながら襲いかかった。男は一人の助手を押さえつけて、何度も殴りつけた。15分後に7人の警察官がかけつけて男を取り押さえ、その場で逮捕してオレンジ郡拘置所に拘留した。「最初のうち、私たちはヒーローだった。だがいつのまにか、私たちはヒーローではなくなっていた」と騒動があった医療センターの広報担当者は述べた。「今や、私たちは敵扱いされている」。犯人は暴行罪と逮捕の際に暴れたことによる公務執行妨害罪で起訴された。

２０２２年2月17日、米海兵隊の予備兵と男性看護師が国防総省により義務づけられたワクチン接種を回避するための偽物のワクチン接種証明書を配ろうとした容疑で逮捕された。彼らが偽の証明書を渡そうとしていた相手には他の海兵隊員らも含まれていた。捜査によって、看護師はクリニックでワクチンの瓶を処分して、証明書に投与量を記載し、ワクチン接種データベースに情報を入力して患者がワクチンを接種したかのように装っていたことが判明した。同じ手口で３００件以上のワクチン接種の偽装があったという。有罪になった場合、最長10年間の懲役が科される可能性があったが、最終的に2人は米国保健福祉省をだまそうとした共謀の罪を認めた。予備兵は2021年1月6日に議会を襲撃した容疑でも起訴され、罪を認めた。

2022年4月3日、ドイツで新型コロナワクチンを90回接種して手に入れたワクチン接種証明書を売りさばいた男が逮捕された。ドイツでは当時、劇場、レストラン、プール、職場に入る際のワクチン接種証明書の提示が義務づけられていた。警察は男が持っていた未記入のワクチン接種証明書数枚を押収し、刑事手続きを開始した。

2022年11月29日、自然療法家のジュリ・マジは200枚以上の偽物の新型コロナワクチン接種証明書を売り、懲役33カ月の判決を受けた。担当弁護士を解雇し、自分で自分の弁護をすることになったマジは、自分は「ファーストネーション（カナダの先住民）」であるために法的措置は適用されないと主張した。さらに彼女は少量の新型コロナウイルスが含まれていて、飲めば「新型コロナウイルスに対する生涯免疫」を獲得できると称するホメオパシーの粒薬も売っていた。マジの行為は新型コロナワクチンだけにとどまらなかった。連邦検事は、彼女が様々な小児用ワクチンの代わりになるというホメオパシーの薬を販売し、子供たちが学校に通えるように偽物のワクチン接種証明書を100枚以上売りさばいたと主張している。

取り返しのつかない後悔の例

2021年7月4日、ミズーリ州セントルイス在住の3児の母親であるエリカ・トンプソンが新型コロナウイルス感染症のために息を引きとった。37歳だった。彼女の母のキンバリー・ジョーンズは娘が

「（新型コロナウイルス）ワクチンを頑として信じようとしなかった上に、自分が（新型コロナに）かかるわけがないと思い込んでいた」と語った。「あの子は何度も泣いて『私は生きたい』と言っていた。来る日も来る日も私は病院に通って…あの子はたくさんの感染症を起こして、血栓ができて、腎臓が機能しなくなり始めて…どの薬もあの子の体には効かなくて、その様子を見ているだけで胸が張り裂けそうだった。私はあの子の苦しみを我がことのように感じていた」。ジョーンズは娘が入院していた数週間は「人生で最も苦しく耐え難い50日間」だったと振り返った。

娘に別れを告げたキンバリー・ジョーンズは、すべての米国人、特にアフリカ系米国人がワクチンを接種してくれるように、自分の体験をあちこちで話して回る活動を始めた。「もしあの子がワクチンを接種していたら、今も一緒にいられたはずだと思う」とジョーンズは語る。「自分以外の人たちのためにも、ワクチンを打ってほしい。ワクチンを接種することはあなたのためだけではなくて、あなたが暮らすコミュニティーのため、近所の人たちのため、あなたの雇い主や一緒に働く人たちのためにもなるのだから。私はそう願っている」

2021年7月27日、5児の父親であるマイケル・フリーディが新型コロナウイルス感染症のために死去した。「彼はまだ39歳だった」と婚約者のジェシカは振り返った。「『私は若いからコロナにかかることはない』とは誰も言えない。だって、若い人でもかかるのだから。私たちは接種が始まってから1年くらい様子を見て、（副作用と）効果を確かめたいと思っていた」。ジェシカはマイケルの死後に自分と子供たちにワクチンを接種した。「彼が私に送ってきた最後のメッセージの中には『僕はあのいまいましいワクチンを打っておくべきだった……そうすれば、こんなに早く悪化することもなかったのに』と書かれていた」と彼女は語った。「あと30年は彼と一緒にいられると思っていた」。ジェシカは彼を失った悲しみを無駄にしないため、家族がいる人たちにワクチンを打つように声をかける活動に多くの時間を費やしている。

2021年の終わり、クリス・クラウチは一つの決断をした。妊娠20週目の彼の妻、ダイアナは新型コロナウイルスに感染し、集中治療室で人工呼吸器につながれて病気と闘っていた。妊娠中の女性は、新型コロナのために入院したり、集中治療室に入ったり、死亡したりする可能性が同年齢の妊娠していない女性に比べて2倍から3倍も高い。帝王切開ですぐに赤ちゃんを取り出せば、ダイアナが助かる可能性はかなり高くなる。だが、赤ちゃんが子宮の外の世界で生きていけるようになるまでには、少なくともあと4週間はかかる。クリスはどちらを選ぶのか？　妊娠を継続すれば、妻は死んでしまうかもしれない。帝王切開での出産を選べば、妻の命は助かるだろうが、子供はおそらく死んでしまう。

クリスも妻のダイアナもワクチンは1回も打ってなかった。ワクチン接種が始まったときにヒューストンに住んでいたクリスは、テキサス州知事のグレッグ・アボットと同じ立場で、ワクチンの接種義務化は個人の自由の侵害だと言ってはばからなかった。「神は私たちに免疫系を与えたもうたのだから、ウイルスとだって戦える」とクリスは言っていた。ダイアナはお腹の子に何かあったらどうしようかと心配していた。

クリス・クラウチは病に苦しむ妻の様子を見ながら、自分自身に問いかけた。「これは俺のせいなのか？」自身もワクチン接種を受けた後に、彼はFacebookで友達や家族や見知らぬ人たちに向けてぜひワクチンを接種するようにと呼びかけた。「自分の妻が新型コロナウイルスに感染して生命維持装置につながれているところを見たら、政治のことなんか考えていられない」とのちに彼は語った。「そんなことはすべてどうでもよくなる」。ダイアナには人工心肺装置が装着された。助かるかどうかは五分五分だった。2021年11月10日、妊娠31週に入ったところで帝王切開が行われ、約2150グラムの男の子が生まれた。

クリスマスを前にした2021年12月23日にダイアナは退院した。彼女の入院期間は139日に及び、そのうち101日間は人工呼吸器に、51日間は人工心肺装置につながれていた。退院後も彼女は常に酸素ボンベが必要で、肺の拡張を促すために3本の胸腔チューブを入れていた。しかし、彼女も赤ちゃんも命は助かった。

なぜ一部の人々は新型コロナワクチンの接種を拒否するのか？

2023年半ばになっても人口のおよそ30パーセントがワクチンを接種していない理由を米国の文化格差のせいにするのは簡単だが、はるかに強力な別の力もはたらいている。その正体は、医師ブリトニー・コービアが病室で患者に最後に尋ねる「ワクチンを接種するべきかどうかをかかりつけ医に相談したか」の答えからあぶりだされている。

2022年4月8日、『ザ・アトランティック』誌の記者であるエド・ヨンがブルック・グラッドストーンのポッドキャスト『オン・ザ・メディア』に出演した。ワクチンを接種したがらない人々のことに話が及ぶと、ヨンは「その決定にも不平等の問題がからんでいる」と話した。しっかりした情報を入手したり、信頼できる医療従事者に相談したりする手段を持たない人は少なくないのだとヨンは説明した。「普段から何かあったときに相談できる医師のいないような田舎に住んでいるのかもしれない。保険に入っていなくて医師にかかれないのかもしれない。そのような人々は死んでも構わないと思う理由が私には理解できない。彼らが間違った情報を信じているからといって、私たちが彼らを見捨てるわけにはいかない」

ヨンの発言は根拠のないものではない。新型コロナウイルス全米プロジェクトという調査団体による調査では、ワクチンを接種した人々は71パーセントが病院や医師を信頼していると答えたのに対し、接種していない人々ではその割合はわずか39パーセントだった。ワクチンを接種していない人々がそのように回答したのは、医師と話したり、病院を利用したりする機会が非常に少ないことが大きな理由だろう。この結果には米国の残念な健康保険の現状が反映されている。ワクチン接種そのものは無料だが、カイザー・ファミリー財団の調査によれば、ワクチン接種の有無を左右する最大の要因は、年齢や政治的信条や人種や収入や居住地ではなく、健康保険に加入しているかどうかだという結果が明らかになった。健康保険に加入せず、医療従事者と接する機会が少ない人々は、間違った情報に振り回されやすい。

健康保険加入の重要性が特にはっきりと表れたのは、ワクチン接種率の高い65歳以上の年齢層だろう。共和党支持者が多く、FOXニュースをよく見ている高齢者は、ワクチンに関する間違った情報に触れる機会が多い。しかし、健康保険の加入率は他の年代に比べて非常に高い（米国の65歳以上の高齢者はメディケアと呼ばれる公的健康保険に加入できる）。そのために、高齢者は医師をはじめとする医療従事者としょっちゅう顔を合わせている。

高齢者は間違った情報に触れることが多いにもかかわらず、ワクチンの接種率は高い。間違った情報を知るかどうかが運命の分かれ目ではない。問題は知識が不足していることではなく、医療従事者を信用できていないことにある。医師や看護師などの医療従事者と関わる機会がほとんどなければ、彼らを簡単には信用できないのも無理はないのかもしれない。

みんなにワクチンを積極的に接種してもらうためにはどうすればいいのか？

アラ・スタンフォードはフィラデルフィアのジャーマンタウン地区で生まれた。彼女の母親はまだ十代だった。数年後、アラの父親は大学に通い、母親は働いていた。両親の留守中はアラが一人で弟の面倒を見ていた。大変な子供時代を乗り越えて、アラはペンシルベニア州立大学を卒業し、同大学医学部で博士号を取得した。SUNYダウンステート医療センターとピッツバーグ大学医療センターで小児外科医として研修期間を過ごしたアラ・スタンフォードは、米国で一から教育を受けた初のアフリカ系米国人女性小児外科医になった。「私は8歳ぐらいの頃から医師になりたいと思っていた」と彼女は言う。「医師になれないと思ったことは一度もない」

スタンフォードは、パンデミックが起こって間もない頃から有色人種のコミュニティーで新型コロナウイルスの検査を実施していた。「私たちにとって、患者がどんな保険に入っているか、あるいは保険に入っていないかということは問題ではない」とスタンフォードは言う。「相手が誰でも同じ医療従事者に診てもらえて、同じレベルの治療を受けられる。やって来る人たちにはそのように対応したいと私たちは思っている」。新型コロナウイルスに感染して苦しんでいるのは黒人やラテン系の住民が多いにもかかわらず、検査施設のほとんどは裕福な白人の居住区域に集まっているとスタンフォードは指摘した。「一番多くの死者が出ているコミュニティーでは検査を受けられる場所がない。だから、私は検査を受けられる場所を作った」と彼女は言う。スタンフォードはレンタカーのバンを借り、自分の診察室から個人防護具を持ち出してあちこちの教会の駐車場を回り、患者の鼻水を拭って検査を始めた。2020年4月には彼女の移動式検査施設は、70人の従事者と200人以上のボランティアが参加する非営利団体、ブラック・ドクターズ・コービッド19コンソーシアム（BDCC：黒人医師団による新型コロナウイルス感染症共同体）として生まれ変わった。すべての資金はスタンフォードが負担した。「ここは労働階級のコミュニティーだ」と彼女は振り返る。「彼らが都市と国を支えている。しかし、どこでも黒人が苦労していたのは、検査を受けることだった」

スタンフォードの取り組みはたちまちのうちに成功した。「初回は数十人を検査した。2回目にはおよそ150人が検査を受けに来た。3回目には検査の受付を始める前から500人の行列ができていた」。その年の8月になる頃には、スタンフォードらのチームは一日当たり1000人以上を検査していた。

新型コロナワクチンを接種できるようになった2021年1月からは、スタンフォードとBDCCはワクチンの接種を開始し、ときには一日で数百人に接種することもあった。さらに、同団体は24時間Vax-a-Thon（訳注　多数の人にワクチンを接種する催し）も開催し、4000人以上がワクチンを打った。2021年5月までにBDCCは4万6000人以上のフィラデルフィアの住民にワクチンを接種し、米国公衆衛生局長官のヴィヴェック・マーシーから「（スタンフォードは）危機が訪れたときにコミュニティーの一員として立ち上がり、先頭に立って事態に立ち向かうという完璧なお手本のような行動を見せた」と称賛された。

スタンフォードが成功したのは、彼女が人々の生活圏に出かけていき、同じ目線に立って不安を訴える彼らの声にじっくり耳を傾けたからだ。「十分な情報を知った上で健康に関する決断をできるようにすることが私の仕事だ」とスタンフォードは語る。「だから、私は相手がワクチンを接種しない理由に耳を傾ける。ただよくわからないからという場合もあれば、怖いからというときもある。理由をうまく説明できない人もいる。答えが出ていない質問をされることもある。だから、私はただ事実をありのまま、正直に伝える。ただし、アフリカ系米国人が新型コロナウイルスに感染した場合、統計的には他の人種に比べて死ぬ確率が高い。これは事実だ。どれほど稼いでいるかや、持病があるかどうかは関係ない」

「私は彼らに『リスクとメリットを天秤にかけなければならない』と伝えて、話を聞き、質問されたことに答えるようにしている。一度では説明しきれないこともある。相手が納得するまで、何度も付き合わなければならないこともある。やがて彼らはこう言うようになる。『わかったよ、先生。今ならワクチンを打ってもいいと思える』。私たちのゆるぎない使命は、黒人や褐色人種のコミュニティーがしかるべき医療を受けられるようにすることだ」

2021年8月までにスタンフォードとBDCCはのべ5万回以上のワクチンを接種し、2万5000件の検査を実施した。このような彼女の努力が評価され、『フォーブス』誌はスタンフォードを「世界を変える女性50人」の一人として選び、『フォーチュン』誌は米国の「最も偉大なリーダー50人」で彼女の名前を挙げた。さらにCNNも彼女を「トップ10ヒーロー」に選んだ。もし次のパンデミックが起こったときにワクチン接種率を上げたいのなら、先住民やアーミッシュ、超正統派ユダヤ教徒、農村部や黒人・褐色人種のコミュニティーをはじめとするワクチン接種率が低いコミュニティーにアラ・スタンフォードのように進んで入っていき、彼らが生活する場所で腰をすえて質問に答え、不安に耳を傾ける人間が必要だ。アラ・スタンフォードは5万人へのワクチン接種を実現させた。彼女のような人間があと1000人いれば、私たちは5000万人にワクチンを接種することができる。

これは良いニュースではないだろうか？　実現は不可能ではないはずだ。時間と辛抱が必要なのは間違いないが、可能なはずだ。この問題は国単位、州単位で何とかできるものではない。地域単位でしか解決できない問題だ。

数年前、私はコネチカット州で開かれた公衆衛生シンポジウムに講演者として招かれた。講演の中で私はMMRワクチンが自閉症の原因ではないことを示す研究をいくつか紹介した。話が終わると、聴衆の中から一人の女性が進み出てきて演台に上り、およそ10分間にわたって私が自分の話している内容をまったくわかっていないと大声でわめき続けた。帰りの駅に向かう車中で、主催者の一人が私にこう言った。「最高の人々と最低の人々に出会うのが、物事の核心にたどり着いたしるしなのですよ」と。

新型コロナウイルスによるパンデミックにも同じことがいえる。アラ・スタンフォード博士とロバート・F・ケネディ・ジュニアという対照的な2人ほどわかりやすい例はないかもしれない。

フィラデルフィアで14歳の母親から生まれたスタンフォードは、貧しい家庭で育ちながらも小児外科医になった。パンデミックが起こったときに、彼女は診療の手をとめ、自ら活動資金を負担して取り残されていたフィラデルフィア北部の黒人や褐色人種のコミュニティーで暮らす何万人もの人々にワクチンを接種し、検査を行った。そこでは間違いなく、救われた命があった。

ロバート・F・ケネディは、米国の歴史上においてこの上なく敬愛された民主党上院議員の息子として生まれた。裕福で権力を持つ一族の出でありながら、彼はワクチンについての間違った情報を、特に有色人種のコミュニティーにばらまいた。彼の映画『Medical Racism: The New Apartheid（医療の人種差別：新たなるアパルトヘイト）』は、特に黒人のコミュニティーをターゲットにして新型コロナワクチン接種率を下げようとしている。そのせいで間違いなく、犠牲になった命があった。

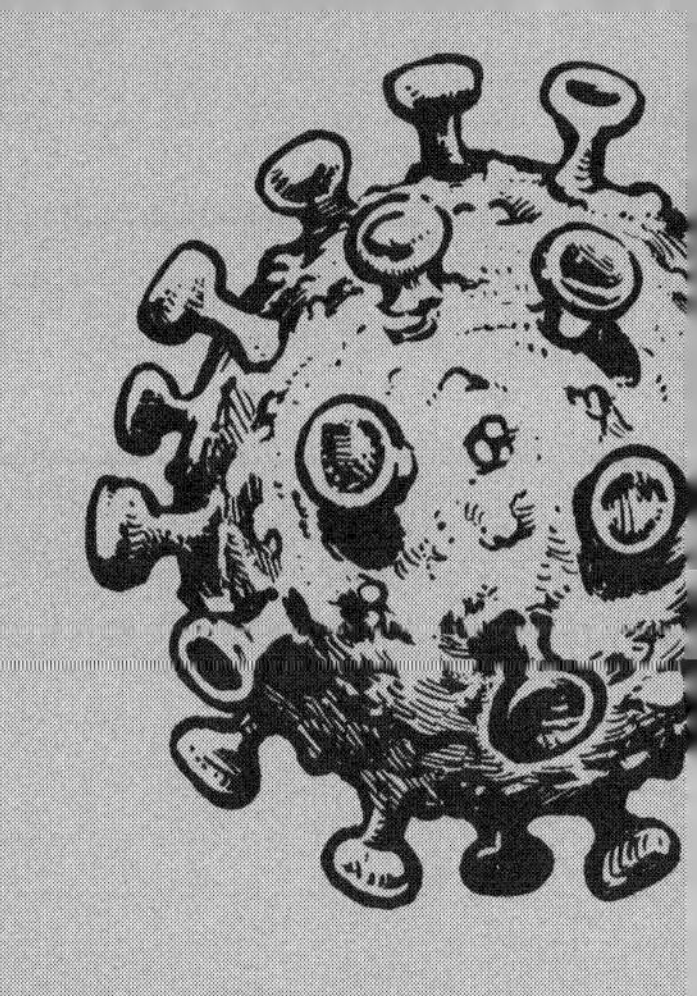

PART 2
現在

私たちは未知の病原体に対し、試行錯誤を繰り返して対処してきた。
この間に登場しては消えていった、様々なワクチンや
治療薬は本当に効果があったのか。

第8章　守られるのは誰か

・新型コロナワクチンにはどの程度の効果があるのか？
・新型コロナワクチンの情報発信における最初の大きなミスは何だったのか？
・新型コロナワクチンの情報発信における二つ目の大きなミスは何だったのか？
・全員を対象とした新型コロナワクチンの追加接種が始まるきっかけとなったある出来事とは？
・新型コロナワクチンの情報発信における三つ目の大きなミスは何だったのか？
・新型コロナワクチンの追加接種の間隔が短いと問題はあるのか？

２０２０年に新型コロナの治療薬としてヒドロキシクロロキンが承認されてからというもの、多くの米国人はＦＤＡとホワイトハウスを信用しなくなった。失われた信用は、トランプ政権がバイデン政権に交代した後も戻らなかった。さらに２０２１年から２０２２年にかけて情報発信の不手際が相次いだために、ＣＤＣとバイデン政権も信用を失い始めた。その結果、２０２３年に入る頃には、新型コロナウイルス感染症の予防効果を得るために一体何回のワクチンを追加して打てばいいのか、みんなわからなくなっていた。このような追加接種は、どのような人にメリットをもたらしていたのだろうか？

新型コロナワクチンにはどの程度の効果があるのか？

ウイルスのワクチンの中には、発症を数十年間にわたって予防し、地上からウイルスを完全に撲滅できるほどの効果を持ったものがある。一方で、重症化を予防することはできるが、発症や他の人への感染を防ぐほどの効果はないものもある。このような効果の違いに、ワクチンを開発した科学者の頭のよさや、製造している企業の能力は関係ない。ワクチンの有効性を大きく左右するのはただ一点、ウイルスに感染してから症状が出るまでの潜伏期間の長さだ。

潜伏期間が長い病気（例えば潜伏期間が数週間の疱そう、麻しん、ポリオ）は根絶が可能だ。潜伏期間が短ければ（例えば新型コロナウイルス、インフルエンザ、RSウイルスや普通の風邪のウイルスのようにわずか数日なら）、そのウイルスはたまに重症化する程度の軽い風邪として何世紀も流行し続ける可能性が高い。

なぜワクチンの有効性は潜伏期間に左右されるのか？

まずは、病気の発症を予防する場合と、重症化を予防する場合では、機能する免疫の仕組みが違っていることを知る必要がある。しかし、それを説明する前に、重症と軽症という言葉の意味を定義しなければならない。

ＣＤＣは新型コロナウイルスに感染して入院や集中治療室での処置が必要になった場合を重症、症状がそれよりも軽い場合を軽症としている。重症の新型コロナウイルス感染症は肺炎に進行することが多く、ほとんどの重症患者では酸素投与が必要になる。軽症の患者（といっても、咳や何日も下がらない高熱に苦しみ、これほどひどい風邪は生まれて初めてだと本人は思う場合もあるわけだが）は肺にまでウイルスが侵入せず、酸素投与は必要ない。つまり、少なくともＣＤＣの定義に従えば、重症には該当しない。

発症を予防するためのカギとなるのは、ウイルスに曝露（ばくろ）された時点で血流中に含まれる、そのウイルスに対抗する抗体の量だ。幸い、自然感染でもワクチン接種でも、こうした抗体は簡単に作られる。ただし、抗体の量は時間が経つにつれて減っていくため、効果は一般的に3〜6カ月くらいしか続かない。つまり、潜伏期間が短い軽症の病気に対する予防効果はあまり長くは続かない。

新型コロナワクチンの抗体量は、潜伏期間の短い病気に典型的な変化を示す。２０２０年12月にファイザーとモデルナの研究チームが発表したｍＲＮＡワクチンの臨床試験の結果では、２回接種で発症と重症化を予防する効果が95パーセントという素晴らしい結果が示された。なぜこれほど高い発症予防効果が得られたのだろうか？　これらの試験は３カ月間にわたって行われたが、抗体価を調べた時点で参加者のほとんどが２回目のワクチン接種を終えたばかりだったからだ。だから、全員の血中抗体価が高く、発症の予防効果も高かったわけだ。

しかし、発症予防効果は長くは続かなかった。

彼らが2回目のワクチンを接種してから半年ほど経った２０２１年半ばになると、抗体が減少し始め、発症予防効果は当初の95パーセントから50パーセントにまで下がった。

一方、重症化の予防効果は高いままに保たれていた。これは、重症化の予防効果にウイルスに曝露された時点の抗体価は関係しないからだ。重症化予防効果を左右するのはメモリーB細胞（記憶B細胞）のような抗体の産生を促す免疫記憶細胞だが、メモリーB細胞は寿命が長く、数十年間生き続ける。ただし、免疫記憶細胞はウイルスを認識し、活性化して抗体を作り始めるまでに時間がかかる。

新型コロナのように潜伏期間が短い病気では、メモリーB細胞が抗体を作り始めるよりも早く、症状が出現する（つまり発症する）。新型コロナウイルスに曝露されてから発症するまでには数日しかかからないが、進行して重症化するには2〜3週間ほどかかる。この猶予を利用してメモリーB細胞が活性化し、抗体を作り始める。これが、潜伏期間の短い感染症の発症予防効果は短期間で低下するにもかかわらず、重症化予防効果は長続きする理由だ。

一方、潜伏期間が長い感染症では、発症までに時間的に余裕があるため、メモリーB細胞が十分な抗体を作り、発症を抑えられる。そのため、疱そうやポリオ、麻しんのような病気はほぼ完全に予防することが可能だ。

しかし、知らない人も多いが、免疫系には他にも重要な働きを担うものがある。それがT細胞だ。T細胞は二つのグループに分けられる。B細胞が抗体を作るのを助ける、その名もヘルパーT細胞と、ウイルスに感染した細胞を殺す、名前も恐ろしい細胞傷害性T細胞だ。（この「傷害性」とは他の細胞に対する傷害性を意味する。）

T細胞はB細胞とはまた違った種類の細胞で、新型コロナウイルスのあらゆる変異株に共通する部位を認識する。この点は抗体とも違っている。抗体は新たなウイルスの変異株（例えばオミクロン株）を認識できず、変異株が免疫をすり抜けることがあるが、T細胞から逃れることはない。これは、T細胞が認識する免疫反応部位（エピトープ）が変異株の間でも比較的安定している（保存されている）ためだ（訳注　エピトープとは、抗体やT細胞の抗原レセプターによって認識される抗原分子の部位。抗原決定基ともいう）。アルファ株でも、デルタ株でも、オミクロン株でも、この部位は変わっていない。メモリーT細胞は、メモリーB細胞と同じく寿命が長いため、重症化の防止効果が長期間にわたって続く。

2020年に開発されたワクチンを接種して体内で作られる抗体はオミクロン株に反応しづらかったが、T細胞は新たな変異株も認識し、以前の株と変わらない重症化予防効果を発揮した。実際に2021年にオミクロン株が最初に米国内に入ってきたとき、ワクチン接種歴や新型コロナウイルスの感染歴があったにもかかわらず感染する患者が多かったが、その割には入院患者や死者は少なかった。若くて健康であればT細胞が重症化から守ってくれる。抗体はオミクロン株に反応しなかったがT細胞はだまされなかった。（ハーバード大学医学部の免疫学者、ダン・バルーシュはT細胞を「今回のパンデミックの陰のヒーロー」と呼んでいる。）

新型コロナワクチンの情報発信における最初の大きなミスは何だったのか？

2021年7月4日、独立記念日を祝うために数千人の男たちがマサチューセッツ州プロビンスタウンに集まった。参加者のほとんどは新型コロナワクチンを2回接種していた。だが、2回接種を済ませていた参加者346人が新型コロナを発症し、そのうちの4人（1・2パーセント）が入院した。入院しなかった342人は無症状か軽症だった。新型コロナワクチンが十分に効果を発揮したために、ほとんどの参加者は軽い症状ですんだ。

これはCDCがワクチンの効果の高さを世間に示す絶好の機会だった。

しかし残念ながら、CDCによるプロビンスタウンの集団感染の報告では、一般の人々の誤解を生むような言葉が使われていた。CDCが公開している「米国罹患率・死亡率週報」では、この集団感染は

「2021年7月にマサチューセッツ州バーンスタブル郡で開かれた大規模集会に関連する、新型コロナワクチン接種者のブレイクスルー感染を含む新型コロナウイルス感染症の集団発生」と記載されていた。軽症や無症状の感染が「ブレイクスルー」感染と表現されたのはこのときが初めてだった。「ブレイクスルー（突破）」という言葉は、ワクチンの予防効果が突破された、つまりワクチンが効かなかったかのような印象を与える。しかし、新型コロナワクチンに効果がなかったわけではない。それどころか、ワクチンのおかげで集会の参加者のほとんどは入院せずにすんだ。だが、「ブレイクスルー」という言葉を使用したことで、CDCは新型コロナワクチンに絶対に超えることができないハードルを課してしまった。それから、公衆衛生当局者やメディアが「免疫の低下」について口にすることが増えていったが、発症の予防効果の低下と重症化の予防効果の低下の違いは曖昧なままだった。「せっかくワクチンを打ったのに、結局は新型コロナウイルスに感染してしまった」とがっかりし、「CDCはうそつきだ」とする声も出た。

CDCがマサチューセッツ州プロビンスタウンの集団感染を報告してから数カ月後、最高裁判事のブレット・カバノーが定期的に実施されていたスクリーニング検査で新型コロナウイルス陽性と判定された。カバノーはまったくの無症状だった。CDCが使った「ブレイクスルー」という言葉を連発しながら、メディアはさも大ごとであるかのように興奮気味にこのニュースを伝えた。報道だけを見ていた視聴者の中には、ブレット・カバノーが生死の境をさまよっているに違いないと思い込んだ人たちもいたほどだった。しかし、状況を正しく理解している政治家もいた。サウスカロライナ州選出の共和党上院議員のリンジー・グラハムは、2回のワクチン接種を受けた後で新型コロナウイルスに感染し、軽い副鼻腔炎などの症状が出た。症状は短期間で治まった。「もし私がワクチンを接種していなかったら、もっとひどいことになっていただろう」と彼は言った。その通りだ。まったくもって彼は正しい。

新型コロナワクチンの情報発信における二つ目の大きなミスは何だったのか？

プロビンスタウンで集団感染が発生してから2週間後、バイデン政権は二つ目の大きな失態を犯した。2021年8月18日、バイデン大統領は国民の前で2021年9月20日から12歳以上の全員を対象として新型コロナワクチンの追加接種を開始すると宣言した。当時のあらゆる証拠はワクチンを2回接種すればあらゆる年齢層で新型コロナの重症化を防ぐ効果が続くことを示していた。それなのに、バイデンは新型コロナワクチンの接種が2回では十分ではないと国民に告げたも同然だった。

なぜ、バイデン政権は全員を追加接種の対象にしたのだろうか？　そしてなぜ、FDAやCDCの諮問委員会に相談する前に国民に向けて追加接種に関する情報を発信したのだろうか？　推奨が突然変更された理由の説明を求められた政府高官は、こう言った。「イスラエルからのデータが出るまで待ってほしい。そのデータを見れば理由はわかる」

バイデン大統領の発表から1カ月が経ち、「全員を対象とする追加接種」の開始が数日後に迫った2021年9月17日、FDAのワクチン諮問委員会ではこの新たな大統領令に対する投票が実施されることになっていた。しかし投票の前にイスラエルの2人の研究者が、すべての成人に追加接種が必要だとバイデン政権が発言した根拠らしきデータを発表した。

われわれFDAのワクチン諮問委員会がそこから知った事実をお教えしよう。データが発表される前の数カ月間、イスラエルの保健機関はファイザーのmRNAワクチンによる追加接種を希望者全員が受けられるようにしていた。イスラエルでは追加接種を受けた人も、受けなかった人もいた。発表された研究は、数千人のイスラエル人を対象として実施されたが、そのうち75パーセントが70歳以上の高齢者だった。この研究から、追加接種を受けなかった70歳から79歳のうち新型コロナウイルスに感染して重症化した割合は4・5パーセントだったのに対し、追加接種を受けた同年代では重症化の割合がわずか1・3パーセントだったことがわかった。

これはかなり大きな差だ。しかし、このデータには問題があった。これはワクチン接種以外の条件をそろえた比較試験ではなかったのだ。イスラエルの研究者たちは、追加接種を受けた人と受けなかった人では追加接種の有無以外に違いはないという前提で研究を進めていた。しかし進んで追加接種を受けるような人たちは、普段から健康に気をつけ、マスクを着用したり、ソーシャルディスタンスの確保を意識し、新型コロナウイルスに感染するリスクが高くなるような行動を控えていたりした可能性が高い。データに問題があることは明らかだったが、CDCワクチン諮問委員会は投票で65歳以上の米国人全員を対象とする新型コロナワクチンの推奨を決定した。1週間後、CDCもこれに合意した。こうして最初の追加接種が始まった。だが、対象者は高齢者に限定された。

なぜバイデン大統領は12歳以上の全員に追加接種を受けさせようとしたのか？　なぜ、明らかにリスクの高い高齢者のみに追加接種の対象を絞らなかったのか？　見れば理由がわかるイスラエルのデータとは何だったのか？

諮問委員会の会合の開催日と同じ2021年9月17日、イスラエルの公衆衛生当局者は追加接種の対象者は高齢者に限定されず、16歳以上の全員が対象だったと説明した。その結果、イスラエルでは新型コロナウイルスの感染者が減り始めた。だが、新型コロナウイルス感染症の発症率は成人全員を追加接種の対象としていなかった米国でも下がりつつあった。つまり、イスラエルで新型コロナ患者が減ったのは、追加接種の効果というよりも、新たな変異種の出現や人々の行動の変化、季節的な変動に伴う感染者数の自然な増減の範囲だったのではないかと考えられる。だから、私も参加していたワクチン諮問委員会は全会一致で12歳以上の全員を対象として追加接種を行うというバイデン政権の計画を否決した。1週間後のCDC諮問委員会でも同じ結論が出された。バイデン大統領は就任式で「科学に従う」ことを誓った。しかし、2021年8月に彼の政権が打ち出した12歳以上の全員を対象にした追加接種の計画はその誓いに反していた。

軽症や無症状の感染に対して「ブレイクスルー」という言葉を使い、mRNAワクチンの2回接種では新型コロナウイルスに十分対抗できないというメッセージを発したうかつな公衆衛生機関とバイデン政権は、非常に優れた効果を発揮していたワクチンの評価をおとしめた。さらに、ワクチンの接種状況を説明するために使われた言葉も、同じく混乱を招いた。65歳で新型コロナワクチンの2回接種を終えると「ワクチン接種完了者」と言われ、65歳以上で追加接種を受けると「最新接種完了者」と言われるようになった。推奨される追加接種の回数が今後さらに増えれば、混乱がますます広がるのは必至だ。

新型コロナワクチンが米国で承認されてから1年が経過した2021年12月の終わりに、CDCは免疫機能に問題がなく、mRNAワクチンを2回接種した成人と接種していない成人の計8000人を対象とした研究の結果を発表した。参加者の平均年齢は60歳で、80パーセント以上が新型コロナの重症化リスクとなる何らかの健康問題を抱えていた。この研究でCDCの研究チームはワクチンを2回接種した場合の重症化予防効果は依然として高く、80パーセント台後半から90パーセント台前半に保たれていることを確認した。同様に、2回目の接種後に免疫学者たちが調べた被験者の血液中のメモリーB細胞とメモリーT細胞の値も高いままだった。つまり、免疫学的な結果は持続的な予防効果を示す疫学的な結果と一致していた。これらの研究は、12歳以上の米国人全員が追加接種を受ける必要があるという数カ月前のバイデン政権の主張を大きく揺るがせた。

パンデミックが始まった当初は、研究者たちも公衆衛生機関もこれまで使われたことのないmRNAワクチンに果たしてどれほどの効果があり、効果がどれほど長続きするのかつかめていなかった。だが接種開始から1年が経ち、2回接種による重症化の予防効果は十分に維持されることがはっきりした。そんな2021年12月の終わりに、このパンデミックの様相を一変させるような出来事が起こった。その結果、2022年の初めにはほとんどの米国人が新型コロナウイルスから身を守るためにはワクチンを一体何回打てばいいのか、さっぱりわからなくなっていた。

全員を対象とした新型コロナワクチンの追加接種が始まるきっかけとなったある出来事とは？

2021年12月にオミクロン株（BA.1）と呼ばれる変異株が米国に入ってきた。この変異株が追加接種の推奨にどのような影響を与えたかを理解するには、話を最初まで戻す必要がある。

2019年12月に中国の武漢でコウモリ由来のコロナウイルスの感染が人間の間で広がった。2020年1月にウイルスが分離されて、ゲノム情報が解読された。このときのウイルスは武漢1株または従来株と呼ばれる株だった。ファイザー、モデルナ、ジョンソン・エンド・ジョンソン、ノババックスをはじめ、あらゆるメーカーが製造するワクチンはすべて、この武漢1株に対する予防効果を発揮するように設計されていた。しかし、中国国外に広がったのは武漢1株ではなかった。新型コロナウイルスが登場してからまもなく世界中で流行し始めた最初の変異株は安定性が高く、感染力は武漢1株の10倍だった。この変異株にはその後に登場した変異株のようにギリシャ文字が割り当てられることはなくD614G株と呼ばれていた。

「D614G」という名前がつけられた理由を説明するには、高校の化学の授業まで戻らなければならない。新型コロナウイルスのスパイクタンパク質は、あらゆるタンパク質と同じくアミノ酸の鎖で構成されている。(すべてのタンパク質は、ロイシン、プロリン、バリン、グリシン、アスパラギン酸などの20種類のアミノ酸でできている。そして、アミノ酸にはそれぞれ1個のアルファベットが割り当てられている。例えば、アスパラギン酸は「D」、グリシンは「G」といった具合だ。)

新型コロナウイルスのスパイクタンパク質は1273個のアミノ酸が連なって構成されている。D614G株では、真ん中あたりの614番目のアミノ酸がアスパラギン酸(D)からグリシン(G)に変わったために、感染力が大きく変化していた。たった1個のアミノ酸が置き換わっただけで、新型コロナウイルスは高い安定性を示すようになり、アジア、ヨーロッパ、米国で大流行して数十万人の命を奪った。

米国に入ってきたD614G株は、まもなくさらに感染力を高めたアルファ株にその地位を譲り、やがてさらに強い感染力を持つデルタ株が取って代わった。他にも感染力が強いガンマ株、イプシロン株、ゼータ株、イータ株、シータ株、イオタ株、カッパ株、ラムダ株、ミュー株など、ギリシャ文字の名前がつけられた変異株が世界各地で流行した。(ギリシャ文字は現代で使われている言語の中でも特に文字数が少なく、24文字しかない。ギリシャ文字の最後の文字はオメガだ。オメガ株はまだ登場していないが、出てくるのは時間の問題だろう。)

オミクロン株（BA.1）が出てきたとき、変異は数カ所にとどまらず、スパイクタンパク質だけでも37カ所に重要な変異が起こっていた。これは過去の変異株と比べて圧倒的に多い。さらに、オミクロン株は感染力が強くなっただけでなく、免疫をすり抜ける力も身につけていた。つまり、予防接種を受けた直後やウイルスに感染したばかりで血液中の抗体量が多い状態でも、抗体がオミクロン株をうまく認識できず、発症してしまうことがあるのだ。

ただし、T細胞が認識するスパイクタンパク質の部位では大きな変異は起こっていなかったため、ワクチンを接種済みの人や、過去に新型コロナウイルスに感染したことがある人が、オミクロン株で重症化することはめったになかった。だが、オミクロン株が流行するようになってから、自分は感染するはずがないと考えていた人々が新型コロナを発症するケースが大幅に増えた。オミクロン変異株にはモノクローナル抗体も効かなかった。免疫をすり抜ける力（訳注　免疫回避能）を持ったオミクロン株に、公衆衛生関係者は震え上がった。

2022年に入ってから最初の数カ月でオミクロン株（BA.1）は進化を続け、BA.2、BA.3、BA.4、BA.5と呼ばれる亜種が次々に発生した。ウイルスが進化するにつれて感染力はますます強くなり、免疫をさらにたくみに回避するようになっていった。例えば、最初のオミクロン株（BA.1）に感染した人がBA.4やBA.5に再び感染することもあった。ただし、先ほども説明したように、すでにワクチンを接種していたり、過去に感染したことがあったりする場合は、軽症で治ることがほとんどで、重症化することはめったにない。このことは、その後もさらに続々と登場し、BQ.1、BQ.1.1、BF.7、BA.4.6、BA.2.75.2、XBB.1、XBB.1.5、XBB.1.16といったややこしい名前をつけられたオミクロン株の亜種にも言える。

オミクロン株による流行の波がやって来ている間も、新型コロナワクチンの追加接種の効果を調べる研究は研究者や公衆衛生機関により進められ、2回接種よりも3回接種の方が入院を予防する効果が高いことが判明した。さらにその後の研究で、効果の上乗せは小さくなるものの、3回接種よりも4回接種の方が入院を予防する効果が高くなることも明らかになった。だが、このような追加接種の恩恵にあずかっていたのは誰だったのだろう？ 追加接種を受けた全員にメリットがあったのか？ あるいは特定の人々にしかメリットはなかったのか？ 正確に言えば、追加接種のおかげで入院せずにすんだのはどのような人だったのだろう？

結論から言えば、3回接種や4回接種を受けた全員に等しくメリットがあったわけではない。追加接種によって主に守られていたのは、75歳以上の高齢者や、重度の免疫不全患者、新型コロナウイルスに感染すると重症化しやすい基礎疾患（肺、心臓、腎臓などの重度の疾患）を持つ人々など、感染しただけで入院が必要になるような人々だ。妊娠中の女性にも同じく効果があった。CDCが追加接種の効果について研究を進めていたのと同じ時期に、英国の研究チームも3000万人以上を対象にした調査を実施していた。調査の対象者には追加接種を受けた人も受けていない人も含まれていた。CDCの研究結果と同じく、英国の研究でも入院リスクが下がったのは80歳以上の高齢者、5種類以上の健康問題を抱える患者、さらに免疫不全患者であることが明らかになった。

2022年9月1日にCDCは12歳以上の全員に追加接種を推奨したが、（CDCの研究も含めた）当時の最新の研究結果では追加接種の効果は特定の高リスク群の重症化予防に限られることが示されていた。

しかしこの時点の追加接種では、以前とは違うワクチンが使用されるようになっていた。追加接種で使用されるワクチンは２０２０年12月から使われてきた当初の従来株（武漢1株）のみに対応したワクチンではなく、いわゆる2価ワクチン、つまりこの年に流行していたほぼ同じ2種類のオミクロン株（BA.4とBA.5）にも予防効果を発揮するように開発されたものだった。２０２２年10月12日、CDCは2価ワクチンの接種推奨対象を5歳以上の全員とし、その後に生後6カ月まで対象を拡大した。

ちょっと考えれば、その時点で流行している変異株に対応するワクチンを従来のワクチンに加えるというのは理にかなっているように思える。しかし、武漢1株はすでに姿を消し、別の株が流行しているというのに、なぜいまだに従来株に対応したワクチンを追加接種に使い続けるのか？　ワクチンを接種してBA.4／BA.5に対抗できる抗体が体内で増えれば、少なくともしばらくの間はオミクロン株の新たな亜種が出現しても重症化を予防できるだけでなく発症を防ぐ効果も期待できる。しかし残念ながら、そんな都合良くはいかなかった。ここから新型コロナワクチンの情報発信における三つ目の大きなミスが発生することになる。

新型コロナワクチンの情報発信における三つ目の大きなミスは何だったのか？

２０２２年10月半ばにCDCが5歳以上の全員に2価ワクチンの追加接種を勧告した時点で、（BA.4／BA.5株と武漢1株の両方が含まれる）2価ワクチンによる追加接種が（武漢1株しか含まない）1価ワクチンの追加接種よりも効果が高いことを人で示したデータはまだなかった。人で行われた試験の最初のデータが公開されたのは、勧告が出されてから1週間後のことだった。コロンビア大学とハーバード大学の研究チームが、ＢＡ．４／ＢＡ．５を中和する抗体を作り出す効果を2価と1価のワクチンの間で比較した研究の結果を発表したのだ。結果は驚くべきものだった。なんと、両者の効果に差はなかったのだ。

バイデン政権とＦＤＡとＣＤＣは、新たな変異株に対抗できる抗体を誘導する効果は2価ワクチンの方がはるかに高いと予想していた。従来株だけを含むワクチンよりもＢＡ．４／ＢＡ．５を含むワクチンの方がＢＡ．４／ＢＡ．５の抗体を誘導する効果が高いのは当然のように思えた。

だが、結果は違っていた。

この結果が示すのは、2価ワクチンが1価ワクチンよりも優れた効果を発揮する可能性は低いということだ。実際に、この研究よりも早い時期、ＢＡ．1の流行中に米国と英国で行われた2件の研究では、ＢＡ．1を含む2価ワクチンによる新型コロナの発症予防効果は1価ワクチンと変わらないことが示されていた。２０２３年3月、フランスで60歳以上の高齢者を対象に行われた研究では、ＢＡ．４／ＢＡ．5を含む2価ワクチンで発症を予防できる効果はわずか8パーセントしか上昇しないことが示された。これらの結果にもかかわらず、バイデン政権とＦＤＡとＣＤＣは2価ワクチンの方が効果が高いという主張を崩さなかった。彼らは事実から目をそむけ、2価ワクチンは非常に効果が高い、以前のワクチンに比べて効果が大幅に上昇していると言い張った。

ほとんどの米国人は2価ワクチンの追加接種を受けないという選択をした。ＣＤＣが生後6カ月以上の全員に2価ワクチンの接種を推奨してから7カ月が経った２０２３年4月の時点で、接種が推奨される対象者のうちこのワクチンを接種したのはたった17パーセントだった。度重なる接種疲れに加えて、ここでもまたＦＤＡとＣＤＣとホワイトハウスに対する不信感がワクチン接種に影響していた。

2022年の半ばに登場したBA.4/BA.5を含む2価ワクチンは出番を失った。新型コロナを予防する効果が1価ワクチンより優れていることを明確に示す証拠はなかったが、だからといって2価ワクチンに問題があるわけではない。研究では、2価ワクチンは高齢者をはじめ高リスク者とされる人々の入院を予防できることが示された。1価ワクチンでも2価ワクチンでも、追加接種を受ければ予防効果は高まるのだった。

この時点でバイデン政権は、2価ワクチンは1価ワクチンよりも効果が非常に高いという宣伝をやめて、リスクの高い人々に追加接種を勧めるだけにしておけばよかったのだ。米国以外の国はどこも、追加接種を全員に推奨することはせず、リスクが特に高い人だけに対象を絞っていた。この一件は、米国民の信頼をさらに損ねる結果になった。さらに悪いことに、科学者や臨床医、地方の保健当局からも、勧告を出す側に失望する人々が現れた。私もその一人だった。

2023年2月9日、私は『ニューイングランド・ジャーナル・オブ・メディシン』誌で「新型コロナ2価ワクチン―教訓とすべき話」と題した記事を発表した。記事の最後で、私は「追加接種は重症化の予防が特に必要であると考えられる人々のためにとっておくのが得策ではないだろうか（中略）一方で、健康に問題のない若い人々の発症を完全に防ごうとするのはやめるべきだと思う」と書いた。このような私のスタンスは多くの公衆衛生関係者に歓迎された。しかし、私の記事に腹を立てる人々もいた。私が全米で放送されるテレビ番組に出演し、全員に追加接種を推奨するというCDCの方針に苦言を呈したことも、彼らの怒りをあおったようだ。彼らは、私の反論は反ワクチン活動家たちをつけあがらせるだけだと主張した。周りからは公の場で見苦しい仲間割れを繰り広げているように見えたかもしれない。

しかし私の見方は違う。公衆衛生に関する推奨事項を裏づける科学に対していつでも疑問の声を上げられるというのが本来あるべき姿だと私は思う。そして、そのような疑問の声は公の場所で上げられるべきだ。そうすれば、国民もメディアもその推奨事項のよい部分と悪い部分をしっかり理解することができる。どんな推奨事項にも長所があり、欠点がある。私たちが公の場での討論を恐れるなら、それこそ反ワクチン活動家の思うつぼだ。

新型コロナワクチンの追加接種の間隔が短いと問題はあるのか？

2023年の初めの米国は、「ワクチンマニア」と呼ばれる段階に入っていた。（追加接種に対する国民の不安を反映するかのように、「ファイザー・ポイントカード」というタイトルのおもしろ画像まで作られた。ファイザーのワクチンによる追加接種を8回受けると、無料でピザを1枚もらえるというポイントカードのネタだ。）問題は、特にリスクが高い人々の重症化を予防するという当初の目的が、すべての人の発症を予防するという現実的には不可能な目標にいつのまにかすり替わっていたことにあった。頻回の追加接種を支持する人々は、ワクチンは特に体に害がなくて風邪に効くという「チキンスープ」のようなものだと主張していた。

しかし、効果のある医療製品にはリスクがつきものだ。効果があることがはっきりしていればリスクも受け入れられるが、効果がはっきりしないもののリスクは受け入れられない。例を挙げて説明しよう。

収穫逓減の法則――追加接種の回数が増えるほど得られる効果は少なくなる

イスラエルの研究チームは、4回目の追加接種を受ければ発症予防効果が約50パーセント上昇することを示した。しかし残念ながら、新たに得られた予防効果は3カ月から6カ月ほどで消えてしまう。これは大人でも子供でも変わらなかった。短期間しか効果が続かないワクチンを数カ月に1回のペースで打ち続けるのは、公衆衛生戦略として現実的ではない。ワクチンの目標はあくまでも重症化予防であり、健康な若い人ならmRNAワクチンを3回接種するか、2回接種した上で自然感染すれば比較的長期間にわたって重症化を予防できるようだ。（このように推奨する根拠は、新型コロナウイルスの長期的な予防効果に関する自然感染と予防接種の相対的な重要性について説明している第13章で述べる。）

重大な有害事象

mRNAワクチンを接種すると、特に10代から20代の男性がまれに心筋炎を発症することがある（第4章を参照）。この心筋炎は多くの場合は短期間で自然に治るが、例外もある。

免疫の刷り込み

1960年、インフルエンザワクチン研究者のトーマス・フランシスが「抗原原罪」という概念を提唱した。今では「免疫刷り込み」と呼ばれる現象だ。フランシスは、子供が生まれて初めて感染したインフルエンザウイルスの株によって、その後の人生でインフルエンザに感染したときやインフルエンザの予防接種を受けたときの反応が変わることを発見した。その子供が別のインフルエンザウイルス株に感染したり、予防接種を受けたりしたときに、体は変異を繰り返したインフルエンザウイルスのわずかな違いを認識できず、最初に感染した株に曝露されたかのように反応し、新たに出会った株に対する免疫の獲得が邪魔されるようだ。

この現象は、すでに新型コロナワクチンでも起こっている。BA．4／BA．5を含む2価ワクチンと従来株だけを使用した1価ワクチンの追加接種を比較したときに、体内で作られるBA．4／BA．5の抗体量に有意な差がみられなかった理由の一つとして考えられるのは、人々の体に従来株が「刷り込まれて」いた可能性だ。2価ワクチンには従来株とBA．4／BA．5の両方が含まれるが、以前の接種によって従来株が刷り込まれていたため、2価ワクチンを接種した人たちの体は従来株に強く反応し、BA．4／BA．5への反応が邪魔されたのではないだろうか。その証拠に、BA．4／BA．5への反応は従来株とまったく同じ部分だけに限られ、BA．4／BA．5と従来株で違っている部分は認識されなかった。この問題は、ワクチンに従来株を入れるのをやめ、流行している株に対応したmRNAの量を増やすことで解消できる可能性がある。

このような刷り込みの事例は、頭や首、肛門、性器のがんを予防するために開発された最初のヒトパピローマウイルス（HPV）ワクチンでもみられた。HPV4価ワクチンと呼ばれたこのワクチンには、複数のHPV株が使われていたが、やがて5種類の別の株が追加されてHPV9価ワクチンとなった。青年期の対象者にHPV9価ワクチンのみを接種した場合には、9種類のすべての株に対して優れた免疫反応がみられた。しかし、HPV4価ワクチンを接種した後にHPV9価ワクチンを接種した場合は、後から追加された5種類の株よりも最初のワクチンにも使用されていた4種類の株に対する反応の方が良好だった。これは最初の4種類のHPVの免疫刷り込みが起こり、HPV4の4種類の血清型に反応が限定されたからだと考えられる。

税金のより良い使い道

２０２３年の初めまで、米国政府は新型コロナワクチンの費用を負担し続けていた。２０２２年秋にＢＡ．４／ＢＡ．５が入った追加接種用の２価ワクチンのために政府が支出した金額は数億ドルにのぼったが、１価ワクチンと比べてとりたてて高い効果は認められなかった。この税金は、ワクチンをまだ一度も接種していない人々にワクチンを受け入れてもらうための対策に使った方が良かったのではないだろうか？　あるいは、途上国にワクチンを提供することもできたのではないか？

第9章　新型コロナウイルス感染症の治療

・新型コロナウイルス感染症にはどのような段階があるのか？
・各段階の最適な治療とはどのようなものか？
・新型コロナウイルス感染症で避けるべき治療はあるのか？
・今後、どのような治療法が登場するのだろうか？

新型コロナウイルス感染症にはどのような段階があるのか？

新型コロナウイルス感染症には二つの段階がある。ウイルスが増殖する第一段階と、免疫系がウイルスを抑え込む第二段階だ。患者がどの段階にあるかによって必要な治療は変わる。

新型コロナウイルスは、感染者の鼻や口から飛び散った飛沫とともに体内に侵入する。侵入に成功したウイルスは鼻からのど、気管、気管支の細胞に入り込み、重症化すると肺にまで達する。

細胞に入り込んだウイルスは、増殖を始める。1個のウイルス粒子が細胞に侵入すると、細胞が死ぬまでにおよそ100個のウイルスが放出される。数百個だったウイルスは数千個になり、やがて数百万個まで増える。（ここまでウイルスが増えても、ほとんどの人はまだ症状は出てこない。）数日後、体の免疫系が反応し始める。B細胞が抗体を作り、ヘルパーT細胞が応援に回る。細胞傷害性T細胞はウイルスに感染した細胞を殺す。戦いの始まりだ。

意外なことに、免疫系が働き始めるまではっきりとした症状は出てこない。なぜなら、症状を引き起こしているのは免疫系で、ウイルス単体では症状は出ないからだ。多くの感染症に当てはまることだが、免疫系が応戦し始めると、ウイルスの増殖はかなり抑えられる。だから、他人に最も感染させやすいのは、症状が出始める1～2日前、ウイルスの増殖がピークに達しているときだ。

第一段階ではウイルスの増殖がメインになるため、発症してから最初の数日間は（ウイルスの増殖を抑える）抗ウイルス薬、（ウイルスが細胞に付着するのを防げる）モノクローナル抗体、（モノクローナル抗体と同じような働きをする）回復期血漿など、ウイルスに直接作用する治療薬の投与が最善の治療となる。だが、患者の症状が進行してウイルスの増殖がそれほど重要ではなくなった第二段階になると、ウイルスを狙った治療は効果がなくなる。この時点で効果のある薬は、ステロイドのように免疫系の働きを抑制する薬だけだ。

新型コロナウイルスに感染した2人の大統領の例を見れば、パンデミックが始まってからの2年間で私たちがどれほど多くのことを学んだかがわかる。

ドナルド・トランプ大統領は2020年10月1日の新型コロナウイルス検査で陽性と判定された。彼は74歳で、肥満だった。翌日、トランプ大統領は治療のためにウォルターリード国立軍事医療センターに運ばれた。大統領には高熱と息切れの症状があり、血液中の酸素量（赤血球が肺から全身に酸素を運んでいる）は危険なレベルまで低下していた。どれも、重度の肺炎を示す兆候だった。病院に運ばれる前から、医師団はリジェネロンというモノクローナル抗体製剤の点滴を5日間の予定で開始していた。（およそ1カ月後にFDAはリジェネロンを承認した。）

病院に到着したトランプ大統領には胸部X線撮影が行われ、肺炎と診断された。肺に重度の炎症が起きていたために呼吸が困難になり、肺から血液に十分な酸素が供給されていなかったのだ。医師団は抗ウイルス薬のレムデシビルを投与した。レムデシビルは新型コロナウイルスの増殖を抑える薬だ。（FDAはこの直後にレムデシビルを承認した。）さらに、肺の炎症を引き起こしていた免疫系の働きを抑制するためにデキサメタゾンと呼ばれるステロイド薬も投与された。病状は深刻で、医師団は鎮静剤の投与と人工呼吸器の装着も検討した。大統領の公務はマイク・ペンス副大統領が代行していた。幸い、トランプ大統領は快方に向かった。入院から3日後の2020年10月5日、トランプ大統領は退院してホワイトハウスに戻った。彼はモノクローナル抗体のリジェネロンが自分の命を救ったと確信していた。

それから2年後の2022年7月21日、79歳のジョー・バイデン大統領が新型コロナウイルスの陽性判定を受けた。バイデン大統領は高齢のため、トランプ前大統領と同じく重症化するリスクが高かった。バイデン大統領はmRNAワクチンを4回接種済みだった。発症したその日から、彼はパキロビッドという抗ウイルス薬の服用を開始した。トランプは抗ウイルス薬のレムデシビルを点滴で投与されていたが、バイデンが使っていたパキロビッドは飲み薬で、症状も軽い咳と鼻水、それに軽い倦怠感だけだった。バイデン大統領はホワイトハウスで執務を続けた。新型コロナウイルス陽性が確認されてから5日後の7月26日には、バイデン大統領の症状はほとんど治まっていた。

新型コロナウイルス感染症の闘病において、バイデン大統領はトランプ前大統領よりも条件がよかった。その理由はワクチンだ。トランプが新型コロナウイルスに感染したのはワクチン接種が始まる3カ月前だったが、バイデンの感染はワクチンの接種開始から1年半後だった。しかも、トランプは肺炎になるまで何も治療をしなかった。最初に何らかの症状が出たときに抗ウイルス薬のレムデシビルかモノクローナル抗体製剤のリジェネロンの投与を開始していれば、ウイルスの増殖を抑えて肺炎を予防することができたかもしれない。しかし、トランプは重症化するまで自分が新型コロナウイルスに感染したことを認めようとしなかった。重症化した後では、肺の炎症を抑えるステロイドのデキサメタゾンくらいしか治療手段が残されていなかった。トランプはモノクローナル抗体製剤のリジェネロンが自分の命を救ったと主張していたが、それは間違っている。彼の命を救ったと言えるものがあるなら、それはデキサメタゾンだ。

各段階の最適な治療とはどのようなものか？

第一（ウイルス増殖）段階

バイデン大統領は、新型コロナウイルスに感染してから早い段階、まだウイルスが増殖している途中で症状がそれほど出ていない段階で診断を受けた。そのため、新型コロナウイルスの増殖を抑える治療がメインになった。この段階の治療では、2通りの手段が考えられる。一つはウイルスが細胞に侵入する前にウイルスを中和する抗体で、もう一つはウイルスが細胞に侵入した後で増殖を抑える抗ウイルス薬だ。

まずは抗体を使って治療を始めることになるだろう。

発症からまもない段階の新型コロナの治療に使用できる抗体製剤には、モノクローナル抗体と回復期血漿の2種類がある。FDAは2020年11月に初のモノクローナル抗体カクテル治療薬であるリジェネロンを承認した。それに続いて多数のモノクローナル抗体製品が続々と認可された。モノクローナル抗体が承認される前は、使用できる抗体と言えば回復期血漿だけだった。

モノクローナル抗体の利点は、人為的に作製することが可能なため、大勢の患者の治療に使用できることだ。一方で、モノクローナル抗体には欠点もある。抗体はウイルスのスパイクタンパク質のエピトープと呼ばれる部位と結合してウイルスが細胞に付着するのを邪魔するが、モノクローナル抗体は新型コロナウイルスのスパイクタンパク質の一つのエピトープしか認識できない。「モノクローナル」という名前は、1種類のB細胞クローンから作られた抗体であるところからきている。モノクローナル抗体が一つのエピトープしか認識できないのはそのためだ。新型コロナウイルスは絶え間なく変異を続けているため、ある変異株に効果のあるモノクローナル抗体でも別の変異株には効かないこともある。例えば、トランプ大統領にホワイトハウスの医師団が投与したモノクローナル抗体のカクテル治療薬、リジェネロンは2020年に流行していたウイルスを中和できる効果があったが、2年後にバイデン大統領が感染した変異株にはそれほど効果がなかった。実際のところ、2022年の終わりには、モノクローナル抗体は流行していたどの変異株にも効かなくなっていた。

一方の回復期血漿には新型コロナウイルスの4種類すべてのタンパク質の多数のエピトープを認識する抗体が含まれる。回復期血漿はモノクローナル生成物ではなく、(多数のB細胞クローンにより生成されている) ポリクローナル生成物なのだ。しかし残念ながら、回復期血漿は新型コロナウイルスに感染して回復した患者の善意による献血でしか手に入らない。しかも、点滴で投与される回復期血漿は、ウイルスにしっかり対抗できる質の高い抗体を大量に作れる患者から採取したものでなければ効果がない。言い換えれば、どの患者の献血でも使えるわけではないのだ。だが、回復期血漿には優れた点が一つある。モノクローナル抗体や今後効かなくなる可能性もある抗ウイルス薬とは違って、新型コロナウイルスに対する効果がなくなる心配がないことだ。

バイデン大統領は新型コロナの第一段階で診断されたが、（原因となったウイルスを中和できる）モノクローナル抗体も（同じ株に感染した患者の血液から作られる）回復期血漿も投与されることはなかった。バイデン大統領の治療に使われたのは、ウイルスの増殖を大幅に抑える経口抗ウイルス薬のパキロビッドだった。パキロビッドの利点は、およそ5日間飲み続けるだけで済むことだ。バイデン大統領がパキロビッドを処方されたのは、年齢が理由だった。第一段階で抗ウイルス薬を投与される対象は、高齢者以外にも免疫不全患者や重症化のリスクが高い基礎疾患のある人などとされている。

抗ウイルス薬が使用され始めた時点では、パキロビッドは口から飲むだけで手軽に使えるのに対して、レムデシビルは点滴や注射で投与する必要があった。２０２２年12月に予備的研究によって、レムデシビルを経口製剤にした場合の新型コロナの予防効果はワクチンを接種した高リスク群の被験者でパキロビッドと同程度であることがわかった。いずれはレムデシビルの経口薬も登場する可能性が高い。パキロビッドは他の薬と併用できなかったり、肝機能障害を起こしたりする恐れがあるが、レムデシビルならそのような心配はない。また、抗ウイルス薬には他にもモルヌピラビルという薬があるが、２０２２年末に発表された英国の高リスク患者を対象にした研究では、モルヌピラビルは入院や死亡を予防する効果が他の抗ウイルス薬よりも低く、抗ウイルス薬の中でも最低であることが示された。

しかし、新型コロナウイルスに感染したら必ず抗ウイルス薬による治療が必要になるわけではない。

ワクチンを接種し、若くて健康であれば、感染初期にモノクローナル抗体や抗ウイルス薬を投与する必要はないのだ。ワクチンを接種している健康な若い人が新型コロナウイルスに感染した場合には、重症化と肺炎への進行を食い止められる程度の量の抗体がすぐに体内で作られる。

第二(免疫)段階

皮肉なことに、私たちを守ってくれるはずの免疫系が害になることもある。

新型コロナウイルスが体内に侵入し、増殖を始めて数百万個の新たなウイルス粒子が作られると、免疫系がウイルスの増殖と拡散を抑えにかかる。若くて健康な人の免疫系は、体内の新型コロナウイルスを除去することができる。新型コロナウイルスが初めて米国に入ってきたときに、子供の死亡率は0・003パーセントだった。つまり、感染した子供が10万人いれば、そのうちの3人が死亡したことになる。一方、75歳以上の高齢者の死亡率はおよそ3パーセントだった。これは、新型コロナウイルスに感染した高齢者100人のうち3人前後が死亡したことになる。その差は1000倍だ。

重要なのは、新型コロナウイルスに感染した患者が死亡する原因は、ウイルスに対抗しようとした免疫系が体も巻き添えにしてダメージを与えることにあるという点だ。例えば、肺に大量の免疫細胞が集まりすぎて、呼吸が困難になり、人工呼吸器が必要になる場合もある。なぜこのようなことが起こるのだろうか? 私たちを守るはずの免疫系がなぜ私たちに死をもたらすのだろう?

一つには、免疫系はある段階まではウイルスを排除するために手を尽くすが、ウイルスを除去する見込みがなくなると、この恐ろしいウイルスを他の人に感染させることがないように私たち自身を淘汰しようとしている可能性が考えられる。このような段階では、免疫系の働きを抑える治療が生存の可能性を最も高める。だから、免疫系のせいで肺炎を起こしていたトランプ大統領には免疫系を抑制するステロイド系抗炎症薬のデキサメタゾンが投与された。ただし、免疫系がウイルスと戦い始めたばかりの第一段階で免疫系の働きを抑える薬を投与するとまったくの逆効果になる場合もある。

（カクテル治療薬のリジェネロンのような）モノクローナル抗体も（レムデシビルのような）抗ウイルス薬も第二段階では効果がないのなら、なぜウォルターリード国立軍事医療センターの医師団はトランプ元大統領にこれらの薬を投与したのだろうか？　FDAはトランプの発症から3週間後にレムデシビルを新型コロナの治療薬として承認し、およそ1カ月後にリジェネロンも承認した。つまり、トランプにこれらの薬が投与された時点で、これらの薬を実際に使った経験のある医師はほとんどいなかった。そして、病気がある程度進行してからではこれらどちらの薬も効果がないことが研究で示されるまでには時間がかかったのである。

この話を聞いて、こんな感想を口にする人々もいる。「ほら見ろ。だから医者や科学者は信用できないんだ。連中は言うことがころころ変わる」

だが、医学の知識は常に進化している。幸いなことに、新しい情報を積極的に受け入れる研究者たちはこの知識をすでにものにしている。2022年にトランプが治療を受けていたとしたら、モノクローナル抗体も抗ウイルス薬も使われなかったはずだ。科学と医学の慎重さも変わりやすさも嫌がる人たちがいるのは確かだが、それこそが科学のプロセスを信頼すべき理由でもある。医者や科学者は新しく出てきた証拠を無視するほど頭が固くはない。

新型コロナで避けるべき治療はあるのか？

新型コロナの治療で使われることが多いが、実は避けるべき治療薬は4つある。

ステロイド薬

デキサメタゾンのようなステロイド薬（訳注　ステロイド系抗炎症薬）は、免疫系の働きを抑える。従って、感染後に病気が進行して免疫系の働きが有益というより有害になってしまった状態では、ステロイド薬の投与が救命につながる可能性がある。しかし、免疫系がウイルスの増殖を抑えるために働く発症後まもない時期には、ステロイド薬はむしろ大きな害を及ぼす。実際に、米国立衛生研究所は2020年10月にステロイド薬の使用を重度の肺炎を起こして酸素投与が必要な患者に限定するガイドラインを公開した。

2022年に、FDA、退役軍人省、ハーバード大学医学部の研究チームが、ステロイド薬が適切に使用されているかどうかを調べるために二つの大規模医療データベースを調査した。その結果、ステロイド薬の使用に関するガイドラインがはっきりと定められてから1年近くが経過して十分に周知されていたはずの2021年8月の時点で、新型コロナで外来を受診したメディケア（訳注　高齢者や障がい者を対象とする米国の公的医療保険）加入者のおよそ20パーセントに初期段階でステロイド薬が投与されていたことがわかった。新型コロナを治そうとしている患者に発症からまもない段階で免疫系を抑制する薬を投与することは、病気の治療にあたる医師の行為としては最も危険な部類に入る。ステロイド薬に関しては、投与のタイミングがすべてだ。

ヒドロキシクロロキン

まだワクチンも、モノクローナル抗体も、抗ウイルス薬も使えなかった2020年には、薬局の棚に並ぶ薬のどれかが新型コロナにも効果があるのではないかと期待されていた。これは「既存薬再開発（ドラッグリパーパシング）」と呼ばれる。ヒドロキシクロロキンとイベルメクチンがその例だ。

ヒドロキシクロロキンはマラリアの治療薬として使われてきた。第3章で、ヒドロキシクロロキンは新型コロナウイルス感染症を治したり、予防したりする効果がないばかりか、副作用として命に関わるような不整脈を起こす可能性が三つの大規模研究で示されたことを紹介した。このような研究結果が出ているにもかかわらず、なぜヒドロキシクロロキンを求める患者や、それを処方する医師が絶えないのだろうか？　ヒドロキシクロロキンのような簡単に手に入る薬があるのならワクチンを打つ必要はないと頑なに主張し続ける反ワクチン活動家たちがせっせとこの薬を宣伝してきたことも、その理由の一つに挙げられるだろう。

イベルメクチン

1975年に発見されたイベルメクチンは、獣医師によってフィラリア（糸状虫）や回虫などの寄生虫に感染した馬の治療に用いられてきた。コロナ禍の前から、イベルメクチンは様々なウイルスに効くのではないかと考えられて研究が進められてきたが、効果は認められなかった。

2022年3月に、新型コロナ患者490人を無作為に二つのグループに分けて、241人にイベルメクチンを投与し、249人にはプラセボの錠剤を投与する研究が行われた。その結果、プラセボ薬を投与されたグループで重症化した患者の割合は17パーセントだったのに対して、イベルメクチンを投与された患者は22パーセントが重症化した。集中治療や人工呼吸器が必要になるかどうかは、どちらのグループでも差はなく、死亡率も同程度だった。唯一の違いは、イベルメクチンを投与された患者は下痢、頭痛、筋肉痛、めまい、吐き気、皮膚の発疹（ほっしん）などの症状が出る割合が高かったことだ。

反ワクチン活動家たちはこの研究結果を信じようとせず、研究で使用するイベルメクチンの用量をもっと増やす必要があると主張した。そこで、1年後の2023年3月に1200人の新型コロナ患者を二つのグループに分けて再び研究が行われた。一方のグループには高用量のイベルメクチンが投与され、もう一方にはイベルメクチンは投与されなかった。結果は前回と同じだった。イベルメクチンを投与しても、新型コロナから回復するまでの時間は変わらなかった。

イベルメクチンに新型コロナの治療効果はなかったこと、ジョー・ローガンのポッドキャストでロバート・マローンがイベルメクチンを宣伝していたこと、多数の人々がワクチン接種を拒否する一方でイベルメクチンを服用していたこと、イベルメクチンが元々は馬の治療に使われていたことなど、イベルメクチンにまつわる様々な事実をネタにしたおもしろ画像や動画（「イベルメクチンはウマく効かない」「イベルメクチンを使いたければ大型動物専門の獣医に相談しよう」）がいくつも出回った。

ヒドロキシクロロキンにもイベルメクチンにも効果がないことがわかってからかなりの時間が経った2022年5月、ニューハンプシャー州、テネシー州、オハイオ州、カンザス州などいくつかの州の共和党議員が、役に立たないばかりでなく危険性も疑われるFDA未承認のこれらの薬を医師がもっと自由に処方できるようにするための法案を提出した。さらにこの法案には、これらの薬を処方した医師が行政処分や民事訴訟の対象にならないように保護する内容も盛り込まれていた。

抗生物質

抗生物質は細菌感染症の治療に使われるが、ウイルス感染症には効果がない。それにもかかわらず、2022年5月にCDCの研究によって新型コロナウイルスに感染した患者の30パーセントに抗生物質が処方されていることが明らかになった。他の薬と同様に、抗生物質でもアレルギー反応などの重大な副作用が生じる恐れがある。

今後、どのような治療が登場するのだろうか？

2020年1月に新型コロナウイルスが米国に入ってきたときに、この病気の治療や予防の手段はごく限られていた。マスクの着用、ソーシャルディスタンスの確保、検査の実施、感染者や接触者の隔離以外に新型コロナウイルスに対抗できる手段と言えば、回復期血漿くらいだった。

だが、2年も経たないうちに状況は大きく変わった。まず、手軽に服用できて、重症化リスクの高い人たちに優れた効果を発揮する経口抗ウイルス薬が登場した。数カ月間にわたって高リスク患者の重症化を予防する効果が持続する長期作用型モノクローナル抗体も開発された。さらに、無料でどこでも受けられて、効果の高いワクチンもできた。

新型コロナウイルスが登場してから最初の3年間の技術革新のペースを見ていると、治療法はこれからも進化し続けると考えられる。では、新型コロナの治療にはどのような未来が待っているのだろうか。

抗ウイルス薬

2022年の終わりの時点で、免疫不全患者、高齢者、肥満、心臓や肺、腎臓の慢性疾患などの高リスクの基礎疾患を持つ患者の初期の治療に使える抗ウイルス薬と言えば、重症化を90パーセント抑えるパキロビッドだった。パキロビッドはもう一つの経口抗ウイルス薬であるモルヌピラビルよりもずっと効果が優れていて、注射や点滴で投与しなければならないレムデシビルよりもずっと手軽に使うことができた。

しかし2022年後半に、まだ実験的な段階ではあったものの、予備研究でレムデシビルの経口薬にパキロビッドと同程度の効果があることが示された。しかも、パキロビッドとは違って、レムデシビルは他の薬の作用に影響を及ぼす心配がなかった。今後10年の間に、さらに新たな抗ウイルス薬が開発される可能性は高い。また、エイズやC型肝炎の治療に使用される抗ウイルス薬のように、単独で使用するよりも他の薬と併用することでより効果が高まる薬が見つかるかもしれない。

パキロビッドは高リスク群の新型コロナの治療に非常に優れた効果を発揮するが、服用した患者の3～5パーセントで報告されている「パキロビッド・リバウンド」の原因になるという誤解に苦しんできた。パキロビッド・リバウンドとは、薬の服用をやめるとすぐに症状がぶり返したり、検査で再陽性になったりすることを指す。つまり、抗ウイルス薬をやめると、ウイルスが再び増えて症状が出るのではないかというわけだ。しかし、実際にはそのようなことは起こっていない。

ここでもまた、新型コロナウイルス感染症を二つの段階、つまりひたすらウイルスが増殖する第一段階と、免疫系が反応して症状が出始める第二段階に分けて考える必要がある。第一段階が終わる頃にパキロビッドによる治療を終了すると、ちょうどそのタイミングでウイルス感染に対する免疫系の反応が盛んになり、症状が悪化したように見える。「リバウンド」は薬をやめたためにウイルスの活動が活発になったわけではなく、免疫系が働き始めた証拠だ。

実際に、新型コロナ患者の「リバウンド」の発生率は、パキロビッドを服用した患者でも服用していない患者でも違いはない。正確には、「パキロビッド・リバウンド」ではなく「新型コロナウイルス・リバウンド」と呼ぶべきだろう。だから、そこから改めて薬を飲み直す必要はない。リバウンドが起きてからパキロビッドを飲んでも、ウイルスの増殖段階を過ぎて免疫系が活動しているこのタイミングでの効果はほとんど期待できない。

モノクローナル抗体

2020年11月、FDAは新型コロナウイルス感染症の治療薬としてリジェネロンを承認した。このモノクローナル抗体製剤は、一般名がカシリビマブとイムデビマブという2種類のモノクローナル抗体を組み合わせて作られた。（モノクローナル抗体の一般名は、どれも舌をかみそうな名前がつけられている。）

リジェネロンは2021年に米国で流行したアルファ株やデルタ株などの変異株に対して優れた効果を発揮した。しかし、2022年の初めに登場したオミクロン株（BA.1）とその亜系統（BA.2、BA.3、BA.4、BA.5）は大きく変異していたため、リジェネロンはウイルスを認識できず、十分な効果が得られなかった。これは、やはり難解な一般名がつけられた多くの他のモノクローナル抗体製剤（ベブテロビマブ、バムラニビマブ、エテセビマブ、カシリビマブ、イムデビマブ、ソトロビマブ、エバシェルという併用療法剤のチキゲビマブとシルガビマブなど）でも同じだった。（モノクローナル抗体の名前はすべて「～マブ」で終わる。）２０２２年の終わりには、すでに発売されていたモノクローナル抗体製剤はどれも効かなくなっていた。

新型コロナウイルス感染症の第一段階で使用する治療薬としてのモノクローナル抗体の未来は、まだはっきりとは見えてこない。２０２３年3月に初めて報告された、ウイルスに広く反応する新しいモノクローナル抗体のアジントレビマブは期待が持てそうだが、その効果は時が経てば明らかになるだろう。しかし、変異株がどんどん進化している現状を考えれば、短期間で使えなくなる恐れのある製品に製薬会社が投資をためらう事情もわからなくはない。

回復期血漿

私たちと新型コロナウイルスの戦いで再び重要な役割を果たすようになったのが、回復期血漿だ。２０２２年に発表された研究では、新型コロナから回復した患者から採取した回復期血漿を発症から8日以内に投与すると入院リスクが54パーセント低下することが示された。この研究の被験者は全員がワクチン未接種だった。

２０２３年初めの時点で回復期血漿の恩恵を最も受けていたのは、ワクチンを打っても十分な効果が得られない免疫不全患者だったのではないだろうか。彼らにとって新型コロナを予防する唯一の方法は、モノクローナル抗体だった。しかし、２０２２年の終わり頃にモノクローナル抗体がどれも効かなくなると、彼らは予防の手段として回復期血漿に頼るしかなくなったが、これは簡単には手に入らない代物だった。

最悪のシナリオとして、ワクチンにも抗ウイルス薬にも完全な耐性を持つ新型コロナウイルスの変異株が登場した場合には、回復期血漿があらゆる高リスク集団にとって重要な武器となる可能性がある。さらに、新たな変異株を予防する新しいワクチンが開発されるまでの間にも回復期血漿が活躍するかもしれない。

免疫抑制剤

デキサメタゾンなどのステロイド薬には、強力な免疫抑制作用がある。しかし、これは免疫系の働きの一部を特異的に抑えることはできず、ほぼ全面的に抑えることになる。B細胞が抗体を作ったり、T細胞が抗体を作るB細胞を助けたり、細胞傷害性T細胞がウイルスに感染した細胞を殺したりする働きをステロイドは抑制する。さらに、好中球という白血球の一種が細菌を殺す働きも抑える。このような理由から、ステロイド薬を投与されている間は様々な別の感染症にかかるリスクが高くなる。

今後数年以内に、もっと特定の免疫系を狙ってその働きを抑制できるようになるステロイド薬が開発される可能性は高い。実際にすでに実用化されているものもある。例えば、新型コロナウイルスに感染すると「サイトカインストーム（訳注　血中サイトカインが過剰に生成される状態で、多様な病態を生じる）」と呼ばれる命に関わるような重度の炎症が肺で起こることがある。（サイトカインは免疫系によって作り出され、様々なインターロイキンやインターフェロンを含む。）一般的に、サイトカインストームはインターロイキン－6（IL－6）と呼ばれる1種類の免疫タンパク質が過剰に作られることによって起こる。そして現在、IL－6の作用を中和するモノクローナル抗体製剤（トシリズマブ）が販売され、新型コロナウイルスに感染してサイトカインストームを起こした患者の治療を支えている。

新型コロナウイルス感染症の重症化を引き起こす免疫関連タンパク質についてもっと多くのことがわ

かってくれば、体に害を及ぼす免疫反応を特定して、そこにターゲットを絞った治療が実現するかもしれない。

第10章　新型コロナ後遺症とは何か

- 新型コロナ後遺症とは何か？
- 新型コロナ後遺症の原因は？
- 新型コロナ後遺症は治療で治るのか？
- 新型コロナ後遺症についての意見が分かれるのはなぜか？
- 新型コロナ後遺症にならないためにはどうすればいいか？

私の勤務先であるフィラデルフィア小児病院が新型コロナ患者であふれていた２０２０年、私はそれまでに見たこともないような症状に苦しむ子供たちを診察した。彼らの経過は、気味が悪いほどよく似ていた。患者は５歳から13歳の間で、全員が新型コロナウイルスに感染し、軽い鼻づまりや咳、鼻水などの症状があったが、短期間で回復していた。病気が治ってすっかり元気になった子供たちは、以前と同じように走り回り、遊び、普通に食事をして、学校に通った。

しかし普通の生活に戻ってから1カ月後、彼らは熱を出し、激しい悪寒や発疹、腹痛、嘔吐、呼吸困難、神経機能障害、さらには心臓、肝臓、腎臓の機能異常などの症状が現れた。何人かの子供たちは集中治療室に運ばれ、完全に回復するまでには数週間から数カ月を要した。この病気は小児多系統炎症性症候群（ＭＩＳ－Ｃ）と名づけられた。２０２２年12月までに米国でＭＩＳ－Ｃを発症した子供の数は９０００人にのぼり、そのうち76人が死亡した。さらに悪いことに、ＭＩＳ－Ｃを発症するのは子供ばかりではなかった。大人にも同様の症状が見られ、成人多系統炎症性症候群（ＭＩＳ－Ａ）と呼ばれるようになった。

ウイルスの感染後に長期間にわたって症状が続く現象は、新型コロナウイルスに限ったことではない。インフルエンザウイルス、エボラウイルス、ＨＩＶウイルス、Ｂ型肝炎ウイルス、Ｃ型肝炎ウイルス、（伝染性単核球症を引き起こす）エプスタイン・バールウイルスなどに感染した場合にも、症状が長期に及ぶ場合がある。ＭＩＳ－Ｃの特徴的な点は、これらの長期的な症状が現れるのが、いったん病気が完全に治ったように思われた後であることだ。

新型コロナ後遺症とは何か？

「新型コロナ後遺症（Ｌｏｎｇ Ｃｏｖｉｄ）」という言葉は、ツイッターで#ＬｏｎｇＣｏｖｉｄというハッシュタグがあちこちで使われているうちに広まった。新型コロナ後遺症の症状は、医学の教科書の索引に載っているような主要な臓器にもれなく現れる。

新型コロナ後遺症では肺に影響が出て、息切れ、長引く咳、喘息の悪化、胸痛、運動能力の低下などの症状が出る。さらに、胸部Ｘ線を撮影すると半数以上の新型コロナ後遺症患者に異常が見られる。

新型コロナ後遺症は心臓にも影響し、動悸、徐脈や頻脈、胸痛、胸苦しさ、不整脈、低血圧、意識消失、心臓肥大などを引き起こす。こうした患者は、心臓のＣＴ検査や心電図で異常を確認できる。心筋細胞からトロポニンと呼ばれる筋繊維成分のタンパク質が血流中に漏れ出すのも、心臓がダメージを受けている証拠だ。

さらに、腸管や肝臓、膵臓に異常が出て、食欲減退や腹痛、吐き気、嘔吐、体重減少、過敏性腸症候群、嚥下困難などの症状が現れることもある。心臓の場合と同じように、肝臓や膵臓ではこれらの臓器特有の酵素が血流中に漏れ出すため、問題が起こっていることがわかる。

新型コロナ後遺症は筋肉や骨、関節にも影響して、筋力低下や関節痛、関節炎などを招くこともある。

新型コロナ後遺症で最もよく見られる症状は倦怠感、集中力の低下、日常活動の困難さ、だるさ、体力の低下などで、ちょっと体を動かしたり、頭を使ったりするだけでも症状が悪化する。以前は健康に問題がなく、よく山に登ったり、マラソンを走ったりしていたような活動的な人でも、シャワーを浴びたり、歯磨きをするだけでぐったりと疲れて寝込んでしまうようなこともある。

しかも検査をすれば、白血球の増加、貧血、脂質異常、ヘモグロビンＡ1c（糖尿病を疑うマーカー）の上昇、血清アルブミン（肝臓で作られるタンパク質）値の低下、血小板（血液中に含まれ、血液を凝固させる細胞）の減少、その他にも何らかの凝固異常、ナトリウムやカリウムなどの電解質の異常など、山のように異常な数値が出る。

だが、新型コロナ後遺症の患者を最も苦しめるのは、皮肉にも一番意見が分かれている脳に関わる症状だ。症状には睡眠障害、２カ月以上続く味覚・嗅覚障害、情緒不安定、気分の落ち込み、ストレス、不安感、指のしびれや痛み、耳鳴り、寒さと暑さを交互に感じること、けいれん、頭痛、めまい、目のかすみ、記憶力や集中力の低下、幻覚、精神障害、体の震えなどがあるが、それに加えて、頭の中にもやがかかったように頭がぼんやりして、何事にも集中できず、記憶をうまく引っ張り出せなくなるブレインフォグと呼ばれる症状が出ることもある。脳が関わっていることを示す客観的な証拠は、脳の画像検査で見つかっている。患者の脳では、嗅球と呼ばれる嗅覚をつかさどる部分が破壊されていることがあるのだ。また、解剖でも脳から新型コロナウイルスが検出されている。脳に酸素を供給する血管が破壊されていることを検出したり、脳に炎症が起きている証拠を見つけたりした研究者もいる。

新型コロナ後遺症は症状が4週間以上にわたって続くと定義されるが、もっと長く症状に悩まされることもある。新型コロナ後遺症患者のうち、12週間症状が続いたのはおよそ70パーセント、1年以上続いたのは40パーセント、2年以上にわたって症状に悩まされ続けた患者の割合は20パーセントだった。特に多い症状は、疲労感（87パーセント）、倦怠感（83パーセント）、ブレインフォグ（81パーセント）、睡眠障害（77パーセント）、無気力（75パーセント）だ。

新型コロナ後遺症の原因は？

新型コロナ後遺症の原因を探る手がかりは、肺、心臓、腎臓、肝臓、皮膚、腸、筋肉、骨、脾臓、脳に症状が出るという事実にある。これらのすべての臓器の共通点は何か？　血液が流れていることだ。新型コロナウイルスは、これらの臓器に酸素を供給する血管の細胞に影響する。酸素が足りなくなれば、これらの臓器は機能しなくなる。

新型コロナ後遺症の原因としては、三つの説が挙げられている。そして、これらの三つの説はどれも互いに重なり合い、関連している。

第一の説は、新型コロナウイルスが一般的な呼吸器系ウイルスよりもはるかに長い、数週間から数カ月間という長期間にわたって増殖を続けているのではないかというものだ。この説を裏づけるため、米国立衛生研究所は新型コロナで死亡した44人の患者の解剖を行った。その結果、新型コロナウイルスは脳、筋肉、腸、肺などを含めたあちこちの臓器で増殖していることが明らかになった。解剖されたほとんどの患者の死因は新型コロナウイルス感染症だったが、5人は新型コロナウイルスに感染して軽症または無症状だったものの、他の理由で死亡していた。この説で新型コロナ後遺症の機序を説明できれば抗ウイルス薬が使えるかもしれないが、時間を経て、さらに研究が重ねられていけば答えが出るだろう。

第二の説は、新型コロナウイルスが免疫系を活性化させ、ウイルスが体内から完全にいなくなった後も免疫系の活動がずっと続いている可能性だ。この説を裏づける証拠もある。ニューヨークのマウントサイナイ医科大学の研究チームは、新型コロナ後遺症患者の免疫細胞が感染から8カ月が経過した後でも活動を続けていることを発見した。さらに同じチームの研究で、免疫系が作り出す特定のタンパク質（インターフェロン）から80パーセントの確度で新型コロナ後遺症を予測できることもわかった。この事実は、新型コロナ後遺症患者では免疫反応が消失するまでに時間がかかっていたり、正常に消失していなかったりする可能性を示唆している。もし免疫系が長期間にわたって活動していることが新型コロナ後遺症の原因なら、ステロイド薬のような免疫系の働きを全体的に抑える薬や、免疫関連タンパク質を標的とするモノクローナル抗体が使えるかもしれない。ただし、免疫抑制剤は危険な副作用が出る可能性もあるため、推奨する前に効果を証明することが重要になる。ここでもやはり、時が経てば真実が明らかになるはずだ。

第3の説は、新型コロナウイルスが血管を詰まらせる恐れがある小さな血栓（けっせん）を作っているというものだ。急性感染症にかかると、小さな血栓が肺をはじめとするあちこちの臓器で作られることがある。このような血栓は数カ月から、長いときには数年にわたって体内にとどまることもある。もし血栓が新型コロナ後遺症の原因なら、血栓を溶かす薬に効果が期待できるかもしれない。ただし、そのような薬にも大きなリスクが伴う。

ローマのある14歳の少女の話は、このような新型コロナ後遺症の原因に関する様々な説がどのように重なり合っているかを示している。少女に微熱と鼻水と味覚・嗅覚障害の症状が現れたのは2020年10月のことだった。新型コロナウイルスに感染する前の彼女は、馬に乗ったり、音楽を演奏したりすることが好きな活発な少女だった。健康にも問題はなかった。しかし、発症から30日が経ち、症状が完全に消えて病気がすっかり治ったと思われた頃に、彼女は頭痛や胸の痛み、だるさ、頻脈に悩まされるようになった。新型コロナ後遺症の症状が出始めてから7カ月が過ぎた2021年5月に、彼女は入院した。少女を診察した医師たちは、マウントサイナイ医科大学の研究チームによる説明とまったく同じ免疫異常がみられ、肺全体にいくつもの小さな血栓ができていることに気がついた。そこで、彼女には免疫系の働きを抑えるためのステロイド薬と、血栓を溶かすためのヘパリンが投与された。予定された治療期間は6カ月から9カ月だった。「(新型コロナ後遺症に関して)私たちが直面した最大の問題は、『新型コロナ後遺症』という一つの名前でまとめて呼ばれることだ。そう呼んでしまうと、まるで一つの病気のように聞こえてしまう」と話すのは、オランダのマーストリヒト大学の医師で心臓病の研究もしているチャヒンダ・ゴサインは言う。「しかし、あらゆる研究はそうではないことを示している」。現在、世界各地で新型コロナ後遺症の治療に抗ウイルス薬、免疫抑制剤、血栓溶解薬を単独使用または併用して効果が得られるかどうかを調べる研究がいくつも進められている。

新型コロナ後遺症は治療で治るのか？

もっと単純な治療でも効果があることがすでに示されている。中国の研究チームは、新型コロナウイルス感染症のために入院し、退院した直後の患者を対象とした研究で、1日2回、30分以上の有酸素運動（エアロビクス）、バランスや呼吸のトレーニング、筋力トレーニングをすることで、疲労感、頭痛、不安感、肺の機能低下、だるさ、無気力をはじめとする長期的な症状の発生率が大幅に低下することを発見した。

残念なことに、新型コロナ後遺症のように診断を下すための検査も、治療法もはっきりしない病気は、インターネットで流れる様々な情報に患者が振り回されることも多い。抗生物質やビタミンC、ヒドロキシクロロキン、健康食品やサプリメント、（エイズの治療に使われる）抗レトロウイルス薬などについて、あれがいい、これが効くといった情報がインターネットのあちこちで飛び交っている。新型コロナ後遺症に苦しんでいる人は、このようないい加減な情報に注意してほしい。効果があるとうたわれているサプリメントもたくさん出回っているが、ある程度疑ってかかった方がいいだろう。やたらと高いものが多いばかりでなく、健康に害を及ぼすものもあるからだ。

新型コロナ後遺症についての意見が分かれるのはなぜか？

新型コロナ後遺症は、検査であちこちの臓器がダメージを受けていることを客観的に確認できる場合が多い。２０２３年４月の時点で、ＣＤＣは米国で新型コロナ後遺症に苦しむ患者の数が２６００万人にのぼり、米国の労働人口のおよそ２・４パーセントに当たる４００万人が新型コロナ後遺症のためにフルタイムの仕事を辞めざるを得なかったと推定した。

新型コロナ後遺症は米国に限った現象ではなく、全世界で数億人がその影響を受けている。さらなる研究、治療法の改善、傷病手当の拡充を求めて、34カ国で90以上の支援団体が設立された。実は、新型コロナ後遺症は新型コロナウイルス以外のコロナウイルス、例えばＳＡＲＳやＭＥＲＳに感染したときにも発症することがある。中には15年以上にわたって症状が続いた例もある。

新型コロナ後遺症の患者は周囲からまともに相手にされていないと感じている。ひどいときには仮病を使っていると思われたり、変人扱いされたりすることもある。なぜそんなことになるのだろうか？

一つの可能性として考えられる理由は、新型コロナ後遺症の一般的な症状が疲労感、ブレインフォグ、睡眠障害、無気力、筋肉痛、だるさなどであることだ。肺が損傷を受けているかどうかは胸部をＸ線撮影すればわかるし、心臓の具合は心電図で簡単に確認できるが、疲労感や筋肉痛、だるさ、ブレインフォグのような症状は客観的に調べることが難しく、本人の言葉を信じるしかない。

もう一つの問題は、新型コロナ後遺症の定義にある。研究では、新型コロナ後遺症の条件を症状が出始めてから4週間、8週間、または12週間にわたって症状が持続することと定めている。ここで重要なのは、あちこちの臓器が最初に受けたダメージから回復するのに時間がかかっているだけなのか、免疫系が過剰に活動しているせいなのか、まだウイルスの増殖が続いているのか、急性感染症に伴って発生した血栓がコントロールできなくなっているせいなのかを見極めることだ。

新型コロナ後遺症は一般に広く知られているが、新型コロナ後遺症に苦しむ患者の多くは自分たちが見捨てられているように感じている。「私たちは悲惨な状況のまま放っておかれている」と話すのは、スイスで新型コロナ後遺症患者のために活動する団体、ロング・コービッド・スイッツランドの創設者にして代表のシャンタル・ブリットだ。「だから、こういった団体が次々に誕生している」とイギリスで新型コロナ後遺症の支援に取り組むジョー・ハウスは言う。「公的な支援は一切ない。政府は前に進むことだけを考えている。そして『我々は新型コロナウイルスと共存していくしかない』と繰り返すばかりだ。政府は新型コロナ後遺症患者が抱える切実さを理解していない。新型コロナ後遺症で苦しむ人が大勢いる現状では、悲劇と言うしかない」

困っているのは医師も同じだ。「知らなければならないことはたくさんあるのに、誰も助けてくれない」と話すのは、ギリシャの新型コロナ後遺症支援団体のロング・コービッド・グリースで責任者を務める小児科医のエレーニ・イアソニドウだ。「10年後にはいろんなことがわかって、新型コロナ後遺症も立派な病気として位置づけられるだろう。しかし、今のところは現状を受け入れて何とかやっていくしかない」

新型コロナ後遺症に向けられる世間の目は、最初に注目を集めるようになった経緯からも影響を受けている。新型コロナウイルスに感染した後に長期間にわたって症状が続く現象は、患者がツイッターで発信したことから知られるようになった。さらに2018年に設立され、「個人の健康と健全な政治を融合させるための共同体」を標榜する患者支援団体、ボディ・ポリティックなども動き出した。設立から2年後の2020年3月、ボディ・ポリティックは「患者主導の研究」という理念を実現するために新たな支援団体、ボディ・ポリティック・コービッド19を設立した。科学者も医師もこの病気について調べる気がないのなら、患者が自分たちで調べるまでだ。

残念なことに、ボディ・ポリティックが最初に実施したアンケート調査の回答者は新型コロナウイルスに感染した経験がない人が多かったようだ。新型コロナ後遺症にかかっていると自己申告した人々のうち、検査で陽性と判定された割合は25パーセントに満たず、およそ半数は検査を一度も受けたことがなく、25パーセントは検査で陰性の結果が出ていた。ボディ・ポリティックはパンデミックが始まってから1年近くが過ぎた2020年12月に追跡調査を実施したが、3800人の回答者のうち検査でウイルス陽性と判定された人は600人（約16パーセント）しかいなかった。

新型コロナ後遺症を一つの病気として認めることが難しいもう一つの理由は、実は別の病気が隠れている場合もあるからだ。コロナ後遺症の代表的な症状は疲労感、不眠、だるさ、無気力、ブレインフォグなどであるため、症状が本当に新型コロナウイルスに感染したせいなのか、例えば感染拡大防止措置の影響によるうつ病のようなものなのかを見極めることが重要になる。いくつかの研究で、人との接触がない期間が長くなるほど、心の健康を害しやすくなることが示されている。実際に、2022年に十分な管理の下で実施された前向き多施設試験で、呼吸器疾患にかかってから3カ月後に体と心の健康状態や、社会的な関わりに関する満足度が低下していた被験者に対して、新型コロナウイルスに感染していたかどうかが調べられた。被験者のうち3分の2が新型コロナウイルスに感染していたが、残りの3分の1は新型コロナには感染していなかった。彼らはパンデミックの間に実施された隔離措置と厳しい制限のせいで体調を崩していた可能性がある。

さらに、新型コロナウイルスが原因であると考えられてきた病気の中には、ウイルスそのものではなく、医療システムの混乱から生じたものもあるようだ。例えば、5000人以上の十代までの子供たちを対象にしたドイツの研究で、1型糖尿病の発症率が劇的に上昇していることがわかった。また、

ＣＤＣの研究により、米国でもパンデミックの間に1型糖尿病が増えていることが確認された。これらの事実は、1型糖尿病が新型コロナの後遺症である可能性を示唆しているように思える。しかし、カナダのオンタリオ州で２００万人以上の子供たちの記録を調べた研究では、1型糖尿病の急激な増加は見られなかった。他のいくつかの研究で示された1型糖尿病の急激な増加は、隔離政策が緩和されてそれまで受診を控えていた患者が医療機関に集中した結果ではないかと研究チームは主張した。新型コロナウイルスが本当に1型糖尿病の原因になるのかどうかも、時が経てばはっきりするだろう。

新型コロナ後遺症が広く知られるようになりつつあった２０２２年に、ジョージア州の研究チームが患者が自分から申告する症状と客観的な診断の間に食い違いがあることに気がついた。新型コロナ後遺症を自覚し、味覚障害や嗅覚障害を訴える患者のおよそ50パーセントは、検査で味覚や嗅覚の低下が確認されなかった。同様に、ブレインフォグや頭がうまくはたらかないといった症状を訴える患者が認知機能検査を受けたときの数値は、そのような症状を一切訴えていない患者とそれほど変わらなかった。

しかし、はっきりしていることが一つある。新型コロナ後遺症は実際に大勢の人々を苦しめている。新型コロナ後遺症の予防法や治療法を見つけ出すことは、新型コロナによる入院を防ぐことと同じくらい重要だ。「新型コロナウイルス感染症と新型コロナ後遺症という二つの病気に、それほど大きな違いはない」とニューヨーク大学医学部の救急救命医、デイビッド・リーは言う。

新型コロナ後遺症にならないためにはどうすればいいか？

今回のパンデミックを経験した多くの人々にとって、新型コロナ後遺症はこの上ない脅威だ。新型コロナウイルスに1回感染しただけで、数週間、数ヵ月、場合によっては数年間も症状に苦しめられることになる。そんな不安を抱えた人々を待ち構える代替医療業界やいんちき医療を行う医者たちのところに駆け込んだ人は少なくなかった。ここで良いことを教えよう。新型コロナ後遺症になるリスクを下げるためにできることが三つある。

第一に、ワクチンを打つことだ。100万人以上の新型コロナ患者を対象にした英国の研究で、ワクチン接種を受けた場合に1カ月以上にわたって症状が続く割合が下がるかどうかが調べられた。その結果、ワクチンを2回以上接種していると新型コロナ後遺症の発症率が大幅に下がることがわかった。米国でもオミクロン株の流行中に同様の研究が行われ、やはりワクチン接種により新型コロナ後遺症の発症率がおよそ50パーセント低下したことが示されている。とどめに、イタリアの研究でも新型コロナ後遺症を発症した患者の42パーセントがワクチン未接種だったことが明らかになった。新型コロナ後遺症患者のうち、新型コロナウイルスに感染する前にワクチンを1回接種していた患者は30パーセント、2回接種していた患者は17パーセント、3回以上接種していた患者は16パーセントだった。おそらく、ワクチンを打っているとウイルス量がそれほど増えず、ワクチン未接種の人に比べて新型コロナ後遺症を発症しにくくなるのではないだろうか。しかし、少なくともこのイタリアの研究では、3回以上ワクチンを接種していても2回接種の場合と新型コロナ後遺症の発症率に差はなかった。

リスクを下げる第二の方法は、できるだけ新型コロナウイルスに感染しないように気をつけることだ。もちろん、感染を防ぐのは簡単ではない。それでも、自分でできる対策はいくつもある。新型コロナ後遺症が心配なら、屋内で人が多い場所に行くとき、特に寒い季節に人込みの中に出かけるときには、マスクを着けよう。高品質の（布製でない）マスク、特に自分の顔にしっかりフィットするN95マスクか、

KN95マスク（訳注　ウイルス粒子や飛沫核の吸入を防ぐ高性能マスク）を着ければ、ウイルスに接触するリスクを下げるのに非常に効果的だ。リスクをゼロにはできないが、確実に下げることができる。

屋外では新型コロナウイルスに感染する可能性が低くなるため、こまめな換気も感染リスクを下げる効果がある。窓や戸を開けたり、換気扇やエアコンの換気機能を使ったり、台所や浴室の換気扇を回したりすれば、室内の空気を入れ替えてウイルスの拡散を抑えられる。換気以外にも、空気清浄機で空気中を漂うウイルス粒子を直接除去してウイルスの拡散を防ぐこともできる。自宅でなら、0・3マイクロメートル程度の大きさの粒子を除去できる小型の空気清浄機があれば、部屋の空気に漂うウイルスを減らす効果が期待できる。自宅以外の場所、例えば学校やオフィス、会社などでも、暖房と換気ができる空調システム（HVACシステム）が設置されていれば、小さな粒子を捕捉するフィルターがほとんどのシステムに備えつけられている。HVACシステムがなく、換気も不十分で、なおかつ人の多い屋内は、避けた方がよい。

最後の対策は、もしあなたが高リスク群に該当するなら、新型コロナウイルスに感染して発症したらすぐに抗ウイルス薬を服用することだ。そうすれば、ワクチンと同じように、新型コロナ後遺症のリスクを下げることができる。

新型コロナウイルスが米国で広がり始めてからおよそ3年が経った2023年の初めには、新型コロナ後遺症にかかったことのある人の数は数百万人に達した。これからも数十年間は新型コロナウイルスが広がり続ける可能性が高いことを考えると、この数字は増える一方だろう。米国では毎年200万人ががんと診断され、150万人が糖尿病の診断を受けているが、新型コロナ後遺症の患者がこれから何年もの間、これらの数字を上回り続ける可能性は高い。

新型コロナ後遺症の治療は医療機関に任せられているが、診断基準の作成や効果的な治療法探しもこうした医療機関が担うことになる。このような治療の費用を誰が負担するのか？　所得の一部を保証する就業不能保険の申請が殺到すれば、官民を問わず雇用主に負担がかかる。民間医療保険会社は、コスト増を雇用主に転嫁し、公的健康保険制度では、州と国が医療費を負担することになる。自営業者や中小企業の従業員では、保険給付が受け取れないこともある。これは治療の格差につながる。医療制度の様々な部分に当てはまることだが、このような格差は貧富で治療に差がつく原因になる。

一方で、良いニュースもある。新型コロナ後遺症の発症率はウイルスの変異とともに下がりつつあるようだ。２０２３年３月に『ブリティッシュ・ジャーナル・オブ・ヘマトロジー』誌で発表された研究で、感染から３カ月後に新型コロナ後遺症の症状が残るリスクは武漢株の46パーセントからデルタ株では35パーセントに低下し、さらにオミクロン株では14パーセントまで低下したことが確かめられた。

新型コロナ後遺症の診断や治療の方法についてはまだわからないことも多い。そのため、いろいろなことがわかってくれば、この大変な問題の影響は小さくなっていくと思われる。

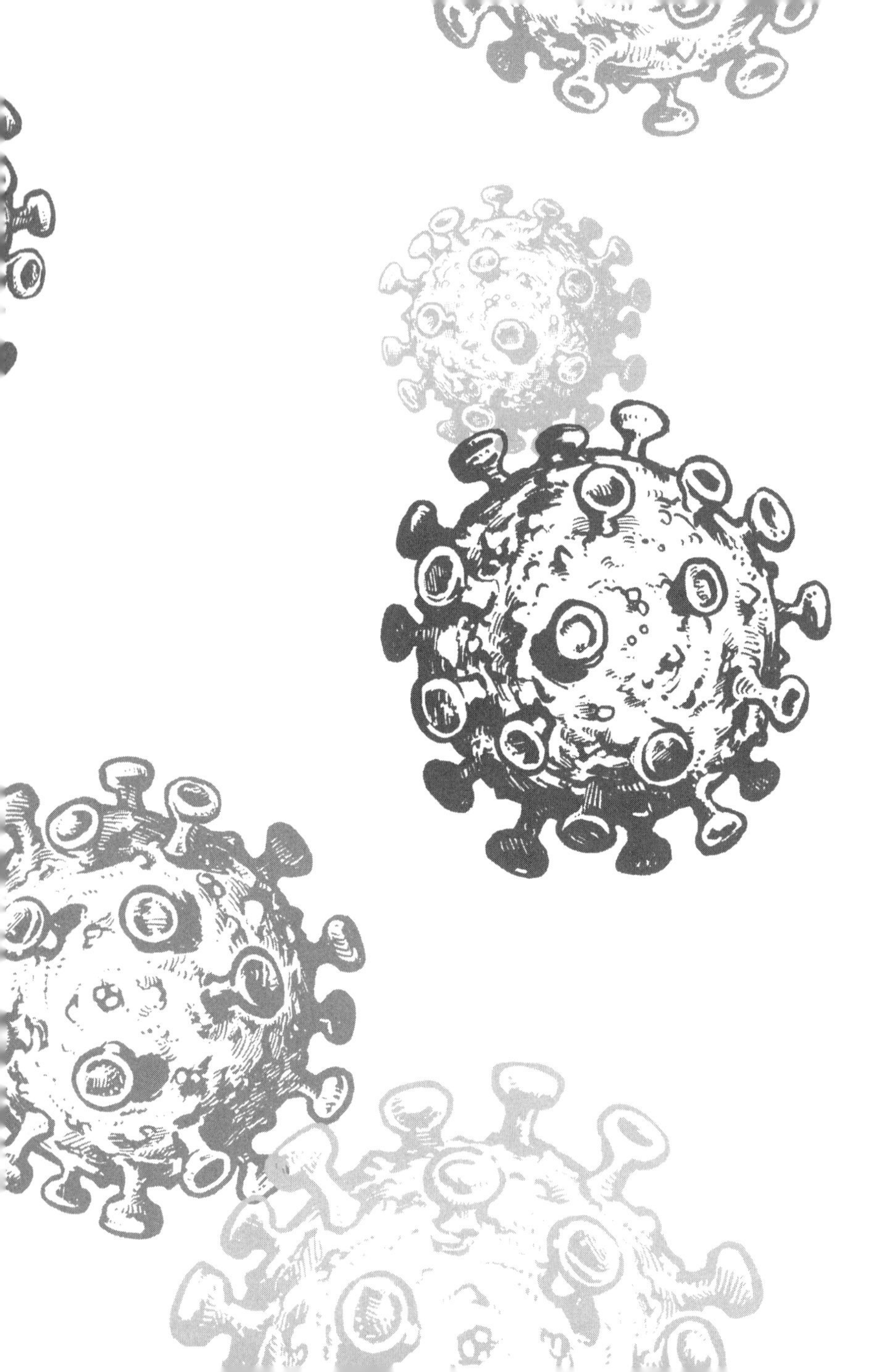

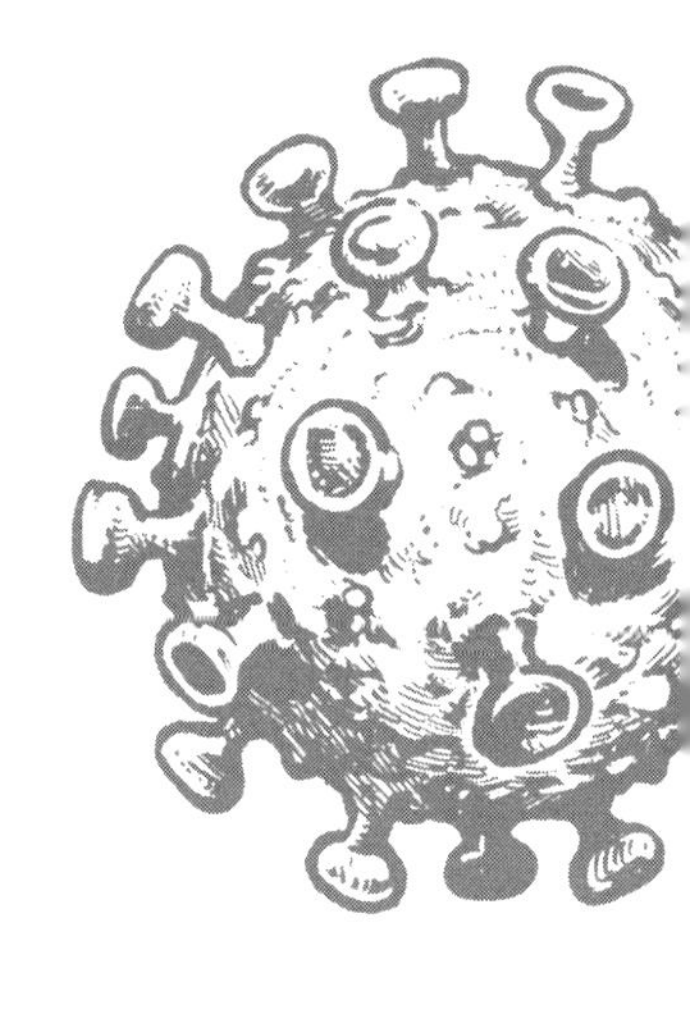

PART 3

未来

世界中の人たちがmRNAワクチンを接種し、
私たちは日常を取り戻した。命を守るために、これから先、
何を教訓とし、どのように行動すべきなのか。

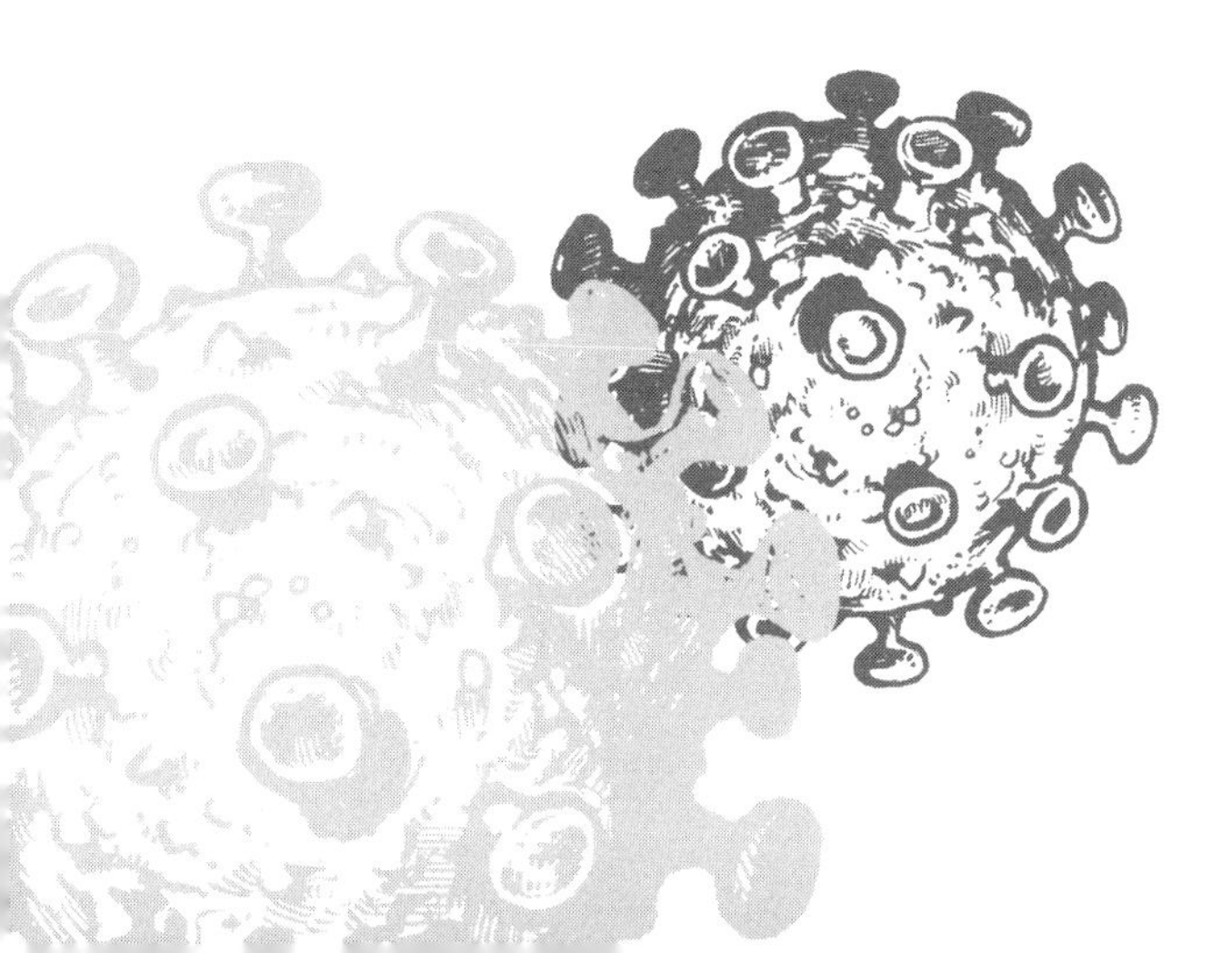

第11章　今よりも効果の高いワクチン

- ・発症を長期間にわたって予防できる新型コロナワクチンはできるのか？
- ・注射が怖い人のための新型コロナワクチンは作れるか？
- ・変異株も予防できる新型コロナワクチンは作れるのか？
- ・コロナウイルスによるパンデミックがもう二度と起こらないようにするワクチンは作れるか？

2022年7月26日、ジョー・バイデン大統領は「新型コロナワクチンの未来に関するホワイトハウスサミット」を開催した。開会のスピーチをしたのは、ホワイトハウスで新型コロナウイルス対策コーディネーターを務めるアシシュ・ジャー博士だった。「今のワクチンは素晴らしい」と彼は述べた。「しかし、私たちはそれを超えるものを作ることができる」。本当にそんなことが可能なのだろうか？

発症を長期間にわたって予防できる新型コロナワクチンはできるのか？

ファイザーとモデルナが開発したmRNAワクチン、ジョンソン・エンド・ジョンソンが開発したウイルスベクターワクチン、ノババックスが開発した組み換えタンパクワクチンは、どれも高い発症予防効果を発揮する。だが、効果は長くは続かない。最終接種から数カ月が経つと、発症予防効果は徐々に低下していく。

ここで鼻スプレーワクチンの話をしよう。

新型コロナウイルスは最初に鼻からのどにかけての粘膜で増殖する。それなら、体内に入ってきたばかりのところで活発な免疫反応を起こさせてウイルスを迎え撃つやり方は理にかなっているのではないだろうか。このやり方なら、発症を長期間にわたって予防し、感染力を低下させる効果が改善される可能性がありそうに思える。「このワクチンはウイルスを水際で食い止める」と話すのは、イェール大学で鼻スプレーワクチンの研究に取り組む免疫学者の岩崎明子だ。「普通のワクチンは、侵入者を捕まえられるかもしれないと期待して建物の中の廊下で張り込むようなものだが、鼻スプレーワクチンは侵入者が入ってこないように家のすぐ外に見張りを置くようなものだ」。しかも、鼻スプレーは注射よりも接種が手軽で、場合によっては費用もかなり安くなる。

本書の執筆時点で、マウス、サル、フェレット、ハムスターなどの動物を使って鼻スプレーワクチンを作るための様々な方法が検証され、有望な結果が多数出ている。動物に接種される鼻スプレーワクチンには、mRNAワクチン、組み換えタンパク質ワクチン、ウイルスベクターワクチン、さらに弱毒化した新型コロナウイルスを使った生ワクチン（現在は麻しん、おたふくかぜ、水痘の予防接種で使用）が使用されている。これらの鼻スプレーワクチンの中には、人に接種する段階にまで進んでいるものもある。

カリフォルニア州に本社を置くメイサ・ワクチンズ社の最高経営責任者、マーティ・ムーアは、ジャーが司会を務めたホワイトハウスサミットで登壇し、このように述べた。「今日、この場に集まった人間の中に（鼻スプレー）ワクチンに効果があると言い切れる者はいない。私たちはまだそこまでたどり着いていない。効果があるかどうかを確かめるには、臨床的な有効性に関するデータが必要だ」。そう言いながらも、ムーアは鼻スプレーワクチンが「新型コロナウイルスにとどめの一撃」を与える「感染防止マシン」となることを疑っていない。

だが、鼻スプレーワクチンの実用化には細心の注意が必要だ。鼻スプレーワクチンと注射で接種するワクチンでは、体内で作られる抗体の種類が違う。注射でワクチンを接種すると、粘膜上にはなく血液中に多く含まれる免疫グロブリンG（IgG）が作られる。鼻スプレーワクチンでは、IgGだけでなく鼻、のど、腸などの粘膜に存在する免疫グロブリンA（IgA）も作られる。IgAの利点は、粘膜表面の厳しい環境にも耐えられることだ。一方、IgAには血液中に含まれるIgGと同じく、寿命が短いという欠点もある。鼻スプレーワクチンを接種して数カ月が経つと、そのウイルスに作用するIgAは消え始める。

鼻スプレーワクチンの研究者たちは、鼻やのどの粘膜で作られる抗体の寿命は確かに短いが、記憶免疫細胞は寿命が長いと主張する。こうした記憶細胞が鼻の粘膜で常に控えていれば、体がウイルスを迎え撃つ体制がいつも整っていることになる。しかし残念なことに、鼻の粘膜で作られた記憶細胞がウイルスに反応して活動を始めるまでには数日の時間がかかる。これは、注射でワクチンを接種したときと変わらない。だから、どれほど優れた鼻スプレーワクチンが開発されたとしても、ワクチンを接種してから長期間にわたって発症やウイルス排出や他の人への感染を予防する効果は期待できない。実際に、インフルエンザの鼻スプレーワクチンであるフルミストが使用できるようになったのは2003年だったが、相変わらずインフルエンザの予防接種はほとんどが注射で行われている。その理由は、鼻スプレーワクチンは注射ほど予防効果が高くなく、効果の消失も早いからだ。

今後数カ月のうちに、注射よりも発症や感染を予防する効果が優れた新型コロナの鼻スプレーワクチンが開発される可能性は高い。それでも、長期間にわたって新型コロナの発症を完全に防ぐことができるワクチンを開発することは難しい。第8章でも説明したように、ウイルスの潜伏期間が短く、潜伏期間を延ばす手段はないからだ。それどころか、アルファ株、デルタ株、オミクロン株と新たな変異株が登場するたびに、潜伏期間はどんどん短くなっている。

注射が怖い人のための新型コロナワクチンは作れるか?

ほとんどの人は進んで口にしたがらないが、鼻スプレーワクチンの利点の一つに、注射恐怖症でもワクチンを接種できることがある。２０２１年4月10日、ニュース専門放送局ＭＳＮＢＣで司会を務めるレイチェル・マドーは数百万人が視聴する番組で自分の体験談を話した。「私は注射針が怖い」と言うマドーは、1回目のワクチン接種を何とか受けた後で安堵のあまり涙が出たと語った。「恐怖を感じるのは当然だし、理解されるべきことだ。恥ずかしがるようなことではない」

注射恐怖症は世間一般で思われているほど珍しいものではない。パンデミック前に行われた研究で、注射に恐怖を感じる成人は25パーセントに上り、16パーセントは注射が怖くてワクチンを打たなかったり、接種を先延ばしにしたりしている可能性が高いことがわかった。パンデミックが始まってからも、ワクチンを接種しなかった人の14パーセントが接種しない理由として注射に対する恐怖を挙げている。

注射恐怖症は注射がちょっと怖いどころの話ではない。恐怖のあまり過呼吸やパニック発作を起こしたり、気を失ったりすることもある。米国では注射恐怖症に対する取り組みは行われていないが、カナダや英国では国家レベルでこの問題に取り組んでいる。大人でも注射が怖いと自己申告すれば、別室でワクチン接種を受けられるように配慮してもらえる。臨床医は、恐怖をはっきり口に出すことが恐怖を克服する助けになると言う。しかし、注射針を刺されて痛みに顔をしかめる人々の姿ばかりが流れるテレビやインターネットは、あまり克服の助けになりそうにない。

恐怖を感じさせないワクチン接種には、鼻スプレーワクチンのほかにマイクロニードルパッチを使った「貼るワクチン」というものがある。マイクロニードルパッチは硬貨くらいの大きさで、ワクチンを充塡した水溶性の針が100本ついている。針はとても短いため、皮膚のごく表面に刺さるだけで、数分で溶けてしまう。数十年前から研究が重ねられてきたマイクロパッチ技術だが、新型コロナを予防し、注射恐怖症の問題を解決できる可能性を秘めている。しかし残念ながら、製薬会社は（少なくとも現段階では）マイクロパッチワクチンに投資して元が取れるほど注射恐怖症の人々が大勢いるわけではないと考えている。これは本当に残念なことだと思う。なぜなら、マイクロパッチ技術はほぼ例外なく注射を嫌がる子供たちのワクチン接種にも使えるからだ。

変異株も予防できる新型コロナワクチンは作れるのか？

現在のところ、新型コロナウイルスのすべての変異株をT細胞が認識できている（第8章を参照）。そのため、最初に開発された武漢1株ワクチンでもアルファ株、デルタ株、オミクロン株による重症化を予防する効果はある。ただし、今後ワクチン接種や過去の感染によって生じたT細胞の監視の目を逃れる新たな変異株が登場した場合は、その変異株に対抗できるように全員が再び免疫をつけ直す必要がある。

2023年初めの時点で使われていた2価ワクチンのような武漢1株を含むワクチンは今後は製造されなくなり、インフルエンザワクチンのように毎年、その年に流行している株に対応した1価ワクチンや2価ワクチン、あるいはもっと多数の株に対応した多価ワクチンに移行する可能性が高い。実際に、2023年6月、CDCは新型コロナワクチンに流行しているオミクロン株のうち1種類のみを使用し、武漢1株は入れないことを推奨した。

コロナウイルスによるパンデミックがもう二度と起こらないようにするワクチンは作れるか？

新型コロナウイルスばかりでなく、パンデミックを引き起こす可能性のあるあらゆるコロナウイルスに効果があるワクチン、つまり（2003年に流行した）SARSも、（2012年に流行した）MERSも、世界中のあちこちの洞窟や森に潜むコウモリなどの小動物が持つ様々なコロナウイルスも、まとめて予防できるようなワクチンが作れたら、どれだけ素晴らしいだろう。そんなワクチンを作るのは大変なのだろうか？　現在わかっているのは、とんでもなく大変だということだ。それを説明するために、二つの実例を挙げよう。一つは、年に1回の接種が必要で、世界的に使われているインフルエンザワクチン、もう一つはエイズを予防するHIVワクチンだ。

インフルエンザウイルスは11個のタンパク質でできている。（新型コロナウイルスは4個のタンパク質でできている。）中でも特に重要なタンパク質は、ウイルスを細胞に結合させるヘマグルチニン（ＨＡ）だ。インフルエンザワクチンを毎年接種しなければならないのは、このＨＡタンパク質が変異するからだ。この変異があまりにも大きいために、前の年に予防接種や感染により免疫を獲得していたとしても、翌年には重症化を防げるかどうかすら疑わしい。（ＨＡは１シーズンの間に変わることもあり、重症化の予防効果は60パーセント程度しかない。）

インフルエンザウイルスのＨＡタンパク質は絶えず変異し続けているが、それ以外のウイルスタンパク質の多くの部分はそれほど変異しない。つまり、インフルエンザウイルスのどの株でも、それらの部分はあまり変わらない。実を言うと、ＨＡタンパク質の中でも比較的変異しにくい部分がある。それなら、変異しにくい箇所を狙ってワクチンを作ればどうだろうか？　そうすれば、毎年ワクチンを打つ必要はなくなるし、どんなインフルエンザウイルスが出てきても怖くない。

この50年間、研究者たちが作り出そうとしてきたのはまさにそんなワクチンだった。しかし、開発は口で言うほど簡単ではなかった。50年かけても、私たちは万能インフルエンザワクチンにいっこうに近づけていない。（私は１９８０年代にインフルエンザワクチンを研究する研究室で研修を受けたことがある。そのときに研究室の責任者だったウォルター・ゲルハルト博士が口にした言葉を私は生涯忘れない。「もし、一生研究者を続けたいと思っているなら、インフルエンザを研究しなさい」）

１９８０年代の初めに開発が始まったＨＩＶワクチンも、万能コロナウイルスワクチンの開発の難しさを示す典型例だ。ＨＩＶに感染すると、すぐにウイルスを中和する抗体が体内で作られる。この抗体は感染したウイルス株を排除する効果が高い。ＨＩＶの問題点は、１回の感染の間にもウイルスが変異し続けるところにある。最初のうちは効果を発揮していた抗体も、病気が進行するにつれて効かなくなり、ウイルスはそのまま進化を続ける。HIVワクチンは常に動き続ける的を狙うようなものなのだ。

ただし、インフルエンザや新型コロナウイルスと同じように、15個のタンパク質で構成されるHIVにもほとんど変わらない部分がところどころにある。これらの部分は感染中も変化しない。現在も数十億ドルを投じてこれらのほとんど変化しない部位を狙ったHIVワクチンを開発するための研究がいくつかの企業で進められているが、万能インフルエンザワクチンの開発と同様に、まだ実現には至っていない。これは、資金や知識や努力が足りないせいではない。万能インフルエンザワクチンやHIVワクチンの開発には、過去数十年間で数十億ドルの資金が投入されてきたが、それでも実現には届いていないのだ。

2021年には、将来パンデミックを起こす可能性があるあらゆるコロナウイルスを予防しうるワクチン（SARS関連コロナウイルス汎用ワクチン）について、期待が持てそうな研究結果の報告が世界各地から飛び込んできた。動物を使って行われたこれらの研究の結果は、やはり動物実験が行われていた万能インフルエンザワクチンやHIVワクチンの初期の研究と同様の興奮を持って迎えられた。

動物で病気を予防できたからといって、人間でも予防効果が期待できるとは限らないが、コロナウイルスのあらゆる変異株にワクチンが効果を発揮するかどうかを評価する上で、インフルエンザワクチンやHIVワクチンでの経験が教訓として役に立つはずだ。

今の私たちに、確かな未来はまだ見えてこない。

2023年4月10日、ホワイトハウスはコロナウイルスワクチンの改良を進めることも目的の一つとして定めた、50億ドル規模のプログラムの新設を発表した。それが、鼻スプレーワクチンと万能コロナワクチンを中心とする「プロジェクト・ネクストジェン（NextGen）」だ。「ワクチンに関する市場の動きが非常に遅いことは誰の目にも明らかだ」とホワイトハウスの新型コロナウイルス対策コーディネーターのアシシュ・ジャーは語った。「米国民のためにこれらの手段をいち早く実現すべく、政府ができること、政権ができることはたくさんある」

第12章　ワクチン接種は義務化すべきか

- ・ワクチンの接種義務化は憲法に反しないのか？
- ・就学にあたって各州の法律でワクチン接種を義務づけることはできるのか？
- ・パンデミックが終息してからも新型コロナワクチンの接種を義務づける必要はあるのか？

２０２０年の時点では、新型コロナウイルスの感染拡大を防止する唯一の方法は、人との接触を避けることだった。私たちはマスクを着け、ソーシャルディスタンスを確保し、感染者や接触者を隔離し、会社は休業、学校も休校になり、移動は制限され、ことあるごとに検査を受けることになった。それ以外にできることがなかったからだ。

しかし、２０２０年12月、米国では誰でも無料で2種類のワクチンの接種を受けられるようになった。ワクチン接種会場には大勢の人々が殺到した。一方で、ワクチンを拒んだ人々も少なくなかった。免疫を持たないこうした人々にはどのように対応すればいいのか？　個人の自由、不当な政府の干渉を受けない個人の権利、自分の体のことを自分で決定する権利を主張する彼らは、これからもウイルスを広げ、新たな変異種を生み出し、他の人々に害を及ぼしかねない。

2021年の半ばまでに米国で数千万人、世界では数十億人がこの新しいワクチンを接種し、ワクチンの効果と安全性がはっきり示された。新型コロナウイルスに感染して入院したり、死亡したりする患者はたいていがワクチン未接種だった。ワクチン接種率が高い州や国では死亡率も低かった。パンデミックのこの段階に入ると、公共の場や大学、プロスポーツの試合、バーやレストランをはじめとする様々な場所で命を守るために唯一できると思われる対策が導入された。それがワクチン接種の義務化だ。

さびた釘をうっかり踏んで釘が足に刺さったら、破傷風の予防接種を打つように言われる。たとえそこで予防接種を受けなかったとしても、その報いは自分に返ってくる。自分以外の誰かがリスクを負うことはない。破傷風は人から人へ感染する病気ではないからだ。新型コロナは違う。これは「感染症」だ。新型コロナワクチンの接種を拒否するのは、他の人にウイルスを広げるリスクを負う選択をしたに等しい。ワクチンを接種しても他の人にウイルスをうつすリスクはゼロにはならないが、少なくともリスクを下げることはできる。ワクチン接種を拒否する人々は、「命に関わる可能性のある感染症にかかって、その病気を誰かにうつすことは憲法で保障された私の権利だ」と言っているようなものだ。本当にその通りなのかをこれから見ていこう。

ワクチンの接種義務化は合衆国憲法に反しないのか？

1899年5月、マサチューセッツ州ボストンで天然痘（痘そう）が大流行した。町では1901年までに200人以上が天然痘で命を落とした。この事態を受けて、隣接するケンブリッジの保健局は「当ケンブリッジ市で天然痘が流行し、拡大の一途をたどっているため、迅速な流行の終息が求められる。よって、市民全員にワクチンの接種を命じるものとする」と宣言した。ワクチンの接種を拒否した住民には5ドル（現在の価値に換算すると175ドル）の罰金が科された。流行は1903年にようやく終息したが、1600人が感染し、270人が死亡した。市の保健局の対応が遅れていれば、死者はもっと増えていただろう。

ケンブリッジ市の住民だった有名なルーテル派教会牧師のヘニング・ジェイコブソンはワクチンの接種を拒否し、5ドルの罰金の支払いも拒否した。州はジェイコブソンを訴え、裁判は最高裁まで持ち込まれた。「米国の公衆衛生史上最も重要な最高裁判例」と呼ばれるこの事件の判決は、70件以上の最高裁判決で引用され、100年以上にわたって州が企業に従業員のワクチン接種を求めたり、親に子供のワクチン接種を求めたりする強制的な権限があるかどうかを判断する根拠とされてきた。

1905年2月20日、最高裁は7対2の賛成多数でワクチン接種を拒否する権利は憲法で保障されていないという判決を下した。（ちなみにアメリカ合衆国憲法が制定されたのは、エドワード・ジェンナーが世界初のワクチンとなった天然痘ワクチンを開発する10年ほど前のことになる。）判決では多数派の意見を代表してジョン・マーシャル・ハーラン判事が公衆衛生の分野では社会にとっての善が個人の自由よりも優先されると述べた。「合衆国憲法の適用においてすべての個人に保障する自由は、各個人がいかなる制約からも完全に解放されるという絶対的な権利を意味するものではない。公共の利益のためにあらゆる個人に対して必然的に課される様々な制約が存在する」

米国最高裁の判断に従うなら、ワクチンの接種義務化は合憲だということになる。感染症について言えば、個人の自由よりも公衆衛生の方が重視される。実際に新型コロナウイルスによるパンデミックの間に行われた多くの裁判で100年以上の前のジェイコブソン対マサチューセッツ州の裁判の判決が引用され、ワクチン接種の義務化を支持する判決が下された。

就学にあたって各州の法律でワクチン接種を義務づけることはできるのか？

ワクチン接種義務化の合憲性が焦点となった裁判は、ジェイコブソン対マサチューセッツ州の裁判以降も続いている。ジェイコブソンの裁判が終結してから17年後の1922年、テキサス州サンアントニオのブラッケンリッジ高校で15歳のロザリン・ツフトが退学処分を受けた。理由は、彼女の両親が天然痘のワクチン接種を彼女に受けさせなかったことだった。1900年の初めのボストンとは違い、当時のサンアントニオで天然痘の流行はなく、公衆衛生上の危機と呼べるような状況は発生していなかった。

このときは接種が必要とされる状況ではなく、学校側が流行を心配していたというだけの話だったが、最高裁は全員一致でジェイコブソン対マサチューセッツ州の裁判の判決を支持し、ロザリンの退学処分は憲法が保障する権利を侵害していないとする判決を下した。ジェイコブソン対マサチューセッツ州の裁判が行われるずっと前から慣習となっていた、学校によるワクチン接種の義務づけは、ロザリン対高校の裁判で憲法と照らし合わせても問題がないことが再び認められた。

それからさらに40年が過ぎた。

1966年11月、公衆衛生機関は今こそ米国から麻しんを完全になくすときとばかりに行動を起こした。だが、彼らの行動は裏目に出て、次々と訴訟を起こされるはめになった。

麻しんワクチンが登場する前の米国では、毎年数百万人の子供たちが麻しんに感染し、数百人が命を落としていた。しかし、1963年に麻しんのワクチンが開発され、公衆衛生機関はこれを好機とみた。

麻しんにかかるのは学齢期の子供たちが多かったため、公衆衛生機関は麻しんを根絶するには学校に入学するときにワクチン接種を義務づければよいのではないかと考えた。名を知られた関係者の一人が「予防接種を受けなければ学校に入れない（no shots, no school）」というプラカードを持っている写真も公開された。

麻しんワクチンのおかげで、1960年代後半には麻しんの発症率は95パーセント低下した。しかし、1970年前半になると麻しんワクチンの接種率は低迷し、再び麻しんが増え始めた。1970年には4万7000人の感染が報告された。1971年にはこの数字は3倍になった。就学にあたってワクチン接種を義務づけた州は1968年の25州から1974年には40州まで増えたが、保健当局が義務づけを強制することはなかった。だが、まもなく風向きが変わった。

・1976年にアラスカ州で麻しんが大流行し、州の保健当局はワクチンを接種していない子供は登校を許可できないと保護者に通達した。その50日後に、通達に応じなかった7400人以上の児童生徒が学校から登校を禁じられた。それから1カ月のうちにワクチン未接種の子供は50人未満になり、流行は終息を迎えた。

・1977年にロサンゼルスで麻しんが流行し、数千人の子供たちが感染した。大勢が麻しん肺炎を起こし、3人が麻しん脳炎になって、そのうち2人が死亡した。3月31日に、郡の保健局長が5月2日までに麻しんのワクチンを接種しなかった子供は登校が認められなくなると宣言した。だが、期限の5月2日が来ても、数万人がまだワクチンを接種していなかった。1年前のアラスカ州と同じように、ロサンゼルス郡の保護者たちも保健当局が本気だということをすぐ理解した。5万人の子供たちが学校から締め出された。数日のうちに多くの子供たちがワクチン接種証明書を手にして学校に戻り、またしても流行は収まった。

・学校でのワクチン接種義務化の力をまざまざと見せつけたのは、テキサス州とアーカンソー州にまたがるテクサーカナという都市の事例だ。1970年6月から1971年1月にかけて、テクサーカナ周辺では600人を超える麻しん患者が出た。アーカンソー州では学校への入学にあたってワクチン接種が義務づけられていたが、テキサス州では義務づけられていなかった。そして予測にたがわず、麻しん患者の96パーセントはテキサス州側で発生し、アーカンソー州側での発生は4パーセントに過ぎなかった。

就学時のワクチン接種義務化は効果があったのだ。

1981年には、50州すべてで就学時の麻しんワクチン接種が義務づけられるようになった。2000年には、世界の感染症の中でも非常に感染力が強い麻しんは、米国では根絶された。しかし、保護者たちは学校による義務化に抵抗した。その結果、麻しんは再び流行し始めた。2023年の米国では、再び年間数百人にのぼる麻しん患者が出ているが、そうなった理由ははっきりしている。子供にワクチンを接種させない選択をする親が増えたからだ。

なぜこんなことになったのだろうか？　そこにはどのような背景があったのだろうか？

子供に接種が義務づけられているワクチンを合法的に免除してもらうことはできるのか？

州当局による学校でのワクチン接種義務化は保護者側の反発を招いた。保護者たちは子供にワクチンを接種させないのは宗教的な信条が理由であると主張し、州を相手どって裁判を起こした。彼らは、学校のワクチン接種義務化は「連邦議会は宗教の設立に関する法律、もしくは宗教の自由な活動を禁ずる法律を制定してはならない」と定める米国憲法修正第1条に反すると主張した。最初の数件の訴訟は原告側の敗訴に終わった。

そんなときに、メディアはほとんど注目しなかったが、ニューヨーク州オールバニーで事態を変える出来事が起こった。1966年6月20日、ニューヨーク州議会は就学時にポリオワクチンの接種を義務づける法案を審議した。法案は150票対2票で可決されたが、抜け道となる免責条項が設けられていた。親が信仰する宗教でワクチン接種が禁じられている場合は、接種義務化の対象にならないというものだ。これは、米国で大きな力を持つ宗教団体、クリスチャンサイエンスによるロビー活動のたまものだった。（この法案に反対票を投じた2人の議員は、いずれも共和党で、親の宗教にかかわらずすべての子供たちをポリオから守るべきだと固く信じていた。時代は変わったのだ。）

クリスチャンサイエンスがニューヨーク州の法律で宗教に関わる例外を認めさせたことで、子供にワクチンを打たせたくない親たちは作戦を変えることにした。裁判の席で、ワクチン接種の例外が認められている宗教団体があるのに、他の宗教では認められないのは不公平だと言い出したのだ。こうして、宗教を理由にした例外が認められることになった。2009年までに、48州で宗教を理由にしたワクチン接種の免除が認められた。

宗教的な理由による免除が認められたことで、もう一つの理由によるワクチン接種の免除が認められるための道も開かれた。それが思想信条を理由とする免除だ。１９８０年代後半に、ルイス・レヴィという人物が、ワクチンは「ある意味で我々の本質を侵す」ものであるため、自分の娘であるサンドラへのワクチン接種を州が強制することは許されないと主張した。裁判官も彼の意見に同意し、たとえ親が宗教団体に所属していなくても「宗教的信条と同程度に強く信じる信条」がある場合はワクチン接種の免除が認められると述べた。２００９年までに、思想信条によるワクチン接種の免除を認める州は20州まで増えた。

宗教や思想信条によるワクチン接種の免除を一切認めていないのは、ミシシッピ州とウェストバージニア州だけだった。この二つの州では、公立か私立かを問わず、学校に入学したければ医学的な理由がある場合を除いて子供たちは必ず予防接種を受けなければならなかった。公衆衛生に関しては特に目立った実績のない2州だが、ワクチンの接種率にかけては米国で最高の水準を誇っていた。

広がるワクチン接種免除の流れを変えたのは、２０１４年にカリフォルニア州で起きた麻しんの流行だった。カリフォルニア州の多くの住民にとって、麻しんの流行はそれまでの不満が噴き出すきっかけになった。その5年前に、カリフォルニア州では百日せきが流行し、10人の赤ちゃんが死亡し、多数の患者が出た。流行の理由は、親たちが子供にワクチンを接種しないという選択をしたためだった。

カリフォルニア州の麻しんの流行は、一人の男の子が12月にカリフォルニアディズニーランド・リゾートに遊びに来た後で麻しんを発症したのが始まりだった。男の子はワクチンを接種していなかった。そこから3月までに１３０人以上の感染者が出た。ほとんどの患者は南カリフォルニアに集中していた。

カリフォルニア州の流行は他の六つの州にも広がり、16人が感染した。ウイルスはカナダにも飛び火して、ケベックの宗教団体で159人の感染者を出した。メキシコでもカリフォルニアの流行との関連が疑われる患者が出た。ディズニーランドで発生した麻しんのウイルスは、当時麻しんが流行していたフィリピンから持ち込まれたと思われている。

カリフォルニア州の麻しん流行を受けて、同州の上院議員で小児科医のリチャード・パンが、個人の思想信条を理由とするワクチン接種の免除の撤廃を定めた上院法案277号を提出した。（カリフォルニア州では宗教を理由とする免除はそもそも認められていなかった。）反ワクチン活動家たちからは激しい反対の声が上がったが、上院法案277号は賛成24票、反対14票で可決された。2015年6月30日、カリフォルニア州のジェリー・ブラウン州知事がこの法律に署名した。こうしてカリフォルニア州は、ウェストバージニア州とミシシッピ州に続いて、医学的な理由以外でのワクチン接種の免除を認めない3番目の州となった。まもなく、コネチカット州、ニューヨーク州、メーン州もその仲間入りをした。これらの州で子供にワクチンを接種させたくない親に残された唯一の道は、家庭で学習をさせるホームスクーリングだけだった。

上院法案277号のために開かれた委員会の公聴会で、社会の声を代弁したのは7歳の少年だった。レット・クラウィットという名前のその少年は、急性リンパ性白血病に侵されていた。レットはマイクに声が届くように椅子の上に立ち、自分は化学療法を受けていて、治療のせいでワクチンを接種しても免疫がつかないことを説明した。「あなたたちがぼくを守ってくれると思っています。ちがうのですか？」と彼は言った。免疫が正常に機能しないためにワクチンを接種しても予防効果が得られない人々が米国にはおよそ900万人いる。彼らを病気から守れるかどうかは、彼らの周囲の人たちがワクチンを接種しているかどうかにかかっているのだ。

パンデミックが終息してからも新型コロナワクチンの接種を義務づける必要はあるのか？

大人の場合

２０２１年の初めに誰でも自由に新型コロナワクチンを接種できるようになったとき、従業員にワクチン接種を義務づけることをためらう企業や団体は多かった。２０２１年９月に実施された世論調査では、ワクチン未接種の回答者の72パーセントが勤務先でワクチン接種を強制されたら仕事を辞めると回答した。大量退職を警戒させるようなニュース記事もあった。カナダではワクチンの義務化に抗議するトラック運転手たちによるデモのニュースが繰り返し流れた。ほとんどの企業は従業員の大量退職を恐れて、ワクチン接種の義務化に二の足を踏んでいた。企業がこのような不安を持ったのも無理はない。２０２１年９月までだけでも、雇用主によるワクチンの接種義務化に反対する訴訟は１０００件を超えていた。

しかしふたを開けてみれば、こうした不安は杞憂に終わった。最終的に大企業や学校、医療機関が新型コロナワクチンの接種を義務化すると、大多数はワクチンを接種した。６万７０００人の従業員を抱えるユナイテッド航空がワクチン接種を義務化したときに、接種に応じなかったのはたったの２００人だった。ノースカロライナ州の公立医療機関に勤務する１万人のうち、ワクチン接種を拒んだために解雇されたのはわずか16人だった。

しかし、２０２３年の米国では状況が大きく変化した。新型コロナウイルスが最初に米国に入ってきた2020年の時点では、誰もこのウイルスに対する免疫を持たず、誰が感染してもおかしくない状態だった。それから3年が経ち、人口のおよそ96パーセントがワクチンを接種したり、自然に感染したり、あるいはその両方を経験することによって免疫を獲得した。もはや1日に3000人、4000人といった死者が出ることはない。状況の変化に応じて、レストランやバー、各種企業は従業員や利用者のワクチン接種の有無を問わなくなってきた。ほとんどの大学も同様の対応をとった。2023年の初めまでに、少なくとも34の州でワクチン接種義務化を制限する法案が提出された。

もしも過去の感染やワクチン接種で重症化をまったく防げないような変異株が出現したときには、仕事に行くためにワクチン接種が再び義務づけられる可能性はないとは言い切れない。だが、そんなことが起こらない限りは、医療施設で勤務する人以外に新型コロナワクチンの接種が義務化されることはないだろう。

例外があるとすれば、軍隊だ。2022年12月に下院で共和党が過半数を確保すると、のちに下院議長となったケビン・マッカーシーが新型コロナワクチンの接種義務化が撤廃されるまで軍への年間予算を凍結すると発言した。これは「共和党の初めての勝利」になるとマッカーシーは言った。この発言に国防長官のロイド・オースティンは反論した。「我々は（新型コロナ）ウイルスのせいで100万人の人間を失った。米国で100万人が犠牲になったのだ。（国防総省でも）数百人が命を落とした。みんなが健康でいられるのは、ワクチンの接種義務化のおかげだ」

だが、接種義務化には弊害もあった。2023年の初めまでにワクチンの接種を拒否したために軍に入隊することができなかった志願者は数千人にのぼり、さらに7800人以上が除隊処分を受けた。海兵隊総司令官のデイビッド・バーガーはワクチン接種義務化の必要性を訴えつつも、特に南部で入隊志願者が減ることに不安を抱いていた。２０２２年12月15日、米上院議会は軍でのワクチン接種義務化を解除する法案を可決した。

パンデミックの危機的な局面は過ぎ去っていたが、２０２３年の冬学期にはまだ、ハーバード大学、フォーダム大学、カリフォルニア大学の各校をはじめとするいくつかの大学ではキャンパスに立ち入るために2価ワクチンによる追加接種が義務づけられていた。追加接種まで義務化していた大学はそれほど多くはない。それどころか、ほとんどの病院でさえ職員に追加接種を義務づけていなかった。

２０２３年冬の時点で大学への立ち入りに追加接種を義務づけても、あまり意味はなかったはずだ。ワクチンを接種する目的が重症化の予防なら、健康な若者がワクチンを打つことに高リスク群への接種ほどのメリットはない。目的が寮生活を送る学生の発症予防なら、体内から抗体が消えるまでの数カ月間しか効果は期待できない。

学齢期の子供の場合

パンデミックが終息してしまえば、学校で新型コロナワクチンの接種を義務づける必要はなさそうに思える。しかし、これからお伝えする事実を知れば、親なら誰でも我が子にワクチンを接種したいと思うはずだ。

1．２０２３年4月までに１７００人以上の子供たちが新型コロナウイルスに感染したせいで命を落としている。

2. 新型コロナウイルスの感染後に心臓、肺、肝臓、腎臓に重度の疾患を引き起こす小児多系統炎症性症候群（ＭＩＳ－Ｃ）を発症する確率は5〜13歳の子供が最も高い。

3. 子供も大人と同じように数カ月間にわたって症状が続く新型コロナ後遺症を発症することがある。

4. 現在までに数千万人の子供たちに新型コロナワクチンが接種され、重症化の予防や死亡率の低下に高い効果があることがわかっている。

5. 新型コロナワクチンを接種して心筋炎を起こすことは非常にまれであり、ほとんどは短期間のうちに自然に治癒する。新型コロナウイルスに感染して心筋炎を起こす確率はワクチン接種による場合よりも高く、症状もより重くなりやすい傾向がある。

6. 米国では毎年３００万人から４００万人の赤ちゃんが生まれるが、生後6カ月頃には胎盤を通して母親からもらった免疫がほとんどなくなり、新型コロナウイルスにも感染しやすくなる。

7. 新型コロナウイルスは今後数十年間にわたって流行を繰り返す可能性が高い。

8. 今の子供たちはワクチン接種率が最も低い集団となっている。

9．5歳未満の子供たちへの24万5000回以上のワクチン接種について調べた研究では、心筋炎を含めて重大な副反応はみられなかった。

2023年の初めにはパンデミックも落ち着きを見せ、新型コロナウイルスに対する免疫を持つ人の割合が96パーセントに達して入院患者数も死者数も激減した。ワクチン接種の義務化が継続されている学校はカリフォルニア州やコロンビア特別区の一部の小中学校だけになった。大人の場合と同じく、ワクチン接種や過去の感染で重症化を一切予防できないような変異株が新たに出てこない限り、学校でのワクチン接種義務化も復活することはないだろう。

しかし、気がかりな一連の出来事もある。パンデミックが下火になりつつある中での共和党の議員やメディアに出演する右派のご意見番たちの発言を聞いていると、彼らは子供に対する新型コロナワクチンの接種義務化を撤廃するだけでなく、学校でのすべてのワクチン接種義務化をなくしたいと思っているようだ。きっかけは、『セサミストリート』の人気キャラクター、ビッグバードの発言だった。

CDCが5〜11歳の子供たちへのワクチンを承認した2021年11月の初めに、ビッグバードはこんなツイート（SNSサイトTwitterへの投稿）をした。「今日、僕は新型コロナのワクチンを打ってきたんだ！　羽根がちょっと痛いけど、僕や他の人たちが元気でいられるように体を強くしてくれるんだよ」

数日後、テキサス州選出の共和党上院議員、テッド・クルーズがビッグバードにかみついた。「5歳の子供たちに向けた政府のプロパガンダだ！」とクルーズはツイートした。クルーズは自分が「ワクチン賛成派で、接種も受けている」と言いながら、バイデン大統領が課す接種の義務化には反対で、子供へのワクチン接種に学校を巻き込むべきではないと発言している。（米国大統領にワクチン接種を義務化する権限はない。義務化はあくまで州単位または地域単位でのみ導入が可能になっている。）テッド・クルーズに続いて、アリゾナ州選出の共和党上院議員のウェンディ・ロジャーズも「ビッグバードは共産主義者だ」とツイートした。（もしそうなら、ビッグバードの大親友、スナッフィーについて彼女は何と言うのだろう？）

1969年の番組開始から登場し、みんなに愛される黄色い大きな鳥のビッグバード（身長は2メートル半、年齢は永遠の6歳半）は、世代を超えた子供たちに自分を信じることを教え、恐怖に立ち向かう勇気を与え、喪失と向き合う支えになった（フーパーさん役の俳優が急死したときには、番組でフーパーさんの死が伝えられた）。当然ながら、そんなビッグバードが政治論争の中心に立つことはそれまでになかった。

ビッグバードは何か議員たちを怒らせるようなことをしたのだろうか？　子供たちにワクチンを接種するように勧めた有名人はビッグバードばかりではない。中にはビッグバードを超える有名人もいる。1956年10月28日、『エド・サリバン・ショー』で「ハウンド・ドッグ」のステージを披露することになっていたエルビス・プレスリーは、歌う前に全米の視聴者が見守る中でポリオワクチンの接種を受けた。この場面は、ティーンエイジャーにワクチンを受けたいと思わせるように考えられた演出だった。そして、この演出は成功した。1957年8月までに、20歳未満の米国人のおよそ75パーセントがワクチンを接種した。

有名人によるワクチンの宣伝はその後も続いた。1977年には、『スターウォーズ』に登場するC－

3POとR2－D2が公衆衛生キャンペーンに起用された。「お子様に予防接種をお願いいたします」とC－3POが言う。「フォースとともにあらんことを」。1980年代には、娘をはしかで亡くした児童文学作家のロアルド・ダールが小児用ワクチンの必要性を訴えた。現在でも、セス・マクファーレン、アマンダ・ピート、ドリー・パートン、ジョーン・コリンズ、サミュエル・L・ジャクソン、ウィリー・ネルソン、タイラー・ペリー、マライア・キャリーなどが積極的に小児用ワクチンを支持している。実を言うと、ビッグバードがワクチンを宣伝したのは今回が初めてではない。1972年の放送で、ビッグバードはこんな看板を読み上げている。「ワクチンは待ったなし。今すぐ打とう」

それならば、なぜテッド・クルーズとウェンディ・ロジャーズはビッグバードを攻撃したのか？　その答えは、全米で学校への入学にあたってワクチン接種が義務化された1978年にワクチンを宣伝していたある有名人にある。その有名人とは、伝説のボクサー、モハメド・アリだ。「お子さんに予防接種を。麻しん、おたふくかぜ、ポリオのような危険な病気の予防接種を受けていないお子さんは学校に入学できないことが法律で決まりました。それに、子供は学校に行かなければならないことも法律で決まっています。だから、選択の余地はないのです。お子さんに予防接種を受けさせましょう」

アリのセリフは政治的右派勢力を刺激する危険な話題に触れていた。彼は選択の自由に触れたのだ。政府の統制下に置かれていると思うことほど、右派の感情を強くあおり立て、彼らを怒らせるものはない。

CDCのワクチン諮問（しもん）委員会が新型コロナワクチンを子供の予防接種スケジュールに加えることを推奨した2022年10月20日、ツイッターでのやりとりにFOXニュース元司会者のタッカー・カールソンも参戦した。「CDCは新型コロナワクチンを子供の予防接種スケジュールに追加しようとしている。

そうなれば、子供が学校に通うためにはワクチンを接種しなければならなくなる」

諮問委員会の勧告に従ってCDCが新型コロナワクチンを子供に推奨しようとしているという点でカールソンは間違っていないが、入学にあたってワクチン接種を義務づけるような権限はCDCにはない。CDCは即座にカールソンの主張を否定するツイートを出した。「就学時のワクチン接種を義務づけるのは各州であって、CDCではない」。つまり、新型コロナワクチンの接種を義務化するかどうかを決めるのは州であり、子供のワクチン接種を国家機関が義務づけることはないのだ。例えば、CDCは生後6カ月以上のすべての子供にインフルエンザワクチンの接種を推奨しているが、就学にあたって接種を義務づけている州はゼロだ。新型コロナワクチンもそのような扱いになるのではないかと思われる。

右派の動きに押され、2022年にはかつてないほど多くの州議会や地方議会で就学時のワクチン接種義務化に反対する法案が出された。こうした就学時のワクチン接種をなくそうとする動きが成功すれば、かつてのように感染力が強い病気で何千人もが入院し、何百人もが命を落とす時代に逆戻りしかねない。

例を挙げると、2022年7月にニューヨーク州ロックランド郡の正統派ユダヤ人のコミュニティーに所属するワクチン未接種の27歳の男性がポリオに感染し、まひが残った。正統派ユダヤ人コミュニティーのポリオワクチン接種率は30パーセント前後だった。この男性が感染した型のポリオでまひが残る割合は2000人に1人で、それ以外は無症状だったり、軽い症状が出たりする程度で、短期間で治る。つまり、まひが残ったこの男性は氷山の一角にすぎず、水面下にはもっと大勢のポリオ感染者がいることになる。実際に、ロックランド郡だけでなく、周辺のいくつかの郡の下水からポリオウイルスが検出されている。

２０１９年に反ワクチン活動家たちが全米各地の州議会に提出したワクチン関連法案は２２１件にのぼり、２０２０年には２３２件、２０２１年には４７３件、２０２２年には８７５本とかつてない数となった。２０２２年に提出された法案の半数以上が、すべてのワクチン接種の義務化に反対する内容だった。２０２２年12月の時点で、保護者の３分の１以上が就学時のワクチン接種義務化を撤廃するべきだと考えていた。

手を出すにはあまりにも危険なゲームだが、私たちはすでにゲームに参加させられている。

第13章　どちらの予防効果が高いのか

・自然感染で獲得した免疫はワクチン接種よりも強力なのか？
・新型コロナウイルスの自然感染で獲得した免疫はワクチン接種よりも強力なのか？
・新型コロナウイルスに自然感染した人にもワクチン接種を義務づけることに合理性はあったのか？

スポーツ解説者ジョー・ローガンのポッドキャストにロバート・マローンが出演したとき（第8章参照）に、以下のようなやりとりがあった。

ローガン：じゃあ、スウェーデンや他のいくつかの国のようにロックダウンを実施せず、みんなに普段通りの生活を送らせ、思う通りの選択をさせていれば、数百万人が死なずに済んだと言うのですか？

マローン：そのようだ。どうやらそうらしい。

ローガン：だが時間が経って、実際にはスウェーデンのウイルス対策の方が効果的だったことが証明されたわけですね。

この章では、感染によって誘導される免疫を「自然免疫」と呼ぶことにするが、私はこの呼び方がふさわしいとは思わない。新型コロナウイルスは数百万人の死者を出している。だから、本当は「生存者獲得免疫」や「感染誘導免疫」のような呼び名の方がふさわしいと思う。

「自然」という言葉は響きがいい。「自然」「天然」「人工○○無添加」とうたえば製品はよく売れる。しかし、病院や集中治療室に運び込まれたり、生涯にわたる後遺症が残ったり、場合によっては霊安室に送られかねないようなウイルスに感染しても、いいことは何もない。ポリオは自然の病気だ。痘そうも、マラリアもそうだ。実際のところ、生物が海から陸に上がってからずっと、母なる自然はいつも私たちの命を奪おうとし続けてきた。（「母なる自然」という効果絶大な言葉を考えた広告会社の名前をぜひ知りたいものだ。）

パンデミックが始まった当初、スウェーデンの保健当局は重症化リスクが高い人だけを隔離し、自然感染で集団免疫をつけてウイルスの感染拡大を抑えるのが最善の方法であると主張した。スウェーデンが重症化リスクの最も低い子供たちが通う学校を休校にしなかったのは、おそらく正しい判断だったのだろう。実際にパンデミックの最初の時期に学校に通えなくなった子供たちは、学習面でも社会との関わりの面でも、かなりの苦労をした。病気よりも感染対策の方が大きな悪影響を及ぼしているのではないかという意見が保護者の間で出たのも無理はない。

だが、ロバート・マローンとジョー・ローガンはスウェーデンの新型コロナ対策の成果について早とちりをしている。ヨーロッパ諸国の中では、スウェーデンの死亡率は真ん中よりもやや上といったところだが、他のスカンジナビア諸国と比較するとスウェーデンの死亡率は最悪で、隣国のノルウェーの約10倍、デンマークの約2倍となっている。スウェーデンで特に多数の感染者が出たのは、介護施設と移民のコミュニティーだった。２０２２年、ノーベル賞を授与するカロリンスカ研究所の研究者たちが、スウェーデンの公衆衛生当局者は新型コロナウイルス対策に関する失敗の責任を負うべきだとの見解を示した。

パンデミックの初期に、制限を伴う感染対策を行わず、自然感染に任せようとしていた国はスウェーデンばかりではなかった。２０２０年8月、ドナルド・トランプは放射線科医でスタンフォード大学フーバー研究所の保健政策上級研究員も務めるスコット・アトラス博士を、ホワイトハウスの新型コロナウイルス対策タスクフォースの顧問に任命した。アトラスの発言は物議をかもすことが多かったが、彼もスウェーデンの保健当局と同じように、感染しても死亡する可能性が最も低い集団の中でウイルスを蔓延(まんえん)させ、集団免疫を獲得するのが最善だと主張していた。ウイルスの感染拡大を抑えるには、人口のおよそ20パーセントが感染すれば十分だというのが彼の考えだった。アトラスの予想はあまりにも甘かった。実際には、新型コロナによる入院や死亡を大幅に減らすには、人口のおよそ95パーセントが免疫を獲得している必要があった。

２０２２年1月、感染力は高いが死亡率は低いオミクロン株が登場したときに、アンソニー・ファウチはこの変異株が「私たちみんなが待ち望む、生きたウイルスワクチン」かもしれないと声高に発言した。ここでもまた、自然感染で免疫をつけた方が優れた予防効果が長続きすると言いたいわけだ。しかし、２０２３年6月に発表された香港の研究では、アルファ株、ベータ株、オミクロン株のいずれの変異株の流行の波が来ていた時期も、ワクチン未接種者や感染経験者の入院率は変わらないことが示された。オミクロン株の死亡率は低いわけではなかったのだ。

自然感染で獲得した免疫はワクチンよりも強力なのか？

1950年代には毎年多くの子供たちが麻しんに感染した。私もその一人だった。一方、1990年代に生まれた私の子供たちは麻しんにかかったことがない。その代わり、ワクチンを2回接種している。おそらく、自然感染によって作られた私の記憶免疫細胞の数は、ワクチンを接種して免疫を獲得した私の子供たちよりも多いはずだ。言い換えれば、私は麻しんに対してうちの子供たちよりも強力な免疫を持っていると思われる。

あらゆるワクチンの目的は、自然感染による代償を払うことなく、自然感染によって得られる免疫を獲得することにある。私は代償を払った身だが、それでも幸運だった。米国で1年間に麻しんにかかって入院する4万8000人の1人にも、命を落とす500人の1人にもならずに済んだ。

そこで、麻しんの自然感染で獲得した免疫はワクチン接種よりも強力かという問題に戻ると、一般的にはその通りだ。ただし、ここでもっと大事な問題は、「麻しんのワクチンで十分に強力な免疫を獲得できるのか？」ということではないだろうか。この質問の答えは、はっきり「イエス」だ。麻しんワクチンのおかげで、2000年までに米国から麻しんは完全になくなった。子供たちが免疫を獲得するために大きな代償を払う必要もなくなったし、麻しんで命を落とさずに済むようになった。麻しんウイルスは潜伏期間が長いため（第8章を参照）、私も私の子供たちも麻しんを発症せずに済む程度の予防効果が生涯にわたって続くと思われる。しかし残念なことに、現在は子供にワクチン接種を受けさせないという選択をする親の割合がかなり増え、麻しんが再び流行する兆しを見せている。２０２２年12月末の時点で、オハイオ州コロンバスの学校や保育園で85人の麻しん患者の発生が報告されており、70パーセント以上が2歳未満の子供たちだった。32人の子供たちが入院したが、全員がワクチン未接種だった。無知の犠牲になるのはいつも一番弱い者たちだ。

数年前に、私はフロリダ州ジャクソンビルの学会で講演した。質疑応答に入ったところで、聴衆の中にいた一人の反ワクチン活動家が発言した。「私は麻しんにかかったことがあるが、何ともなかった。この部屋にいる多くの人たちがそうだ」。彼は周りに座っていた人たちを指さした。

残念ながら、彼の主張に真っ向から反論できるような経験をした人は聴衆の中にいなかった。この男のような幸運に恵まれなかった人間は、すでにこの世にいない。つまり、自然免疫は命を落とすことなく獲得できれば価値がある。交通事故にあっても、多くの人はたいしたケガをせずに済む。だからと言って、交通事故が危険でないとは言えない。軽傷ですんだ人たちは運が良かったというだけの話だ。

新型コロナウイルスの自然感染で獲得した免疫はワクチン接種よりも強力なのか?

新型コロナワクチンは、このウイルスのスパイクタンパク質を認識する抗体と、メモリーB細胞やT細胞を体内で作らせる。ウイルスに感染した人の体内では、スパイクタンパク質以外にも3種類の新型コロナウイルスタンパク質を認識する抗体と、メモリーB細胞やT細胞が作られる。つまり、ウイルスに感染した人も、ワクチンを接種した人と同じように、発症なら数カ月、重症化なら数年の予防効果が続くはずだ。

米国でアルファ株、デルタ株、オミクロン株が順番に流行した2021年から2022年にかけて行われた十数件の研究で、自然感染とワクチン接種はどちらも新型コロナの重症化の予防において高い効果が得られることが示された。中でも最高の研究と呼べそうな、2022年5月12日に『サイエンス・イミュノロジー（免疫学）』誌で発表されたハーバード大学のチームによる研究では、新型コロナウイルスに対して最も有効範囲が広く、効果が長続きする免疫反応が得られるのは、mRNAワクチンを3回接種した場合と、mRNAワクチンを2回接種した上で自然感染した場合であることが示された。

新型コロナウイルスに自然感染した人にもワクチン接種を義務づけることに合理性はあったのか？

ワクチン接種が義務づけられていた時期に新型コロナウイルスに感染した人々は、自分たちはすでにこの感染症に対する免疫を持っていると主張した。B型肝炎を例に挙げると、雇用時にB型肝炎ワクチンの接種を条件にしている医療機関でも、抗体検査で十分な免疫があることが確認されれば条件を満たしていると判断される。麻しんや水痘についても同じだ。それなら、新型コロナウイルスの感染歴があれば免疫を持っていることが証明されていると考えて、ワクチン接種義務化の対象外にしても構わないのではないだろうか？

2022年2月2日、CDC、NIH、バイデン政権から公衆衛生関係者が集まり、会合が開かれた。数人の免疫学者と、ウイルス学者、ワクチンの専門家も同席し、感染歴を証明できた場合について、ワクチン接種を受けた場合と同じように扱うべきかどうかが話し合われた。意見は大きく分かれた。なにせ、すでに感染歴があるのに、ワクチンを接種していないために公共施設の利用を断られたり、職を失ったりした人も出ているのだ。

例えば、あなたがこの会合に参加していたとしよう。参加者であるあなたには、以下のような事実を比較検討することが求められる。

・この会合が開かれていた週には、米国だけでも新型コロナウイルスによる死者が2500人出ていた。

・ケンタッキー州で行われた研究では、過去に感染歴がある人にワクチンを接種すると、予防効果が高まるだけでなく、長期間にわたって効果が持続することが示された。

・新型コロナウイルスの感染歴を証明するには、PCR検査や抗原検査の陽性結果を見せるか、新型コロナウイルスの核タンパク質（訳注　コロナウイルスを構成する四つのタンパク質の中の一つ）に対する抗体があることを示す血液検査の結果を提示することになるだろうが、これらは簡単に偽造したり、インターネットで購入したりすることができる。

・病院や介護施設、長期療養施設など、立ち入りにワクチン接種を義務づけている施設は多い。このような場所には、重症化のリスクが特に高い人たちが集まっているからだ。介護職員が過去に感染したことがあるとうそをついていたとしたら、介護されている側は大きな危険にさらされることになる。

・それに、すでに膨大な量の事務仕事を抱えているそのような施設に免疫の有無をチェックさせるのは、さらに仕事量を増やすことになりかねない。

話し合いは結論が出ないままに終わった。会合では、感染歴があればワクチンを接種した場合と同様に考えていいのではないかという意見と、それに反対する意見が出た。私は賛成派で、過去に感染歴がある人にはワクチン接種を義務づけなくてもよかったのではないかと思う。ワクチン接種を拒否すれば仕事を失いかねない状況だったなら、なおさらだ。しかし、今さら言ってもどうにもならない。それに、感染歴のある人をワクチン接種の対象外にすることに反対していた人々は、すでにウイルスに感染したことがあっても、ワクチンを接種すれば免疫が強化され、より広い範囲の予防効果を発揮するという事実を指摘した。

第14章　これからの付き合い方

・私たちは検査やマスク着用をやめることができるのか？
・新型コロナワクチンの接種や追加接種はどのような人が受けるべきか？
・新型コロナワクチンは流行している株に合わせて変えていく必要があるのか？
・新型コロナワクチンはインフルエンザワクチンと同じように毎年接種するべきなのか？

本書が書き上げられたのは2023年6月だ。これからご紹介するアドバイスは、以下のような前提に基づいている。

1．新型コロナウイルスは今後も世界的に流行を繰り返す。

2．新型コロナウイルスの新たな変異株は今後も次々に登場する。ただし、ワクチンを接種していたり、自然に感染して免疫を獲得したりしている健康な人が重症化するような変異株は出てこない。

3．新型コロナウイルスの変異株の病原性は低くなるかもしれないが、ゼロにはならない。新たな変異株に感染した場合も入院したり、死亡したりする可能性がある。つまり、新型コロナウイルスが普通の風邪の一つになることはない。
4．新型コロナウイルスによる1年間の入院患者数や死者数は、インフルエンザやRSウイルスなどの寒い時期に流行する呼吸器系ウイルスと同程度になる。
5．米国ではほとんどすべての人がパンデミック前と同じような生活に戻る。仕事や暮らしが変わることはもうないだろう。学校も会社も日常を取り戻す。屋外でも屋内でも制限なしに大規模なスポーツイベントが開かれる。

このような状況がすべて現実になったときに、新型コロナウイルスに感染すると重症化しやすい人々を守るにはどうすればいいのだろうか？　例えば、米国には75歳以上の高齢者が5400万人いる。120万人が介護施設で生活し、数百万人が慢性の肺疾患、心臓疾患、腎疾患などのリスクの高い基礎疾患を持つ。重度の免疫不全のためにワクチンを打っても免疫ができない人は900万人いる。生後6カ月までの赤ちゃんはウィルスに感染すると重症化しやすいが、米国では毎年300万〜400万人の赤ちゃんが生まれている。このような人たちを新型コロナウイルスから守るには、どうすればいいのだろうか？

私たちは検査やマスク着用をやめることができるのか？

毎年、冬になるとインフルエンザやRSウイルス、ヒトメタニューモウイルス、パラインフルエンザウイルス、アデノウイルス、ヒトコロナウイルス、ライノウイルスなどが流行し、数万人が入院したり、死亡したりしている。ただし、2020年にはそのような流行が一切起こらなかった。企業の休業、休校、外出自粛、感染者の隔離、マスクの着用、移動制限などの措置によって、冬に流行しやすい呼吸器系ウイルスの多くがほとんど流行しなかった。もしこのような制限がなかったら、新型コロナはもっとひどい状況になっていただろう。2022年から23年にかけての冬は、それまでの反動が出たかのように呼吸器系ウイルスが再び大流行した。インフルエンザのように、RSウイルスに感染した大勢の子供たちや大人たちが入院し、集中治療室に運ばれた。

新型コロナウイルスやその他の冬に流行するウイルスに感染して鼻づまり、咳、のどの痛み、鼻水、発熱、筋肉痛、関節痛といった症状が出ている人々に、私たちはどのように対応するべきなのだろうか？　2023年の時点で、CDCは呼吸器症状のある患者に新型コロナウイルスの検査を実施し、陽性の場合は症状が治まって検査結果が陰性になるまで隔離することを勧告している。また、新型コロナ感染者と接触があった人や、新型コロナの重症化リスクが高い相手と会う予定がある人も、検査を受けることを推奨している。

私たちはこのような推奨をいつまでも続けるべきなのだろうか？　正直に言えば、2024年以降もCDCがこのような推奨を継続したとしても、従う人は少ないだろうと思う。

そんなことをしなくても、他にもやり方がある。呼吸器系ウイルスに感染したと思われる症状があり、重症化リスクが高い場合は、新型コロナの検査を受ける。新型コロナウイルスに感染していたら、早いうちに抗ウイルス薬を飲む。高リスクでなければ、新型コロナの検査を受ける必要はない。

パンデミックの間、多くの人々は呼吸器症状があっても新型コロナの検査で陰性であれば、危険なウイルスをまき散らす心配はなく、いつも通りに出歩いて構わないと思っていた。これは筋の通らない考え方だ。冬に流行する他の呼吸器系ウイルスも、新型コロナウイルスと同様に命に関わることがある。例えば、米国の各種感染症の状況は以下のようになっている。

・インフルエンザでは毎年14万人から80万人が入院し、1万2000人から6万人が死亡している。死者のうち100人から200人は子供だ。

・RSウイルスに感染して入院する子供は毎年8万人ほどで、そのうち100人から300人が死亡する。RSウイルスに感染した高齢者の入院は毎年10万人から18万人、死者は8000人から1万4000人となっている。

・パラインフルエンザウイルスでは毎年7万人が入院し、440人ほどが死亡している。

言い換えれば、新型コロナに感染していないからといって、具合が悪くなったり、命を落としたり、命に関わる可能性もある危険なウイルスを他の人にうつしたりする心配がないことにはならないのだ。新型コロナウイルスによる入院率や死亡率は、こうした他のウイルスに近づきつつある。それなら、これらのウイルスも同じように扱うのが道理ではないか？　だから、のどの痛みや鼻づまり、咳、高熱などのウイルスによる呼吸器感染症が疑われるような症状があるとき（かつ高リスクの人が周りにいないとき）は、新型コロナウイルスや何らかの呼吸器系ウイルスに感染したものと考えて、主な症状がなくなるまで（特に熱が下がるまで）は家でおとなしくしていることをお勧めする。どうしても出かけなければならないときは、症状がなくなるまでマスクを着ける。マスクを着けられる年齢の子供にも同じようにさせる。マスクで完全に感染を防ぐことはできないが、ウイルスの感染を大幅に減少させる効果があることははっきりしている。少なくとも、マスクを着けないよりはずっといい。マスクを着けられない、またはどうしても着けたくない人は、すっかり治るまで外に出ないことだ。

そうすれば、これらの恐ろしい病気による犠牲を最小限に食い止めることができる。私たちのこれまでのやり方とはまったく違うかもしれない。だが、新型コロナと同じように、これらのウイルス感染症も危険な病気として扱うことは理にかなっているのではないか。ただしウイルスは症状が現れる前から感染力を持つため、他人への感染を完全に予防することは難しい。

いずれは、自宅ですべての呼吸器系ウイルスの迅速検査ができるようになるかもしれない。そうすれば、高リスク群の人々は新型コロナやインフルエンザの治療薬（コロナならパキロビッドやレムデシビル、インフルエンザならタミフル）を飲むべきかどうかを判断できる。

新型コロナワクチンの接種や追加接種はどのような人が受けるべきか？

ワクチン

新型コロナウイルスは様々な変異株が登場しながら、今後数十年程度は世界的に流行が続くと予想される。生後6カ月以上のすべての人に重症化リスクがあるため、ワクチンは接種するべきだ。ウイルスに感染したことはあるものの、ワクチンは一度も接種していない人は、mRNAワクチンを2回接種することで予防できる変異株の種類が増え、予防効果も長続きする。一度も感染したことがない場合は、新型コロナワクチンを3回接種すれば、2回接種＋自然感染と同程度の予防効果が得られる（13章を参照）。これらの推奨は、また別のワクチンが登場してくれれば、変わる可能性もある。

妊娠中はいつもと体の状態が変わるため、妊娠のたびにワクチンを接種した方がいい。第一の理由は、自分の身を守るためだ。妊娠中の女性が新型コロナウイルスに感染すると、入院したり、集中治療室に入ったり、人工呼吸器が必要になったり、死亡したりする可能性が同年齢の妊娠していない女性に比べてはるかに高くなるようだ。第二の理由は、CDCが子供にも新型コロナワクチンを推奨しているとは言え、6カ月未満の赤ちゃんはワクチンを打てないからだ。妊娠中の母親が新型コロナワクチンを接種すれば、作られた防御抗体が血流に乗って運ばれ、妊娠32週目頃から抗体の一部（訳注　免疫グロブリンG）が胎盤を通って赤ちゃんにも移行する。移行した抗体は、ワクチンを打てるようになる生後6カ月まで赤ちゃんを守ってくれる。2022年秋の時点で新型コロナウイルスに感染した場合に入院する割合が最も高かった集団は乳児で、入院の主な原因はクループ（訳注　咳と呼吸困難を特徴とする乳幼児の喉頭の炎症）と細気管支炎（肺に近い一番狭い気管支が炎症を起こした状態）のようだった。

妊娠中にワクチンを打って、おなかの赤ちゃんに問題がないかどうか、不安になるのは当然だ。しかし、脂質ナノ粒子に閉じ込められたmRNAワクチンの成分が赤ちゃんの血液中に入る心配はないことが研究でわかっている。これまでに数百万人の女性が妊娠中にワクチンを接種している。ワクチンを接種した妊娠中の女性と、ワクチンを接種しなかった妊娠中の女性の妊娠経過（流産など）や新生児の状態（先天性異常など）を比較する研究も数万人を対象に行われたが、違いは見られなかった。唯一の違いは、妊娠中にワクチンを接種した女性は新型コロナに感染しても重症化する割合が低く、赤ちゃんも新型コロナにかかりにくかったことだった。

追加接種

新型コロナワクチンの追加接種を受けるべきなのはどのような人なのだろうか。それは、ワクチンの重症化予防効果がどのくらい続くかによって変わる。２０２２年の秋から２０２３年の冬にかけて追加接種を受けることによるメリットがあると思われたのは、免疫不全患者、重症化のリスクが高い基礎疾患を持つ人、75歳以上の高齢者、妊娠中の女性だ。このような人々がワクチンの追加接種を受ければ、新型コロナによって入院したり、死亡したりするリスクを減らすことができる。さらに毎年秋に新型コロナワクチンを打ち続ければ、引き続き効果が得られる可能性が高いだろう。しかし、それを証明するのはＣＤＣと研究者たちの責務だ。

それ以外の人についてはどうだろうか？　ワクチンを3回接種しているか、2回接種した上で感染したことがある75歳未満の健康な人も、入院のリスクを減らすために毎年ワクチンを接種するべきなのだろうか？　本書を執筆している２０２３年半ばの時点の答えはノーだ。しかし、答えは変わる可能性がある。その答えは若くて健康な場合に重症化予防効果がどの程度持続するかについてのＣＤＣの判断によって決まるからだ。そのためのＣＤＣの研究は、重症化予防に最も深く関係していると思われるメモリーB細胞やメモリーT細胞の寿命も同時に判断できる免疫学者の協力を得て行うべきだろう。

さらに、ワクチンを接種した6カ月から5歳までの子供の重症化予防効果がどの程度持続するかも研究によって調べる必要がある。5歳から11歳、あるいは11歳から17歳についてはどうだろうか。どの年齢でも重症化予防効果の持続期間は変わらないのだろうか？　それとも、ワクチンを接種したときの年齢で予防効果がどの程度続くかが決まるのだろうか？　さらに、ワクチンを接種して感染歴はない場合、感染したことはあるがワクチンを一度も接種していない場合、ワクチンを接種して感染したこともある場合とで、それぞれ重症化予防効果の持続期間はどのくらいになるのだろう？

私たちはこれから、こうした問題を理解していく必要がある。わけもわからないままに、誰彼構わず毎年ワクチンを接種するべきではない。今後数年間は、新型コロナによってどのような人々が入院し、どのような人々が死亡するのかを調査するのがCDCの仕事になる。年齢やワクチンの接種状況、最初にワクチンを接種した年齢、最後に追加接種を受けたのはいつ頃かなどを調べていくのだ。感染以前の彼らの健康状態に問題はなかったか？　抗ウイルス薬は投与されたのか？　このような知識があってこそ、追加接種が必要な人と必要としない人を判断できるようになる。

私は75歳以下で、今のところ健康に問題はない。新型コロナワクチンを3回接種しており、最終接種は2021年11月だった。3回目のワクチンを接種してから6カ月後の2022年に、私はオミクロン株（おそらくBA.2だったと思われる）に感染したが、重症化することなく回復した。そのため、今後数年間は新型コロナウイルスに感染しても重症化しない可能性が高い。実際のところはわからないが、私はCDCや研究者たちが私のような人々の新型コロナの重症化予防効果がどの程度長く続くのかを明らかにしてくれるのを待っている。それが明らかになったときに、私は追加接種を受けるかどうかを決めようと思う。

新型コロナワクチンは流行している株に合わせて変えていく必要があるのか？

2023年の初めの時点で、新型コロナワクチンに武漢1株（従来株）を含める必要性はほとんどない。1価ワクチンであれ、2価ワクチンであれ、多価ワクチンであれ、新型コロナワクチンは、流行株に合わせて作り変えられていく可能性が高い。従来株は流行が終われば再流行する可能性は低いため、従来株のワクチンにこだわる必要はない。それに、ワクチン接種や感染による免疫がない人にはそのときに流行している株に対応したワクチンを打つ方が、少なくとも短期的には高い発症予防効果が期待できる。また、流行株に対応したワクチンは、高齢や基礎疾患などのために感染すれば軽症でも入院が必要になるような人々にとっても価値がある。

２０２３年５月に、ＷＨＯは新型コロナワクチンにオミクロン株のみを使用することを推奨した。さらに２０２３年６月には、ＦＤＡのワクチン諮問委員会が２０２３年から２０２４年にかけて接種する新型コロナワクチンにオミクロン株（ＸＢＢ．１・５）を使用し、従来株は外すことを推奨した。

新型コロナワクチンはインフルエンザワクチンと同じように毎年接種するべきなのか？

ＣＤＣは生後６カ月以上の全員に毎年のインフルエンザワクチンの接種を推奨している。流行するインフルエンザのウイルス株は１年単位で大きく変化するため、前の年にワクチンを接種していたり、感染したりしていても、重症化を防ぐことができないからだ。インフルエンザワクチンの目的は、新型コロナワクチンと同じく、入院したり、集中治療室に入ったり、霊安室に運び込まれたりする患者を減らすことだ。

毎年、その年のインフルエンザワクチンに入れる株を決めるために、ＦＤＡのワクチン諮問員会は３月の第１週に会合を開き、国防総省、ＷＨＯ、ＦＤＡ、ＣＤＣから意見の聞き取りを行う。この場では、オーストラリアや南米など、北半球よりも先に冬が来る南半球の国で流行しているインフルエンザウイルス株についての情報がやりとりされる。3月頃に南半球で流行しているインフルエンザウイルス株は、9月頃に北半球の米国に出現する株を予想する手がかりになることが多い。ワクチンに使用するウイルス株が決まったところで、メーカーがワクチンの製造に取りかかる。実際にワクチンが完成するまでには半年ほどかかる。FDAの諮問委員会の予想と違う株が流行すれば、インフルエンザワクチンの予防効果はぐっと下がる。過去20年間では3回予想が外れている。流行しているインフルエンザのウイルス株とワクチンに使用されている株が違う場合のワクチンの重症化予防効果は15パーセントに満たない。つまり、インフルエンザワクチンによる重症化予防効果は特定の株に対してしか発揮されないのだ。

では、インフルエンザウイルスとの共通点が多い新型コロナウイルスにも毎年のワクチン接種が必要なのだろうか？　新型コロナウイルスも1年ごとに大きく変化し、前の年のワクチン接種や感染から得られた免疫では重症化を予防できないのだろうか？　2023年初めの時点での答えは「予防できる」だ。若くて健康な人なら新型コロナワクチンを接種した次の年にも重症化予防効果は続く。新たな変異株が登場しても、ウイルスのT細胞が認識する部分はほとんど変わらないからだ（第8章を参照）。インフルエンザに比べれば、新型コロナワクチンの重症化予防効果ははるかにウイルス株に左右されにくい。

エピローグ　今後のための教訓

２０２３年の初めまでに全世界で７００万人近くの死者を出した新型コロナウイルスにまつわる経験は、次のパンデミックへの教訓となるのだろうか？　ここからは、新型コロナの経験から私たちが学んだ手痛い教訓とわずかながらも手にした成功について紹介していこう。

教訓その１：国際的なサーベイランス（感染症発生動向調査）システムを導入する

新型コロナウイルスが自然に誕生したウイルスなのか、あるいは人間の手によって生み出されたものなのかについてはまだ議論が続いているが（実際にはもう議論の余地はないはずだが）、はっきりと言えることが一つある。それは、このウイルスは中国で発生したということだ。そして、中国は新型のウイルスによって数千人の死者が出ているという事実を世界に伝えるのがあまりにも遅すぎた。対応をウイルスが発生した国任せにしないために、国際的な感染症の発生動向を監視するしっかりしたサーベイランスシステムが必要である。このサーベイランスシステムでは、世界のあらゆる国と地域から集まった科学者や公衆衛生関係者が指揮を執るのがよいだろう。武漢で何が起こっているかを他国の科学者に調べさせようとしなかった中国の姿勢は、陰謀論を過熱させ、このウイルスに関する情報収集を遅らせただけだった。

教訓その2：不測の事態に備える

米国は技術が進んだ裕福な国だ。しかし、パンデミック初期の状況は豊かな先進国とは思えないような惨状だった。マスクや医療用ガウンが不足し、看護師は顔にバンダナを巻き、ゴミ袋をかぶって患者の治療にあたっていた。各州の間で人工呼吸器の争奪戦が繰り広げられ、病院は患者であふれ返った。精度と信頼性の高い新型コロナ検査キットはなかなか手に入らなかった。

パンデミックがすぐそこまで迫っていることが明らかになった時点で、トランプ大統領は国防生産法を発動してマスクや医療用ガウン、人工呼吸器の増産を指示し、病院に一人でも多くの患者を収容できるようにするための体制づくりを始めるべきだった。また、CDCも独自の検査キット（開発に手間取った上に最初のうちは精度に問題があった）を作るのではなく、民間の検査機関に協力を求めればよかった。これらの問題の解決は簡単だ。新型コロナのパンデミックへの対応では、米国よりもはるかに上をいく国がいくつもあった。これらの国をお手本にすればよい。

教訓その3：ワープ・スピード作戦

新型コロナのパンデミックでひときわ輝きを放っていたのは、ワープ・スピード作戦だったのではないだろうか。新型コロナウイルスが分離されてからわずか11カ月で2種類のワクチンが開発され、大規模臨床試験で安全性と有効性が確かめられた。その後、ホワイトハウスは薬局や病院の協力を得てあちこちでワクチン接種を受けられる環境を整備し、合わせて検査キットや抗ウイルス薬も提供した。この作戦は見事な成功を収めた。今後再び新型ウイルスが登場してパンデミックが起こったとしても、ワクチンを開発して接種を開始できることが証明されたと言えるだろう。

教訓その4：ワクチン接種を全世界に拡大する

米国は全世界にワクチンを供給できる技術力を持っている。他国へのワクチン供給はその国のためだけではなく、米国にとっても益となる。新型コロナウイルスはこの先何十年も流行し続け、新たな変異株を生み出していくだろう。それなのに、2023年初めの時点で世界人口の3分の1以上が新型コロナワクチンを一度も接種していない。他国が抱える重症化のリスクは、私たち全員の重症化リスクに等しい。全員が安全になるまでは、誰一人として安全ではないのだ。

教訓その5：科学的なプロセスについて一般の人々にもっと知ってもらう

私がフィラデルフィア小児病院で研修医をしていた頃に、赤ちゃんの授乳後はうつぶせに寝かせるようにと教わった。そうすれば、母乳やミルクを吐いてしまっても、誤嚥（ごえん）して肺に入る心配がない。しかし、このやり方には問題があった。赤ちゃんをうつぶせにして寝かせると、あおむけで寝かせたときよりも乳幼児突然死症候群（SIDS）を起こしやすくなるのだ。私が小児科での研修を終えてからおよそ10年が経った1990年代の初めに、赤ちゃんのうつぶせ寝がSIDSのリスクを高めることが明らかになり、米国小児科学会は「あおむけ寝」推進キャンペーンを始め、親たちに赤ちゃんはあおむけで寝かせるように訴えた。そのおかげで、SIDSの発生率は激減した。私が研修医時代に教えられたことは間違っていたのだ。だからと言って、私を指導してくれた小児科医がやぶ医者だったというわけではない。時代とともに知識も進歩するというだけの話だ。科学や医学のあらゆる側面についてこのことは当てはまる。

新型コロナウイルスの感染経路や、感染したときにリスクが大きい人の特徴がわかってくるにつれて、新型コロナの治療や予防に関する推奨事項も進化している。例えば、パンデミックの初期にはウイルスの正確な感染経路は不明だった。鼻や口から出る飛沫を浴びない限り、感染する心配はないのか？　それとも、店で売っている缶詰などの表面に付着したウイルスから感染する可能性もあるのか？　パンデミック当初は手をこまめに洗い、店で買ってきた商品は消毒するように言われていた。そのうちに、マスクを着けることは大事だが、洗ったり、消毒したりといった作業はそれほど重要ではないことがわかってきた。

あらゆる推奨事項はその時点でわかっている情報に基づいており、状況が変われば推奨事項も変わる可能性がある。科学者や医師や公衆衛生関係者は、一般の人々にそのことをしっかり伝えるべきだ。科学的に正しいと言われていたことがころころ変われば、誰でも混乱する。時が経てば知識は変わる。これはいつの時代にも変わらない。

教訓その6：デマの拡散を食い止める

これについて私たちができることはほとんどなく、運を天に任せるしかない。史上最強クラスのハリケーンをプラスチックのカップに閉じ込めようとするようなものだ。ソーシャルメディアというデマを流すのにうってつけの場がある限り、デマを防ぐことは不可能だ。ただし、多くのウェブサイトやブログ、ウェビナー、動画、ポッドキャストでは、ファクトチェックを求める人々のために優れたデマ対策を用意している。このような責任ある対応をとっているサイトが主流となるように、私たちはできる限りのことをするべきだ。

教訓その7：草の根運動が信頼を生む

デマの対策を国や州単位で行うことは現実的でないが、地域に根づいた活動でなら可能だ。新型コロナのパンデミックの中で、アラ・スタンフォード博士の行動は私たちに道を示してくれた。スタンフォードと彼女が設立した「ブラック・ドクターズ・コービッド19コンソーシアム（BDCC）」は、フィラデルフィア北部で暮らす人々の生活に入っていって、信用できる情報を提供し続けた。ワクチン接種に抵抗を感じていたコミュニティーで彼女と仲間たちがみんなを安心させ、必要な情報を教える活動を続けた結果、大人と子供を合わせて5万人以上がワクチンを接種した。今回のパンデミックの中にあって、心温まる出来事の一つだった。

教訓その8：政治と科学を分離する

これについても、私たちにできることはほとんどない。

人類の歴史で初めて、どこの政党を支持するかによってワクチンで予防できる病気の死亡率に差が生じた。2022年12月の時点で、ワクチンを接種していない共和党支持者の割合は37パーセントだったが、民主党支持者ではわずか9パーセントだった。ワクチン接種率が低い18の州のうち17州が2020年の大統領選挙でドナルド・トランプに票を投じていた。当然ながら、これらの州では人口当たりの新型コロナによる死亡率が最も高かった。権力のある地位につきながらワクチン接種に反対してきた共和党議員は、支持者たちの早すぎる死の原因を作ったと言えるのではないか。（公衆衛生にはリソースと価値観が関わってくるため、ある程度政治がからむことは避けられない。しかし、支持する政党とセットで考える必要はないはずだ。）

現在のように、自分の行動に政府には干渉させない、公衆衛生機関の言うことは聞くべきでない、ワクチンは危険、ワクチン接種義務化には反対、と自由至上主義者よろしく騒ぎ立てれば票が集まると政治家が思い込めば、彼らはその通りに行動する。基本的に、政治家に公正さや誠実さは望めない。彼らは世間の風向きばかりを気にし、有権者が望む言葉をその通りに語る。たとえ、その行為がすべての人の健康を危険にさらすことになるとしてもだ。歴史学者のジョン・バリーは「政治と科学を一緒くたにすると、結局政治になってしまう」と言った。

政治屋に支持者の前で拍手喝さいを浴びるようなセリフを口にする代わりに、政治家として公正かつ誠実に行動させるのは、金魚に代数を教えるのと同じくらい難しいのかもしれない。

教訓その9：科学に従う

ドナルド・トランプがごり押しでヒドロキシクロロキンをFDAに承認させたのは、FDA関係者にとって悔やまれる出来事だった。FDAの仕事は安全性に問題があったり、効果がなかったりする製品から米国民を守ることだが、ヒドロキシクロロキンは安全性に問題がある上に新型コロナを治す効果はまったくなかった。さらに、トランプは漂白剤で新型コロナを治療できると言い出したが、これも科学的に見ればとんでもなくばかげた話だった。

目に余る決定を連発したトランプの後を引き継いだバイデン政権は「科学に従う」ことを約束した。しかし、バイデン政権もいくつもの失態をおかした。軽症や無症状の感染を「ブレイクスルー感染」と表現したために、新型コロナワクチンのハードルは現実からかけはなれたレベルにまで上がった。同様に、2022年には科学的な裏づけがないままに2価ワクチンによる追加接種は1価ワクチンの接種よりも効果があると宣伝した。

学術界の多くの研究者が、科学的な根拠を示しながら政権が発するメッセージに疑問を投げかけた。このような状況に国民は混乱した。間違いがわかった時点で、政権は過ちを認めるべきだった。誰にでも間違いはある。新しいデータが出てきたら、推奨事項の内容を変えても構わない。しかし、間違いを認めずに強硬な姿勢を貫けば、信頼はますます失われていく。国民からの信頼だけでなく、科学界や医学界からの信頼もだ。

この問題を解決するのは、難しくはない。新しいデータが出てきたら、公衆衛生機関は速やかに推奨事項を変更する。それがどれほど痛みを伴うことでも、少し前まで正しいと信じられてきたことと矛盾していようとも、最新のデータに従うことを優先するのだ。変更にあたっては、その根拠についてしっかり説明し、過去にほとんど経験のないウイルスやワクチンを扱っているのだから、推奨される内容が変わる可能性もあることを国民が理解してくれると信じることである。

トランプ政権にしろ、バイデン政権にしろ、決して悪意があったわけではない。トランプ大統領はヒドロキシクロロキンが患者の命を救うことができると信じていたし、バイデン大統領は流行している株が入った2価ワクチンはそれまでの1価ワクチンよりも優れていると考えていた。2022年から2023年にかけて使用されていた2価ワクチンの効果は、もちろん1価ワクチンに劣るものではなかった。そして、感染すれば入院するリスクが高い人々を守るという意味では重要だった。いずれは、今よりもっと優れた新型コロナワクチンが開発されるだろう。しかし、そのようなワクチンが出てくるまで公衆衛生機関はワクチンの効果を大げさに宣伝する必要はない。

教訓その10：一番弱い人たちのことを一番に考える

年齢に関係なく、新型コロナウイルスには誰もが感染する可能性があるが、重症化するリスクは誰もが同じではない。高齢者の死亡率は子供のおよそ1000倍であり、新型コロナによる死者の約40パーセントは高齢者介護施設の入居者が占める。また、ワクチンの追加接種を受けるメリットが最も大きいのは、75歳以上の高齢者、複数の基礎疾患を抱える人、免疫不全患者、妊娠中の女性であることが示されている。新型コロナウイルスの流行が続く限り、このような人々を守ることを第一に考えていく必要があるだろう。

教訓その11：抗ウイルス薬の力を借りる

新型コロナウイルスに感染すると死亡するリスクが最も高い人々が抱える問題は、ワクチンの追加接種をどれだけ繰り返しても十分な免疫がつかないことだ。だから、高リスク群にはひたすら追加接種を繰り返すことばかりが重視され、抗ウイルス薬はあまり注目されてこなかった。抗ウイルス薬をもっと活用していれば、多くの死が避けられたはずだ。パキロビッドの害に関する誤解があったことも、薬の使用を控える一因になった。パキロビッドに対する不安があまりにも広がっていたため、2022年11月には『アトランティック』誌が「パキロビッド反対派の心理」と題した記事を載せたほどだ。ワクチン反対派とは違って、パキロビッド反対派は政治的に右寄りというわけではない。彼らはただ、実際には存在しないパキロビッド・リバウンドを恐れているだけなのだ。

教訓その12：解決策が病気よりも重大な影響を体に及ぼしてはならない

抗ウイルス薬もモノクローナル抗体もワクチンもまだなかったパンデミックの初期には、新型コロナウイルスの感染を防ぐ唯一の手段は人と人との接触を制限することだった。会社は休業し、学校は休校になった。このような措置に伴う最も大きな代償を支払うことになったのは、教育や人と関わる社会性を学ぶ機会を奪われた子供たちだった。この空白期間の影響は、今後数年は続くはずだ。学校の再開については、大人たちが仕事を再開することと同じくらい真剣に考える必要がある。とは言え、パンデミックの初期に米国小児科学会は休校に反対する見解を示したが、その時点ではおそらく休校は最善の対応だったと思われる。

教訓その13：ワクチン諮問委員会の審議を省略しない

パンデミックが始まってから、ワクチンの製造と試験は実にスピーディーに進められた。ときには、CDCの予防接種の実施に関する諮問委員会（ACIP）やFDAのワクチン諮問委員会のような独立したワクチン諮問委員会での審議が行われないこともあった。特に、追加接種や2価ワクチンの提案ではそのようなことが多かった。

このようなやり方はどう考えても得策ではない。諮問委員会に助言を求めることの利点は、こうした委員会が政府や製薬会社と利害関係のない科学者や臨床医で構成されているというだけでなく、委員会の聴聞会が一般に公開されることだ。審議の様子は誰でもオンラインで見ることができる。そのため、報道関係者を含め、誰でも特定の政策決定を裏づける科学の優れた点と問題点に関する議論を逐一追うことができる。さらに、会合で提示された資料はすべて　般公開されている。

教訓その14：CDCのサーベイランスシステムを強化する

パンデミックに際して私たちが必要としていたのは、新型コロナウイルスに感染したときにどのような人が入院し、どのような人が死亡しているのかについての詳しい情報（年齢、民族的背景、ワクチンの接種歴、基礎疾患の有無、抗ウイルス薬やモノクローナル抗体を投与されていたかどうか、住んでいる地域など）だった。

また、下水のウイルス分析を行えば、新型コロナが流行する可能性を事前に把握し、流行にどのような変異株が関わっているかを知ることができた。このような情報は、ワクチンや抗ウイルス薬に関する決定を行うに当たっては極めて重要であったが、米国では把握するまでに時間がかかっていた。実際のところ、米国の公衆衛生機関はカナダやイスラエル、英国など国民皆保険制度がある国のデータに頼ることが多かった。

パンデミックの間に新型コロナウイルスに感染して入院したと申告されていた患者の中には、実は新型コロナが入院の理由ではなかった患者も混じっていた。そのような患者は他の理由で入院している間にたまたま新型コロナウイルスに感染しただけで、多くは無症状だった。マサチューセッツ、ペンシルベニア、イリノイの各州で新型コロナウイルスに感染していた入院患者全員を対象に入院の理由を徹底的に調べた調査では、新型コロナによる入院患者としてカウントされていた患者の少なくとも25パーセントは別に入院の理由があり、たまたま新型コロナウイルスにも感染していただけだったことが明らかになった。このような別の理由での入院患者が新型コロナウイルスにも感染していた割合は、高いところでは75パーセントにものぼった。

こうした状況を受けて、感染症研究において権威のある米国医療疫学協会は２０２２年12月にすべての病院に対して、新型コロナが疑われるような症状が出ていない入院患者への新型コロナの検査を中止するように要請した。この検査のために新型コロナ患者としてカウントされる入院患者があまりにも多かったからだ。

次のパンデミックに備えて、ＣＤＣは情報収集能力を強化する必要があるだろう。

１８５９年に出版されたチャールズ・ディケンズの『二都物語』はフランス革命を時代背景として「それは最良の時代であり、最悪の時代でもあった。英知の時代であるとともに、愚鈍の時代であった」という書き出しで始まっている。これは、新型コロナウイルスによるパンデミックにも当てはまるのではないだろうか。

一方では、科学の力で救われた命があった。新たなワクチン開発戦略を取り入れた米国は2件の大規模な臨床試験を実施し、ウイルスが特定されてから11カ月で安全性と有効性が極めて高いワクチンを製造できるようになった。さらに、大勢の成人にワクチンを接種する環境が整備されていない状況からワクチンを大量に生産し、流通させ、無料で接種できる態勢を作り上げた。新型コロナワクチンのおかげで少なくとも３２０万人の命が救われたと推定されている。このような実績は、次にパンデミックが起こっても私たちは迅速に対応できるという希望を与えてくれる。

もう一方では、公衆衛生機関は意図せずして自由至上主義者たちからの攻撃を受けるはめになった。少なくとも30の州で、州議会議員の許可なく保健当局が予防対策を講じることを制限する法案が可決されている。「州議会は弱い立場にある私たちを守ろうとしない」と話すのは、ノースウェスタン大学の保健政策・法律センター所長のウェンディ・パルメだ。

次のパンデミックが起こったときに、各州の対応がどのようになるかを確認してみよう。

・カリフォルニア、コネチカット、デラウェア、フロリダ、ジョージア、ルイジアナ、モンタナ、ニューメキシコ、ニューヨーク、ノースカロライナ、ノースダコタ、オハイオ、オクラホマ、サウスカロライナ、ウェストバージニアの各州では、州政府や学校、企業がマスクの着用を義務づけることが禁止される。

・アリゾナ、アーカンソー、ジョージア、フロリダ、インディアナ、モンタナ、ニューハンプシャー、ノースダコタ、オクラホマ、テネシー、テキサス、ユタの各州では、州の公衆衛生機関がワクチン接種を義務化することが禁止される。

・オハイオ州の保健機関は、たとえ同州が感染爆発の中心地になったとしても、企業や学校に休業や閉鎖を求めることはできないし、公衆衛生の基本である隔離措置を強制することもできない。

・フロリダ州のある連邦地裁判事がCDCによる公共交通機関でマスクの着用を義務づけることは違法であるとの判断を示したことにより、州内の公共交通機関でマスク着用を義務化することはできない。

・2023年3月のテキサス州の連邦地裁判事の裁定に従って、大統領には連邦職員にワクチン接種を義務づける権限はないとされる。

「いつか、全世界が本当に深刻な危機に見舞われ、新型コロナよりももっとひどいパンデミックに陥る日が来る。そのときに私たちが政府に助けを求めようとしても、政府は両手を後ろで縛られた上に目隠しをされて、何もできない」と語るのは、ジョージタウン大学のオニール国内・国際保健法オニール研究所所長のローレンス・ゴスティンだ。「私たちは権利を保障されながらも死ぬことになる。自由が欲しい、しかし守られることは望まないというのは、そういうことだ」

1941年12月7日日曜日、午前8時になる少し前に、ハワイ州ホノルルの真珠湾で日本軍が奇襲攻撃をかけ、2400人の米軍兵士が犠牲になった。この攻撃をきっかけに、米国は日本に宣戦布告し、第二次世界大戦に参戦した。米国民は一致団結した。食糧を調達するためにビクトリーガーデンと名づけられた菜園があちこちに作られ、募金活動が行われ、女性たちが工場や造船所で働き、軍隊には大勢の志願兵が集まった。母国を守るために戦った40万人以上の兵士が命を落とした。私たちはみんな、この国家的な悲劇を深く悲しんだ。しかし、私たちの心は一つだった。

1955年4月12日、ミシガン大学のラッカムホールの演壇に立ったトーマス・フランシス（訳注　各種ワクチンの開発に貢献した微生物学・疫学者）は、試験が行われたばかりのポリオワクチンは「安全で、強力で、効果がある」と宣言した。1940年代から1950年代にかけて、ポリオはとても怖い感染症として恐れられていた。米国の人々は、全米小児麻痺（まひ）財団、別名マーチ・オブ・ダイムスに10セント硬貨（ダイム）を寄付した。こうして集まった寄付金は数百万ドルにのぼった。財団から提供された資金によってポリオワクチンが開発され、世界のほとんどの地域でポリオを撲滅することができた。ポリオワクチンは私たちの力が結集したワクチンだ。私たちはポリオの流行という別の国家的な悲劇に見舞われながらも、それに立ち向かった。

2001年9月11日、イスラム過激派にハイジャックされた2機の飛行機がニューヨークの世界貿易センターのツインタワーに突っ込み、2977人の死者が出た。警察や消防隊が倒壊した建物の中に入って、救命活動を行った。米国人は互いに抱き合い、涙を流した。ここでも国家的な悲劇が私たちを結びつけた。国民の結束を強めるため、ジョージ・W・ブッシュ大統領はこの事件にイスラム系米国人は一切関与していないことを強調した。「テロはイスラム教を本当に信仰している人間がすることではない」と大統領は言った。「テロはイスラム教の本質ではない。イスラム教とは平和なものだ。事件を起こしたテロリストたちは平和からはほど遠い」。ここでも、私たちは一つになった。

2020年1月20日、米国内で初となる新型コロナウイルスの感染者が出た。それからの3年間で、100万人以上の米国人がこの感染症のために命を落とした。新たな技術の力を借りて、私たちは記録的なスピードで安全かつ効果の高いワクチンを作り上げた。まともな個人防護具もない中で、看護師たちや医師たちは夜昼なく働いた。みんなが全力を尽くして感染症と闘っていた。フィラデルフィア北部で活動したアラ・スタンフォードのように、自ら資金を負担して、医療が行き届いていない地域の何万という住民に検査をしたり、ワクチンを打って回ったりした人もいた。私たちは再び、心を一つにして国家的な悲劇に立ち向かっていた。

私たちは心を一つにすることができる。みんなで一つになったときに、私たちの善なる面が引き出される。

本書では、２０２０年から２０２３年にかけて続いた新型コロナウイルスによるパンデミックの物語を語ってきた。次はどんな物語が生まれるのだろうか。

謝辞

本書は多数の方々の協力を得て完成した。ハミッド・バシリ、ヒラリー・ブラック、ブライアン・フィッシャー、ダニエル・グリフィン、ロリ・ハンディ、T・J・ケレハー、シャーロット・モーザー、ショーン・オコナー、ボニー・オフィット、カール・オフィット、エミリー・オフィット・オコナー、シャノン・オニール、ドリット・ルービンシュタイン・ライス、ゲイル・ロス、バンビ・ショートの諸氏に感謝を申し上げる。

本書に登場する略語一覧

ACIP　予防接種の実施に関する諮問委員会
BDCC　ブラック・ドクターズ・コービッド19コンソーシアム
CIA　米中央情報局
CDC　米疾病対策センター
DOE　米エネルギー省
EMA　欧州医薬品庁
EUA　緊急使用許可
FDA　米食品医薬品局
HIV　ヒト免疫不全ウイルス
NIH　米国立衛生研究所
NVIC　ナショナルワクチン情報センター
PCR　ポリメラーゼ連鎖反応
SARS　重症急性呼吸器症候
SARS CoV-2　サーズ・コロナウイルス-2
SIDS　乳幼児突然死症候群
SIV　サル免疫不全ウイルス
MERS　中東呼吸器症候群
MIS-C　小児多系統炎症性症候群
VSD　ワクチン安全性データリンク
WHO　世界保健機関

tients for Covid-19." *STAT,* December 21, 2022.

News Service of Florida. "The Florida Supreme Court Impanels a Grand Jury to Investigate Covid Vac- cines." WFSU, December 22, 2022.

Tayag, Y. "How Many Republicans Died Because the GOP Turned Against Vaccines?" *The Atlantic,* December 23, 2022.

Weber, L., and J. Achenbach. "Covid Backlash Hobbles Public Health and Future Pandemic Response." *Washington Post,* March 8, 2023.

ing-Dutra et al. "Effectiveness of Bivalent mRNA Vaccines in Preventing Symptomatic SARS-CoV-2 Infec- tion—Increasing Community Access to Testing Program, United States, September-November 2022." *Morbidity and Mortality Weekly Report* 71, no. 48 (2022): 1526–30.

Nealon, J., and B. J. Cowling. "Omicron Severity: Milder but Not Mild." *Lancet* 399, no. 10323 (2022): 412–13.

Offit, P. A. "Bivalent Covid-19 Vaccines—A Cautionary Tale." *New England Journal of Medicine* 388, no. 6 (2023): 481–83.

Planas, D., T. Bruel, I. Staropoli et al. "Resistance of Omicron Subvariants BA.2.75.2, BA.4.6, and BQ.1.1 to Neutralizing Antibodies." bioRxiv, November 17, 2022. doi.org/10.1101/2022.11.17.516888.

Prahl, M., Y. Golan, and A. G. Cassidy. "Evaluation of Transplacental Transfer of mRNA Vaccine Prod- ucts and Functional Antibodies During Preg- nancy and Infancy." *Nature Communications* 13, no. 1 (2022): 4422. doi.org/10.1038/S41467-022-32188-1.

Satija, B. "WHO Recommends New Covid Shots Should Target Only XBB Variants." Reuters, May 19, 2023.

Shimabukuro, T. T., S. Y. Kim, T. R. Myers et al. "Prelim- inary Findings of mRNA Covid-19 Vaccine Safety in Pregnant Persons." *New England Journal of Medicine* 384, no. 24 (2021): 2273–82.

Surie, D., J. DeCuir, Y. Zhu et al. "Early Estimates of Bivalent mRNA Vaccine Effectiveness in Prevent- ing Covid-19-Associated Hospitalization Among Immunocompetent Adults Aged ³65 Years—IVY Network, 18 States, September 8–November 30, 2022." *Morbidity and Mortality Weekly Report* 71, no. 5152 (2022): 1625–30.

Tenforde, M. W., Z. A. Weber, K. Natarajan et al. "Early Estimates of Bivalent mRNA Vaccine Effective- ness in Preventing Covid-19-Associated Emer- gency Department or Urgent Care Encounters and Hospitalizations Among Immunocompetent Adults—VISION Network, Nine States, Septem- ber–November 2022." *Morbidity and Mortality Weekly Report* 71, no. 5152 (2022): 1616–24.

Wang, L., N. A. Berger, D. C. Kaelber et al. "Comparison of Outcomes from Covid Infection in Pediatric and Adult Patients Before and After the Emer- gence of Omicron." medRxiv, January 2, 2022. doi.org/10.1101/2021.12.30.21268495.

Wang, Q., A. Bowen, R. Valdez et al. "Antibody Responses to Omicron BA.4/BA.5 Bivalent mRNA Vaccine Booster Shot." *New England Jour- nal of Medicine* 388 (2023): 567–69.

Xie, Y., T. Choi, and Z. Al-Aly. "Nirmatrelvir and the Risk of Post-Acute Sequelae of Covid-19." medRxiv, November 5, 2022. doi.org/10.1101/2022.11.03.22281783.

EPILOGUE: LESSONS LEARNED (OR NOT)

Gutman-Wei, R. "Inside the Mind of an Anti-Paxxer." *The Atlantic*, November 22, 2022.

Klann, J. G., Z. H. Strasser, M. R. Hutch et al. "Distin- guishing Admissions Specifically for Covid-19 from Incidental SARS-CoV-2 Admissions: National Retrospective Electronic Health Record Study." *Journal of Medical Internet Research* 24, no. 5 (2022): e37931.

Mast, J. "Infectious Disease Board Recommends Hos- pitals Stop Screening Asymptomatic Pae19102. doi.org/10.7759/ cureus.19102.

Shrestha, N. K., P. C. Burke, A. S. Nowakci et al. "Neces- sity of Coronavirus Disease 2019 (Covid-19) Vac- cination in Persons Who Have Already Had Covid-19." *Clinical Infectious Diseases* 75, no. 1 (2022): e662–e671.

Tu, W., P. Zhang, A. Roberts et al. "SARS-CoV-2 Infec- tion, Hospitalization, and Death in Vaccinated and Infected Individuals by Age Groups in Indi- ana, 2021-2022." *American Journal of Public Health* 113, no. 1 (2023): 96–104.

Vitale, J., N. Mumoli, P. Clerici et al. "Assessment of SARS-CoV-2 Reinfection 1 Year After Primary Infection in a Population in Lombardy, Italy." *Journal of the American Medical Association Internal Medicine* 181, no. 10 (2021): 1407–08.

The Week Staff. "Did Sweden's Covid-19 Experiment Pay Off in the End?" *The Week*, September 8, 2022.

Wilkins, J. T., L. R. Hirschhorn, E. L. Gray et al. "Sero- logic Status and SARS-CoV-2 Infection Over 6 Months of Follow Up in Healthcare Workers in Chicago: A Cohort Study." *Infection Control and Hospital Epidemiology* 43, no. 9 (2022): 1207–15.

Wong, J. Y., J. K. Cheung, Y. Lin et al., "Intrinsic and Effective Severity of Covid-19 Cases Infected with the Ancestral Strain and Omicron BA.2 Variant in Hong Kong," *The Journal of Infectious Diseases* (2023) doi.org/10.1093/ infdis/jiad236.

Woodbridge, Y., S. Amit, A. Huppert et al. "Viral Load Dynamics of SARS-CoV-2 Delta and Omicron Variants Following Multiple Vaccine Doses and Previous Infection." *Nature Communications* (2022) 13: 6706.

第14章　これからの新型コロナウイルスとの付き合い方

Bhattacharyya, R. P., and W. P. Hanage. "Challenges in Inferring Intrinsic Severity of the SARS-CoV-2 Omicron Variant." *New England Journal of Med- icine* 386, no. 7 (2022): e14.

Brüssow, H. "Covid-19: Omicron—The Latest, the Least Virulent, But Probably Not the Last Variant of Concern of SARS-CoV-2." *Microbial Biotechnol- ogy* 15, no. 7 (2022): 1927–39.

Collier, A. Y., J. Miller, N. P. Hachmann et al. "Immuno- genicity of the BA.5 Bivalent mRNA Vaccine Boosters." *New England Journal of Medicine* 388, no. 6 (2023): 565–67.

Halasa, N. B., S. M. Olson, M. A. Staat et al. "Maternal Vaccination and Risk of Hospitalization for Covid-19 Among Infants." *New England Journal of Medicine* 387, no. 2 (2022): 109–19.

Haseltine, W. A. "Omicron: Less Virulent but Still Dan- gerous," *Forbes,* January 11, 2022.

Hui, K. P. Y., J. C. W. Ho, M. Cheung et al. "SARS-CoV-2 Omicron Variant Replication in Human Bron- chus and Lung Ex Vivo." *Nature* 603, no. 7902 (2022): 715–20.

Kurhade, C., J. Zou, H. Xia et al. "Low Neutralization of SARS-CoV-2 Omicron BA.2.75.2, BQ.1.1, and XBB.1 by Parental mRNA Vaccine or a BA.5- Bivalent Booster." *Nature Medicine* 29, no. 2 (2022): 344–47. nature.com/articles/s41591-022-02162-x.

Lewnard, J. A., V. X. Hong, M. M. Patel et al. "Clinical Outcomes Among Patients Infected with Omi- cron (B.1.1.529) SARS-CoV-2 Variant in Southern California." *Nature Medicine* 28 (2022): 1933–43.

Link-Gelles, R., A. A. Ciesla, K. E. Flem-

(SARS- CoV-2) Naturally Acquired Immunity versus Vaccine-induced Immunity, Reinfections versus Breakthrough Infections: A Retrospective Cohort Study." *Clinical Infectious Diseases* 75, no. 1 (2022): e545–e551.

Goldberg, Y., M. Mandel, Y. M. Bar-On et al. "Protection and Waning of Natural and Hybrid Immunity to SARS-CoV-2." *New England Journal of Medicine* 386, no. 23 (2022): 2201–12.

Goldberg, Y., M. Mandel, Y. Woodbridge et al. "Similar- ity of Protection Conferred by Previous SARS- CoV-2 Infection and by BNT162b2 Vaccine: A 3-Month Nationwide Experience From Israel." *American Journal of Epidemiology* 191, no. 8 (2022): 1420–28.

Hanrath, A. T., B. A. I. Payne, and C. Duncan. "Prior SARS-CoV-2 Infection Is Associated with Protec- tion Against Symptomatic Reinfection." *Journal of Infection* 82, no. 4 (2021): e29–e30.

Hansen, C. H., D. Michlmayr, S. M. Gubbels et al. "Assessment of Protection Against Reinfection with SARS-CoV-2 Among 4 Million PCR-Tested Individuals in Denmark in 2020: A Population- Level Observational Study." *Lancet* 397, no. 10280 (2021): 1202–12.

Howard, J. "As Measles Outbreak Sickens More Than a Dozen Children in Ohio, Local Health Officials Seek Help from CDC." CNN, November 17, 2022.

Juul, F. E., H. C. Jodal, I. Barua et al. "Mortality in Nor- way and Sweden During the Covid-19 Pandemic." *Scandinavian Journal of Public Health* 50, no. 1 (2022): 38–45.

Katz, M. H. "Protection Because of Prior SARS-CoV-2 Infection." *Journal of the American Medical Asso- ciation Internal Medicine* 181, no. 10 (2021): 1409.

Leidi, A., F. Koegler, R. Dumont et al. "Risk of Reinfec- tion After Seroconversion to Severe Acute Respi- ratory Syndrome Coronavirus 2 (SARS-CoV-2): A Population-Based Propensity-Score Matched Cohort Study." *Clinical Infectious Diseases* 74, no. 4 (2022): 622–29.

León, T. M., V. Dorabawila, L. Nelson et al. "Covid-19 Cases and Hospitalizations by Covid-19 Vaccina- tion Status and Previous Covid-19 Diagnosis— California and New York, May–November 2021." *Morbidity and Mortality Weekly Report* 71, no. 4 (2022): 125–31.

Lumley, S. F., D. O'Donnell, N. E. Stoesser et al. "Anti- body Status and Incidence of SARS-CoV-2 Infec- tion in Health Care Workers." *New England Journal of Medicine* 384, no. 6 (2021): 533–40.

Lumley, S. F., G. Rodger, B. Constantinides et al. "An Observational Cohort Study on the Incidence of Severe Acute Respiratory Syndrome Coronavirus 2 (SARS-CoV-2) Infection and B.1.1.7 Variant Infection in Healthcare Workers by Antibody and Vaccination Status." *Clinical Infectious Diseases* 74, no. 7 (2022): 1208–19.

Sheehan, M. M., A.J. Reddy, and M. B. Rothberg. "Rein- fection Rates Among Patients Who Previously Tested Positive for Coronavirus Disease 2019: A Retrospective Cohort Study." *Clinical Infectious Diseases* 73, no. 10 (2021): 1882–86.

Shenai, M. B., R. Rahme, and H. Noorchashm. "Equiv- alency of Protection from Natural Immunity in Covid-19 Recovered Versus Fully Vaccinated Per- sons: A Systematic Review and Pooled Analysis." *Cureus* 13, no. 10 (2021):

North, A. "Will Schools Require Covid-19 Vaccines for Students?" *Vox*, February 11, 2022.

NVIC Advocacy Team. "NVIC's 2022 Annual Report on U.S. State Vaccine Legislation." November 17, 2022. nvic.org/newsletter/nov-2022/annual-state-vaccine-legislation-report.

Parasidis, E. "Covid-19 Vaccine Mandates at the Supreme Court: Scope and Limits of Federal Authority." *Health Affairs*, March 8, 2022.

Poff, J. "Colleges Cling to Covid-19 Mask and Vaccine Mandates as School Year Begins." *Washington Examiner*, August 31, 2022.

Poff, J. "DC Schools Mandate Vaccine Doses as Other Districts Move Past Covid Restrictions." *Wash- ington Examiner*, August 16, 2022.

Pryor, P. A. "Challenges Against Employer Covid-19 Vaccine Mandates Show No Sign of Slowing." *National Law Review*, September 19, 2022.

Romanelli, J. N. "Against Vaccine Mandates for School- children." *Wall Street Journal*, August 11, 2022.

Sequeira, K. "LAUSD School Board Delays Covid-19 Vaccine Mandate to Align with State." EdSource, May 11, 2022.

Shepardson, D. "United Airlines to Let Unvaccinated Employees Return to Jobs March 28—Memo." Reuters, March 10, 2022.

Stavely, Z. "Vaccine Mandate for Schools Delayed Until at Least July 2023." EdSource, April 15, 2022.

Wooten, A. "Federal Judge Strikes Down Covid-19 Vaccine and Mask Mandates for Head Start Stu- dents, Teachers." *Just the News*, September 21, 2022.

第13章　自然感染で獲得した免疫とワクチンはどちらが予防効果が高いのか？

Boyton, R. J., and D. M. Altmann. "Risk of SARS-CoV-2 Reinfection After Natural Infection." *Lancet* 397, no. 10280 (2021): 1161–63.

Brusselaers, N., D. Steadson, K. Bjorklund et al. "Evalu- ation of Science Advice During the Covid-19 Pan- demic in Sweden." *Humanities and Social Sciences Communications* 9, no. 91 (2022). doi.org/10.1057/ s41599-022-01097-5.

Carazo, S., S. M. Skowronski, M. Brisson et al. "Protec- tion Against Omicron (B.1.1.529) BA.2 Reinfec- tion Conferred by Primary Omicron BA.1 or Pre-Omicron SARS-CoV-2 Infection Among Health-Care Workers with and Without mRNA Vaccination: A Test-Negative Case-Control Study." *Lancet Infectious Diseases* 23, no. 1 (2023): 45–55.

Cavanaugh, A. M., K. B. Spicer, D. Thoroughman et al. "Reduced Risk of Reinfection with SARS-CoV-2 After Covid-19 Vaccination—Kentucky, May– June 2021." *Morbidity and Mortality Weekly Report* 70, no. 32 (2021): 1081–83.

Chen, Y., P. Tong, N. Whiteman et al. "Immune Recall Improves Antibody Durability and Breadth to SARS-CoV-2 Variants." *Science Immunology* 7, no. 78 (2022). doi.org/10.1126/sciimmunol.abp8328.

Covid-19 Forecasting Team. "Past SARS-CoV-2 Infec- tion Protection Against Re-Infection: A System- atic Review and Meta-Analysis." *Lancet* 401, no. 10379 (2023): 833–42. doi.org/10.1016/ S0140-6736(22)02465-5.

Gazit, S., R. Shlezinger, G. Perez et al. "Severe Acute Respiratory Syndrome Coronavirus 2 ber 21, 2022.

Charles, J. “Breaking: Judge Strikes Down Federal Mask and Vaccine Mandate in Schools.” *RedState,* September 21, 2022.

Colton, E. “McCarthy Vows Military Vaccine Mandate Will End or National Defense Bill Won't Move Forward.” FoxNews.com, December 4, 2022.

Copp, T. “Keep Covid-19 Military Vaccine Mandate, Defense Secretary Says.” *Military Times,* Decem- ber 4, 2022.

Cropley, J. “HVCC Reinstates Covid Vaccination Man- date for Fall Semester.” *The Daily Gazette,* August 22, 2022.

Daniels, N. “Should Schools Require Students to Get the Coronavirus Vaccine?” *New York Times,* Sep- tember 15, 2021.

“Federal Court Ruling Tosses Lawsuit, Keeps Michigan State University's Covid Vaccine Mandate.” WILX 10, February 23, 2022.

“Federal Court Sides with New York in Fight Over School Vaccine Rules.” Associated Press, July 29, 2022.

Freking, K. “Senate Passes Defense Bill Rescinding Covid-19 Vaccine Mandate.” Associated Press, December 15, 2022.

Goddard, K., J. G. Donohue, N. Lewis et al. “Safety of Covid-19 mRNA Vaccination Among Young Chil- dren in the Vaccine Safety Datalink.” *Pediatrics* 152, no, 1 (2023): e2023061894.

Harvard University Health Services. “Covid-19 Vaccine Requirement.” January 2021. huhs.harvard.edu/ covid-19-vaccine-requirement-faqs.

Hoffman, J. “Opposition to School Vaccine Mandates Has Grown Significantly, Study Finds.” *New York Times,* December 16, 2022.

Hogan, B., and S. Algar. “Gov. Hochul Wants a School Vaccine Mandate Before Fall 2022 Semester.” *New York Post,* December 17, 2021.

Howard, J. “More States Are Banning Covid-19 Vaccine Mandates in Schools. Here Are the Shots Already Required.” NBC5, July 21, 2021.

Hui, K. “Will Covid-19 Vaccines Be Required in Schools?” VeryWell Health, July 22, 2022.

Issa, N. “CPS Employee Vaccine Mandate Reinstated by Illinois Appellate Court.” *Chicago Sun Times,* April 21, 2022.

Jindal, B., and H. Overton. “You Can Oppose School Covid-Vaccine Mandates Without Opposing Vac- cines.” *National Review,* March 15, 2022.

Kamenetz, A. “Should Schools Require the Covid Vac- cine? Many Experts Say It's Too Soon.” NPR, November 19, 2021.

Kheel, R. “Vaccine Mandate is Hurting Recruiting, Top Marine General Says.” Military.com, December 4, 2022.

Laila, C. “Trump-Appointed Judge Strikes Down Fed- eral School Mask and Vaccine Mandate.” *Gateway Pundit,* September 21, 2022.

“Mayor Adams Launches Covid-19 Booster Campaign, Announces Additional Flexibility for NYC Busi- nesses, Parents.” *NYC,* September 20, 2022.

“Military to Keep Covid Vaccine Mandate.” CapRadio, December 6, 2022.

Nelson, J. Q. “Oregon Parents Petition State Health Board to End Covid Vaccine Mandates in School.” *New York Post,* September 14, 2022.

“New Lawsuit Challenges End of Vaccine Mandate Exemption.” Associated Press, February 24, 2022.

cine." *The Eco- nomic Times,* June 2, 2022.
Topol, E., and A. Iwasaki. "Operation Nasal Vaccine— Lightning Speed to Counter Covid-19." *Science Immunology,* July 21, 2022.
van der Ley, P. A., A. Zariri, E. van Reit et al. "An Intra- nasal OMV-Based Vaccine Induces High Mucosal and Systemic Protecting Immunity Against a SARS-CoV-2 Infection." *Frontiers in Immunology* 12 (2021): 781280.
van Doremalen, N., J. N. Purushotham, J. E. Schulz et al. "Intranasal ChAdOx1 nCoV-19/ AZD1222 Vacci- nation Reduces Viral Shedding After SARS- CoV-2 D614G Challenge in Preclinical Models." *Science Translational Medicine* (2021) 13, no. 607: eabh0755.
Young, K. D. "Scientists Aim to Fight Covid with Nasal Vaccine." *WebMD,* July 27, 2022.

PAN-SARBECOVIRUS VACCINES

Coleon, S., A. Wiedemann, M. Surénaud et al. "Design, Immunogenicity, and Efficacy of a Pan-Sarbecovirus Dendritic-Cell Targeting Vaccine." *eBioMedicine* 80 (2022): 104062.
Hurlburt, N. K., L. J. Homad, I. Sinha et al. "Structural Definition of a Pan-Sarbecovirus Neutralizing Epitope on the Spike S2 Subunit." *Communica- tions Biology* 5, no. 11 (2022). doi.org/10.1038/ s42003-022-03262-7.
Joyce, M. G., W.-H. Chen, R. S. Sankhala et al. "SARS- CoV-2 Ferritin Nanoparticle Vaccines Elicit Broad SARS Coronavirus Immunogenicity." *Cell Reports* 37, no. 12 (2021): 110143.
Liu, Z., J. Zhou, W. Xu et al. "A Novel STING Agonist- Adjuvanted Pan-Sarbecovirus Vaccine Elicits Potent and Durable Neutralizing Antibody and T cell Responses in Mice, Rabbits, and NHPs." *Cell Research* 32 (2022): 269–87.
Martinez, D. R., A. Schäfer, S. R. Leist et al. "Chimeric Spike mRNA Vaccines Protect Against Sarbeco- virus Challenge in Mice." *Science* 373, no. 6558 (2021): 991–98.
Tan, C.-W., W.-N. Chia, B. E. Young et al. "Pan-Sarbeco- virus Neutralizing Antibodies in BNT162b2-Im- munized SARS-CoV-1 Survivors." *New England Journal of Medicine* 385 (2021): 1401–06.
Tortorici, M. A., N. Czudnochowski, T. N. Starr et al. "Broad Sarbecovirus Neutralization by a Human Monoclonal Antibody." *Nature* 597, no. 7874 (2021): 103–108.

第12章　新型コロナワクチン接種は義務化すべきか？

Attkisson, S. "Republicans Seek to Combat Covid-19 Vaccine Mandate in D.C. Schools." *Sharyl Attkis- son* (blog), September 21, 2022.
Bardosh, K., A. de Figueiredo, R. Gur-Arie et al. "The Unintended Consequences of Covid-19 Vaccine Policy: Why Mandates, Passports and Restric- tions May Cause More Harm Than Good." *British Medical Journal Global Health* 7, no. 5 (2022): e008684. doi.org/10.1136/ bmjgh-2022-008684.
Beam, A. "California Delays Coronavirus Vaccine Man- date for Schools." CNBC, April 15, 2022.
Beard, M. "Just a Few School Districts Are Imposing Coronavirus Vaccine Mandates." *Washington Post,* August 25, 2022.
Benatar, O. "Columbus Measles Cases Rise to 32." NBC4, November 28, 2022.
"Canada to Lift Covid Vaccine Requirement for Trav- elers at Border." *Detroit News,* Septem-

第11章　今よりも効果の高い新型コロナワクチンは作れるか？

INTRANASAL VACCINES

Alu, A., L. Chen, H. Tian, and X. Wei. "Intranasal Covid- 19 Vaccines: From Bench to Bed." *eBioMedicine* 76 (2022): 103841. doi.org/10.1016/j.ebiom.2022.103841.

Annas, S., and M. Zamri-Saad. "Intranasal Vaccination Strategy to Control the Covid-19 Pandemic from a Veterinary Medicine Perspective." *Animals* 11 (2021): 1876. doi.org/10.3390/ani11071876.

Bastian, H. "Next Generation Covid Vaccine Update: Intranasal & Other Mucosal Vaxes." *PLOS Blogs,* July 31, 2022.

Beavis, A. C., Z. Li, K. Briggs et al. "Efficacy of Parainflu- enza Virus 5 (PIV5)-Vectored Intranasal Covid-19 Vaccine as a Single Dose Vaccine and as a Booster Against SARS-CoV-2 Variants." bioRxiv, June 8, 2022. doi.org/10.1101/2022.06.07.495215.

Choudhary, O. P., Priyanka, T. A. Mohammed, and I. Singh. "Intranasal Covid-19 Vaccines: Is It a Boon or Bane?" *International Journal of Surgery* 94 (2021): 106119.

Devlin, H. "Scientists Hope Nasal Vaccines Will Help Halt Covid Transmission." *The Guardian,* August 20, 2022.

Dhama, K., M. Dhawan, R. Tiwari et al. "Covid-19 Intra- nasal Vaccines: Current Progress, Advantages, Prospects, and Challenges." *Human Vaccines & Immunotherapeutics* 18, no. 5 (2022): 2045853.

Diamond, D. "White House Launching $5 Billion Pro- gram to Speed Coronavirus Vaccines." *Washing- ton Post,* April 10, 2023.

Forman, R. "Nasal Vaccination May Protect Against Respiratory Viruses Better than Inject- ed Vac- cines." Yale School of Medicine Press Release, December 21, 2021.

Hartwell, B. L., M. B. Melo, P. Xiao et al. "Intranasal Vaccinationwith Lipid-Conjugated Immunogens Promotes Antigen Transmucosal Uptake to Drive Mucosal and Systemic Immunity." *Science Trans- lational Medicine* 14, no. 654 (2022): eabn1413. doi.org/10.1126/scitranslmed.abn1413.

Iwasaki, A. "Nasal Spray Booster Keeps Covid-19 at Bay." Howard Hughes Medical Institute, Febru- ary 8, 2022.

Lovelace, B., Jr. "Nasal Vaccines: What's the Latest Research on Nasal Vaccines for Covid?" Yahoo! News, July 19, 2022.

Moa, T., B. Israelow, A. Suberi et al. "Unadjuvanted Intranasal Spike Vaccine Booster Elicits Robust Protective Mucosal Immunity Against Sarbecovi- ruses." bioRxiv, January 26, 2022. doi.org/10.1101/2022.01.24.477597.

Nalbantoglu, S. "New Nasal Vaccine Could Provide Protection Against Covid-19 Infection, Yale Study Suggests." *Yale News,* February 11, 2022.

Satija, B. "WHO Recommends New Covid Shots Should Target Only XBBVariants." Reuters, May 19, 2023.

Sridhar, G. N. "Intranasal Vax Can Bring a 'Big Positive Shift' in Fight Against Covid: Experts." *Hindu Business Line,* August 22, 2022.

Stark, F. C., B. Akache, L. Deschatelets et al. "Intranasal Immunization with a Proteosome-Adjuvanted SARS-CoV-2 Spike Protein-Based Vaccine Is Immunogenic and Efficacious in Mice and Ham- sters." *Scientific Reports* 12, no. 1 (2022): 9772.

Thacker, T. "NTAGI May Soon Review Efficacy Data on India's First Intranasal Covid Vac-

nal of Psy- chiatry 52 (2020): 102066. doi.org/10.1016/j.ajp.2020.102066.

Rando, H. M., T. D. Bennett, J. B. Byrd et al. "Challenges in Defining Long Covid: Striking Differences Across Literature, Electronic Health Records, and Patient-Reported Information." medRxiv, March 26, 2021. doi.org/10.1101/2021.03.20.21253896.

Sheehan, H. "Queensland Researchers Find Overlap in Pathology of Long Covid and Chronic Fatigue Syndrome." ABC Gold Coast News, August 10, 2022.

Shulman, R., E. Cohen, T. A. Stukel, et al. "Examination of Trends in Diabetes Incidence Among Children During the Covid-19 Pandemic in Ontario, Can- ada, from March 2020 to September 2021." *JAMA Network Open* 5, no. 7 (2022): e2223394.

Sneller, M. C., C. J. Liang, A. R. Marques et al. "A Longi- tudinal Study of Covid-19 Sequelae and Immu- nity: Baseline Findings." *Annals of Internal Medicine* 175, no. 7 (2022): 969–79. doi.org/10.7326/M21-4905.

Su, Y., D. Yuan, D. G. Chen et al. "Multiple Early Factors Anticipate Post-Acute Covid-19 Sequelae." *Cell* 185, no. 5 (2022): 881–95.

Sudre, C. H., B. Murray, T. Varsavsky et al. "Attributes and Predictors of Long Covid." *Nature Medicine* 27, no. 4 (2021): 626–31.

Sutherland, S. "Long Covid Now Looks Like a Neuro- logical Disease, Helping Doctors to Focus Treat- ments." *Scientific American* 328 (2023): 26–33.

Taquet, M., Q. Dercon, and P. J. Harrison. "Six-Month Sequelae of Post-Vaccination SARS-CoV-2 Infec- tion: A Retrospective Cohort Study of 10,024 Breakthrough Infections." *Brain, Behavior, and Immunity* 103 (2022): 154–62.

Taquet, M., Q. Dercon, S. Luciano et al. "Incidence, Co-Occurrence, and Evolution of Long-Covid Features: A 6-Month Retrospective Cohort Study of 273,618 Survivors of Covid-19." *PLOS Med* 18, no. 9 (2021): e1003773.

Taquet, M., R. Sillett, L. Zhu et al. "Neurological and Psychiatric Risk Trajectories After SARS-CoV-2 Infection: An Analysis of 2-Year Retrospective Cohort Studies Including 1,284,437 Patients." *Lancet Psychiatry* 9, no. 10 (2022): 815–27.

Vinetz, J. "What Are the Long-Term Effects of Covid-19." *Medical News Today,* September 29, 2020.

Willan, J., G. Agarwal, and N. Bienz. "Mortality and Burden of Post-Covid-19 Syndrome Have Reduced with Time Across SARS-CoV-2 Variants in Haematology Patients." *British Journal of Hae- matology* 201, no. 4 (2023): 640–44.

Wisk, L. E., M. A. Gottlieb, E. S. Spatz et al. "Association of Initial SARS-CoV-2 Test Positivity with Patient-Reported Well-Being 3 Months after a Symptomatic Illness." *JAMA Network Open* 5, no. 12 (2022): e2244486.

Ziauddeen, N., D. Gurdasani, M. E. O'Hara et al. "Char- acteristics and Impact of Long Covid: Findings from an Online Survey." *PLOS One* 17, no. 3 (2022): e0264331.

Zollner, A., R. Koch, A. Jukic et al. "Postacute Covid-19 Is Characterized by Gut Viral Antigen Persistence in Inflammatory Bowel Diseases." *Gastroenterol- ogy* 163, no. 2 (2022): 495–506.

Diabetes Care 45, no. 8 (2022): 1762–71.

Kompaniyets, L., L. Bull-Otterson, T. K. Boehmer et al. "Post-Covid-19 Symptoms and Conditions Among Children and Adolescents—United States, March 1, 2020–January 31, 2022." *Morbidity and Mortality Weekly Report* 71, no. 31 (2022): 993–99.

Lopez-Leon, S., T. Wegman-Ostrosky, N. C. A. del Valle et al. "Long-Covid in Children and Adolescents: A Systematic Review and Meta-Analyses." *Scientific Reports* 12, no. 1 (2022): 9950.

Lopilato, J. "CDC: More Clots, Kidney Failure in Kids After Covid." MedPageToday, August 5, 2022.

Mahase, E. "Covid-19: What Do We Know About 'Long Covid'?" *British Medical Journal* 370 (2020): m2815.

Mann, D. "Pandemic Brought More Woes for Kids Prone to Headaches." HealthDay, August 9, 2022.

Mariani, Mike. "The Great Gaslighting: How Covid Longhaulers Are Still Fighting for Recognition." *The Guardian,* February 3, 2022.

McNamara, D. "Long Covid Doubles Risk of Some Serious Outcomes in Children, Teens: Study." *Pediatric News,* August 5, 2022.

Mehandru, S., and M. Merad. "Pathological Sequelae of Long-Haul Covid." *Nature Immunology* 23, no. 2 (2022): 194–202.

Michelen, M., L. Manoharan, N. Elkheir et al. "Charac- terising Long Covid: A Living Systematic Review." *BMJ Global Health* 6, no. 9 (2021): e005427.

Nabavi, N. "Long Covid: How to Define It and How to Manage It." *British Medical Journal* 370 (2020): m3489.

Nasserie, T., M. Hittle, S. N. Goodman. "Assessment of the Frequency and Variety of Persistent Symp- toms Among Patients with Covid-19: A Systematic Review." *JAMA Network Open* 4, no. 5 (2021): e2111417.

Nehme, M., P. Vetter, F. Chappuis et al. "Prevalence of Post-Coronavirus Disease Condition 12 Weeks After Omicron Infection Compared with Nega- tive Controls and Association with Vaccination Status." *Clinical Infectious Diseases* 76, no. 9 (2022):1567–75. doi.org/10.1093/cid/ciac947.

Nittas, V., M. Gao, E. A. West et al. "Long Covid Through a Public Health Lens: An Umbrella Review." *Pub- lic Health Reviews* 43 (2022): 1604501.

O'Rourke, M. "Willed Helplessness Is the American Condition." *The Atlantic,* August 4, 2022.

Payne, D. "'Left to Rot': The Lonely Plight of Long Covid Sufferers." *Politico,* August 14, 2022.

Parasher, A. "Covid-19: Current Understanding of its Pathophysiology, Clinical Presentation and Treatment." *Postgraduate Medical Journal* 97, no. 1147 (2021): 312–20.

Phetsouphanh, C., D. R. Darley, D. B. Wilson et al. "Immunological Dysfunction Persists for 8 Months Following Initial Mild-To-Moderate SARS-CoV-2 Infection." *Nature Immunology* 23, no. 2 (2022): 210–16.

Pretorius, E., M. Vlok, C. Venter et al. "Persistent Clot- ting Protein Pathology in Long Covid/Post-Acute Sequelae of Covid-19 (PASC) Is Accompanied by Increased Levels of Antiplasmin." *Cardiovascular Diabetology* 20, no. 1 (2021): 172.

Rajkumar, R. P. "Covid-19 and Mental Health: A Review of the Existing Literature." *Asian Jour-*

Sanabrias- Moreno et al. "Systematic Review of the Litera- ture About the Effects of the Covid-19 Pandemic on the Lives of School Children." *Frontiers in Psychology* 11 (2020): 569348.

Canas, D., E. Molteni, J. Deng et al. "Profiling Post-Covid Syndrome Across Different Variants of SARS- CoV-2." medRxiv, July 31, 2022. doi.org/10.1101/2022.07.28.22278159.

Cha, A. E. "Vaccines May Not Prevent Many Symptoms of Long Covid, Study Suggests." *Washington Post,* May 25, 2022.

Chen, A. K., X. Wang, L. P, McCluskey et al. "Neuro- psychiatric Sequelae of Long Covid-19: Pilot Results from the Covid-19 Neurological and Molecular Prospective Cohort Study in Georgia, USA." *Brain, Behavior, & Immunity* 24 (2022): 100491.

Chertow, D., S. Stein, S. Ramelli et al. "SARS-CoV-2 Infection and Persistence Throughout the Human Body and Brain." *Research Square,* December 14, 2022. doi.org/10.21203/rs.3.rs-1139035/v1.

Christensen, J. "'The Next Public Health Disaster in the Making': Studies Offer New Pieces of Long Covid Puzzle." CNN Health, August 5, 2022.

Couzin-Frankel, J. "Clues to Long Covid." *Science* 376, no. 6599 (2022).

Couzin-Frankel, J. "New Long Covid Cases Decline with Omicron." *Science* 379, no. 6638 (2023): 1174–75.

Crook, S., S. Raza, J. Nowell et al. "Long Covid-Mechanisms, Risk Factors, and Management." *British Medical Journal* 374 (2021): n1648.

Davis, H. E., G. S. Assaf, L. McCorkell et al. "Character- izing Long Covid in an International Cohort: 7 Months of Symptoms and Their Impact." *EClinical Medicine* 38 (2021): 101019.

Devine, J. "The Dubious Origins of Long Covid." *Wall Street Journal,* March 22, 2021.

Fernandez-Castaneda, A., P. Lu, A. C. Geraghty et al. "Mild Respiratory SARS-CoV-2 Infection Can Cause Multi-Lineage Cellular Dysregulation and Myelin Loss in the Brain." bioRxiv, January 10, 2022. doi.org/10.1101/2022.01.07.475453.

Florencio, L., and C. Fernández-de-las-Penas. "Long Covid: Systemic Inflammation and Obesity As Therapeutic Targets." *Lancet Respiratory Medi- cine* 10, no. 8 (2022): 726–27.

Funk, A. L., N. Kupperman, T. A. Florin et al. "Post- Covid-19 Conditions Among Children 90 Days After SARS-CoV-2 Infection." *JAMA Network Open* 5, no. 7 (2022): e2223253.

Gale, J. "Striking Drop in Stress Hormone Predicts Long Covid in Study." *Bloomberg,* August 11, 2022.

George, P. M., A. U. Wells, and R. G. Jenkins."Pulmonary Fibrosis and Covid-19: The Potential Role for Antifibrotic Therapy." *Lancet Respiratory Medi- cine* 8, no. 8 (2020): 807–15.

Goldstein, A., and D. Keating. "Long-Covid Symptoms Are Less Common Now Than Earlier in the Pan- demic." *Washington Post,* March 18, 2023.

Gorna, R., N. MacDermott, C. Rayner et al. "Long Covid Guidelines Need to Reflect Lived Experience." *Lancet* 397, no. 10273 (2021): 455–57.

Kamrath, C., J. Rosenbauer, A. J. Eckert et al. "Incidence of Type 1 Diabetes in Children and Adolescents During the Covid-19 Pandemic in Germany: Results from the DPV Registry."

with Convales- cent Plasma." *New England Journal of Medicine* 386, no. 18 (2022): 1700–1711.

Tsay, S. V., M. Bartoces, K. Gouin et al. "Antibi- otic Pre- scriptions Associated with Covid-19 Outpatient Visits Among Medicare Beneficia- ries, April 2020 to April 2021." *Journal of the American Medical Association* 327, no. 20 (2022): 2018–19.

Weiland, N., M. Haberman, M. Mazzetti, and A. Karni. "Trump Was Sicker than Acknowledged with Covid-19." *New York Times,* February 11, 2021.

第10章　コロナ後遺症とは何か：治療や予防

Akbarialiabad, H., M. H. Taghrir, A. Abdollahi et al. "Long Covid, a Comprehensive Systematic Scop- ing Review." *Infection* 49, no. 6 (2021): 1163–86.

Al-Aly, Z., B. Bowe, and Y. Xie. "Long Covid After Break- through SARS-CoV-2 Infection." *Nature Medi- cine* 28, no. 7 (2022): 1461–67.

Ali, S. T., A. K. Kang, T. R. Patel et al. "Evolu- tion of Neurologic Symptoms in Non-Hospi- talized Covid-19 'Long Haulers.'" *Annals of Clinical and Translational Neurology* 9, no. 7 (2022): 950–61.

Antonelli, M., R. S. Penfold, J. Merino et al. "Risk Fac- tors and Disease Profile of Post-Vaccination SARS-CoV-2 Infection in UK Users of the Covid Symptom Study App: A Prospective, Community-Based, Nested, Case-Control Study." *Lancet* 22, no. 1 (2022): 43–55.

Antonelli, M., J. C. Pujol, T. D. Spector et al. "Risk of Long Covid Associated with Delta Versus Omicron Variants of SARS-CoV-2." *Lancet* 399, no. 10343 (2022): 2263–64.

Azzolini, E., R. Levi, R. Sarti et al. "Association Between BNT162b2 Vaccination and Long Covid After Infections Not Requiring Hospi- talization in Health Care Workers." *Journal of the American Medical Association* 328, no. 7 (2022): 676–78.

Ballering, A. W., S. K. van Zon, T. C. Hartman et al. "Persistence of Somatic Symptoms After Covid-19 in the Netherlands: An Observa- tional Cohort Study." *Lancet* 400, no. 10350 (2022): 452–61.

Barrett, C. E., A. K. Koyama, P. Alvarez et al. "Risk for Newly Diagnosed Diabetes >30 Days After SARS- CoV-2 Infection Among Persons Aged <18 Years— United States, March 1, 2020–June 28, 2021." *Morbidity and Mortal- ity Weekly Report* 71, no. 2 (2022): 59–65.

Bonilla, H., T. C. Quach, A. Tiwari et al. "Myal- gic Encephalomyelitis/Chronic Fatigue Syn- drome (ME/CFS) Is Common in Post-Acute Sequelae of SARS-CoV-2 Infection (PASC): Results from a Post-Covid-19 Multidisci- plinary Clinic." medRxiv, August 4, 2022. doi. org/10.1101/2022.08.03.22278363.

Brightling, C. E., and R. A. Evans. "Long Covid: Which Symptoms Can Be Attributed to SARS-CoV-2 Infection." *Lancet* 400, no. 10350 (2022): 411–13.

Buonsenso, D., D. Di Giuda, L. Sigfrid et al. "Evidence of Lung Perfusion Defects and On- going Inflamma- tion in an Adolescent with Post-Acute Sequelae of SARS-CoV-2 Infec- tion." *Lancet* 5, no. 9 (2021): 677–80.

Brown, K., A. Yahyouche, S. Haroon et al. "Long Covid and Self-Management." *Lancet* 399, no. 10322 (2022): 355.

Cachón-Zagalaz, M. Sánchez-Zafra, D.

ty Weekly Report 71, no. 1 (2022): 19–25.

第9章　新型コロナの治療

Alimohamadi, Y., H. H. Tola, A. Abbasi-Ghahramanloo, et al. "Case Fatality Rate of Covid-19: A Systematic Review and Meta-Analysis." *Journal of Preventive Medicine and Hygiene* 62, no. 2 (2021): E311–E320.

Bradley, M. C., S. Perez-Vilar, Y. Chillarige et al. "Sys- temic Corticosteroid Use for Covid-19 in US Out- patient Settings from April 2020 to August 2021." *Journal of the American Medical Association* 327, no. 20 (2022): 2015–18.

Butler, C. C., F. D. R. Hobbs, O. A. Gbinigie et al. "Mol- nupiravir Plus Usual Care Versus Usual Care Alone As Early Treatment for Adults with Covid-19 at Increased Risk of Adverse Outcomes (PANORAMIC): An Open-Label, Platform- Adaptive Randomised Controlled Trial." *Lancet* 401, no. 10373 (2023). doi.org/10.1016/S0140-6736(22)02597-1.

Cao, Z., W. Gao, H. Bao et al. "VV116 Versus Nirmatrelvir-Ritonavir for Oral Treatment of Covid-19." *New England Journal of Medicine* 388, no. 5 (2022): 406–17.

Lim, S. C. L., C. P. Hor, J. H. Tay et al. "Efficacy of Iver- mectin Treatment on Disease Progression Among Adults with Mild to Moderate Covid-19 and Comorbidities: The I-Tech Randomized Clin- ical Trial." *Journal of the American Medical Asso- ciation Internal Medicine* 182, no. 4 (2022): 426–35.

Naggie, S., D. R. Boulware, C.J. Lindsell et al. "Effect of Higher-Dose Ivermectin for 6 Days vs Placebo on Time to Sustained Recovery in Outpatients with Covid-19: A Randomized Clinical Trial." *Journal of the American Medical Association* 329, no. 11 (2023): 888–97.

National Institutes of Health. "Coronavirus Disease 2019 (Covid-19) Treatment Guidelines." covid19treatmentguidelines.nih.gov (downloaded on July 18, 2022).

Pandit, J. A., J. M. Radin, D. Chiang et al. "The Paxlovid Rebound Study: A Prospective Cohort Study to Evaluate Viral and Symptom Rebound Differ- ences Between Paxlovid and Untreated Covid-19 Participants." medRxiv, November 15, 2022. doi.org/10.1101/2022.11.14.22282195.

Planas, D., T. Bruel, I. Staropoli et al. "Resistance of Omicron Subvariants BA.2.75.2, BA.4.6, and BQ.1.1 to Neutralizing Antibodies." bioRxiv, November 17, 2022. doi.org/10.1101/2022.11.17.516888.

Reis, G., E. A. S. M. Silva, D. C. M. Silva et al. "Effect of Early Treatment with Ivermectin Among Patients with Covid-19." *New England Journal of Medicine* 386, no. 18 (2022): 1721–31.

Schmidt, P. K. Narayan, Y. Li et al. "Antibody-Mediated Protection Against Symptomatic Covid-19 Can Be Achieved at Low Serum Neutralizing Titers." *Sci- ence Translational Medicine*, March 22, 2023.

Service, R. F. "Bad News for Paxlovid? Resistance May Be Coming." *Science* (2022) 377, no. 6602: 138–39.

Shear, M. D. "Biden Tests Positive for Virus and Is Experiencing Mild Symptoms." *New York Times,* July 21, 2022.

Smith, Z. S. "The Strange Return of Ivermectin and Hydroxychloroquine: Republicans Push Drugs in State Bills." *Forbes,* May 3, 2022.

Sullivan, D. J., K. A. Gebo, S. Shoham et al. "Early Out- patient Treatment for Covid-19

Medicine 387, no. 14 (2022):1279–91.

Collier, A. Y., J. Miller, N. P. Hachmann et al. “Immuno- genicity of the BA.5 Bivalent mRNA Vaccine Boosters.” *New England Journal of Medicine* 388, no. 6 (2023): 565–67.

Diamond, D. “Disease Experts Warn White House of Potential for Omicron-Like Wave of Illness.” *Washington Post,* May 5, 2023.

Goel, R. R., M. M. Painter, S. A. Apostolidis et al. “mRNA Vaccination Induces Durable Immune Memory to SARS-CoV-2 with Continued Evolution to Variants of Concern.” bioRxiv, August 23, 2021. doi.org/10.1101/2021.08.23.457229.

Ladhani, S. N., G. Amirthalingam, and A. Khalil. “More on Omicron Infections in Children.” *New England Journal of Medicine* 387, no. 20 (2022): 1911.

Lee, I. Y., C. A. Cosgrove, P. Moore et al. “A Randomized Trial Comparing Omicron-Containing Boosters With the Original Covid-19 Vaccine mRNA-1273.” doi.org/10.1101/2023.01.24.23284869.

Liu, L., S. Iketani, Y. Guo et al. “Striking Antibody Eva- sion Manifested by the Omicron Variant of SARS-CoV-2.” *Nature* 602 (2022): 676-681.

Offit, P. A. “Bivalent Covid-19 Vaccines—A Cautionary Tale.” *New England Journal of Medicine* 388 (2023): 481–83.

Puranik, A., P. J. Lenehan, E. Silvert et al. “Comparison of Two Highly-Effective mRNA Vaccines for Covid-19 During Periods of Alpha and Delta Variant Prevalence.” medRxiv, August 21, 2021. doi.org/10.1101/2021.08.06.21261707.

Sette, A., and S. Crotty. “Immunological Memory to SARS-CoV-2 Infection and Covid-19 Vaccines.” *Immunological Reviews* 310, no. 1 (2022): 27–46.

Surie, D., J. DeCuir, Y. Zhu et al. “Early Estimates of Bivalent mRNA Vaccine Effectiveness in Prevent- ing Covid-19-Associated Hospitalization Among Immunocompetent Adults Aged ≥65 Years—IVY Network, 18 states, September 8–November 30, 2022.” *Morbidity and Mortality Weekly Report* 71, no. 5152 (2022):1625–30.

Tartof, S. Y., J. M. Slezak, H. Fischer et al. “Effectiveness of mRNA BNT162b2 Covid-19 Vaccine Up to 6 Months in a Large Integrated Health System in the USA: A Retrospective Cohort Study.” *Lancet* 398, no. 10309 (2021): 1407–16.

Tartof, S. Y., J. M. Slezak, L. Puzniak et al. “Immunocom- promise and Durability of BNT162b2 Vaccine Against Severe Outcomes Due to Omicron and Delta Variants.” *Lancet* 10, no. 7 (2022): e61–e62.

Tenforde, M. W., W. H. Self, Y. Zhu et al. “Protection of Messenger RNA Vaccines Against Hospitalized Coronavirus Disease 2019 in Adults Overthe First Year Following Authorization in the United States.” *Clinical Infectious Diseases* 76, no. 3 (2023): e460–e468. doi.org/10.1093/cid/ciac381.

Wang, Q., A. Bowen, R. Valdez et al. “Antibody Response to Omicron BA.4-BA.5 Bivalent Booster.” *New England Journal of Medicine* 388, no. 6 (2023): 567–69.

Yek, C., S. Warner, J. L. Wiltz et al. “Risk Factors for Severe Covid-19 Outcomes Among Persons Aged ≥18 Years Who Completed a Primary Covid-19 Vaccination Series—465 Health Care Facilities, United States, December 2020–October 2021.” *Morbidity and Mortali-*

Tufekci, Z. "The Unvaccinated May Not Be Who You Think." *New York Times*, October 15, 2021.

U.S. Attorney's Office, District of South Carolina. "Nurs- ing Director Pleads Guilty to Lying to Federal Agents Regarding Production of Fraudulent Covid-19 Vaccine Cards." June 23, 2022.

"Why Millennials and Gen Z Aren't Getting Vac- ci- nated—And What to Do About It." *Advisory Board,* April 26, 2021 (updated on May 7, 2021 and March 20, 2023).

ALA STANFORD

McGrath, M. "Dr. Ala Stanford and the Women Who, Ages 50 and Over, Are Leading the Fight Against Covid." *Forbes,* February 26, 2021.

Muse, Q. "How Ala Stanford Became a Champion for the Health of Black Philadelphians Amid Covid." *Philadelphia Magazine,* August 8, 2020.

Palmer, S. "Family, Community, and Social Justice Converge in this Eberly Alumna's Medical Prac- tice." *Penn State Alumni Magazine,* March 9, 2021.

Toner, K. "This CNN Hero Is Fighting to Save Lives in Philadelphia's Communities of Color Through Covid-19 Vaccination and Testing." CNN, June 24, 2021.

Vitarelli, A. "Dr. Ala Stanford Honored with Philadel- phia Magazine's 2021 Trailblazer Award." WPVI, July 15, 2021.

第8章　追加接種をめぐる混乱：守られるのは誰か？

Agrawal, U., S. Bedston, C. McCowan, et al. "Severe Covid-19 Outcomes After Full Vaccination of Pri- mary Schedule and Initial Boosters: Pooled Anal- ysis of National Prospective Cohort Studies of 30 Million Individuals in England, Northern Ireland, Scotland, and Wales." *Lancet* 400, no. 10360 (2022): 1305–20.

Auvigne, V., C. Tamandjou, J. Schaeffer et al. "Protection Against Symptomatic SARS-CoV-2 BA.5 Infec- tion Conferred by the Pfizer-BioNTech Original/ BA.4-5 Bivalent Vaccine Compared to the mRNA Original (Ancestral) Monovalent Vaccines—A Matched Cohort Study in France." medRxiv (preprints), March 28, 2023. doi.org/10.1101/2023.03.17.23287411.

Bar-On, Y. M., Y. Goldberg, M. Mandel et al. "Protection of BNT162b2 Vaccine Booster Against Covid-19 in Israel." *New England Journal of Medicine* 385 (2021): 1393–1400.

Bowen, J. E., A. Addetia, H. V. Dang et al. "Omicron Spike Function and Neutralizing Activity Elicited by a Comprehensive Panel of Vaccines." *Science* 377, no. 6608 (2022): 890–94.

Brown, C. M., J. Vostok, H. Johnson et al. "Outbreak of SARS-CoV-2 Infections, Including Covid-19 Vac- cine Breakthrough Infections, Associated with Large Public Gatherings—Barnstable County, Massachusetts, July 2021." *Morbidity and Mortal- ity Weekly Report* 70, no. 30 (2021): 1059–62.

Canetti, M., N. Barda, M. Gilboa et al. "Six-Month Follow-Up After a Fourth BNT162b2 Vaccine Dose." *New England Journal of Medicine* 387, no. 22 (2022): 2092–94.

Chalkias, S., C. Harper, K. Vrbicky et al. "A Bivalent Omicron-Containing Booster Vaccine Against Covid-19." *New England Journal of*

Qui, L. "Fact-Checking Joe Rogan's Interview with Robert Malone that Caused an Uproar." *New York Times,* February 8, 2022.

Warmflash, D. "The (Sort of, Partial) Father of mRNA Vaccines Who Now Spreads Vaccine Misinforma- tion (Parts 1 and 2)." *Health Care Blog,* May 17 and 18, 2022.

Wolff, J. A., R. W. Malone, P. Williams et al. "Direct Gene Transfer into Mouse Muscle in Vivo." *Science* (1990) 247, no. 4949: 1465–68.

第7章　ワクチン拒否者のパンデミック

Blake, A. "The Most-Vaccinated Big Counties in Amer- ica Are Beating the Worst of the Coronavirus." *Washington Post,* December 4, 2021.

Block, G. "Popular Journalist and Staunch Anti-Vaxxer Dies of Covid-19." *Stuff,* November 29, 2021.

Brumfiel, G. "Inside the Growing Alliance Between Anti-Vaccine Activists and Pro-Trump Republi- cans." NPR, December 6, 2021.

Cobia, B. "Dr. Brytney Cobia Talks Her Viral 'I'm Sorry, But It's Too Late' Social Media Post." AL.com, December 24, 2021.

Dawson, B. "Anti-Vaxxer Podcaster Dies from Covid-19 After Contracting Virus at Far-Right ReAwaken America Conference." *Business Insider,* January 8, 2022.

Enten, H. "Flu Shots Uptake Is Now Partisan. It Didn't Use to Be." CNN, November 14, 2021.

Fitzsimons, T. "Anti-Vaccine Christian Broadcaster Marcus Lamb Dies at 64 After Contracting Covid." NBC News, November 30, 2021.

Georgiou, A. "Economist Robin Fransman, a Promi- nent Coronavirus Vaccine Skeptic, Has Died From Covid." *Newsweek,* December 29, 2021.

Gettys, T. "Anti-Vaxx Nurse Dies from Covid-19 in Lou- isiana." *Raw Story,* July 12, 2021.

Jena, A. B., and C. M. Worsham. "Facts Alone Aren't Going to Win Over the Unvaccinated. This Might." *New York Times,* December 21, 2021.

Mark, J. "He's Declining a Coronavirus Vaccine at the Expense of a Lifesaving Transplant: 'I Was Born Free, I'll Die Free.'" *Washington Post,* January 31, 2022.

McDuffie, W. "Boston Hospital Denies Heart Trans- plant to Man Who Hasn't Gotten Covid-19 Vac- cine." ABC News, January 26, 2022.

Montgomery, D. "How to Sell the Coronavirus Vaccines to a Divided, Uneasy America." *Washington Post Magazine,* April 26, 2021.

"Naturopath Who Sold Fake Vaccine Cards Gets Nearly 3 Years." Associated Press, November 29, 2022.

"Nearly Half of Nursing Home Workers in Pennsylva- nia Have Declined Covid-19 Vaccine, State Data Shows." CBS News, 3 Philly, April 19, 2021.

Pillion, D. "'I'm Sorry, But It's Too Late': Alabama Doc- tor on Treating Unvaccinated, Dying Covid Patients." AL.com, July 21, 2021.

Quinn, A. "Anti-Vax Priest Who Claimed Vaccines Con- tain 'Aborted Embryos' Dies of Covid." *Daily Beast,* February 3, 2022.

Smith, A. "A Trio of Conservative Radio Hosts Died of Covid. Will Their Deaths Change Vaccine Resis- tance?" NBC News, September 3, 2021.

Sommer, W. "QAnon Star Who Said Only 'Idiots' Get Vax Dies of Covid." *Daily Beast,* January 7, 2022.

2021.
Ross, J. "Anti-Vaxxer Robert F. Kennedy Jr.'s House Party Guests Told to Get Vaccinated Before Com- ing." *Daily Beast,* December 17, 2021.
Salam, E. "Majority of Covid Misinformation Came From 12 People, Report Finds." *The Guardian,* July 17, 2021.
Shanahan, M., and H. Krueger. "RFK Jr.'s Anti-Vaccine Crusade Deepens Rift with Family and Friends." *Boston Globe,* January 29, 2022.
Smith, M. R. "How a Kennedy Built an Anti-Vaccine Juggernaut Amid Covid-19." AP News, December 15, 2021.
Wadhwani, A. "Former Tennessee Vaccine Chief Fiscus Seeks to Have Name Cleared in Court." *Tennessee Lookout,* December 5, 2022.
Weir, K. "How Robert F. Kennedy Jr. Became the Anti- Vaxxer Icon of America's Nightmares." *Vanity Fair,* May 13, 2021.
Whitehurst, L., A. D. Richer, and M. Kunzelman. "Oath Keepers Founder Stewart Rhodes Convicted of
Seditious Conspiracy in Jan. 6 Case." *Los Angeles Times,* November 29, 2022.
Zadrozny, B. "Once Struggling, Anti-Vaccination Groups Have Enjoyed a Pandemic Windfall." NBC News, February 3, 2022.

第6章　墜ちた科学者：ロバート・マローン博士の話

Alba, D. "The Latest Covid Misinformation Star Says He Invented the Vaccines." *New York Times,* April 3, 2022.
Alexander, H. "The Truth About Joe Rogan's Contro- versial Guests." *Daily Mail,* February 2, 2022.
Bartlett, T. "The Vaccine Scientist Spreading Vaccine Misinformation." *The Atlantic,* August 12, 2021.
Bella, T. "A Vaccine Scientist's Discredited Claims Have Bolstered a Movement of Misinformation." *Washington Post,* January 24, 2022.
Brueck, H. "The Rise of Robert Malone, the mRNA Scientist Turned Vaccine Skeptic Who Shot to Fame on Joe Rogan's Podcast." *Insider,* February 27, 2022.
Daniels, C. J., S. Rajpal, J. T. Greenshields et al. "Preva- lence of Clinical and Subclinical Myocarditis in Competitive Athletes with Recent SARS-CoV-2 Infection: Results from the Big Ten Covid-19 Car- diac Registry." *Journal of the American Medical Association Cardiology* 6, no. 9 (2021): 1078–87.
Dolgin, E. "The Tangled History of mRNA Vaccines." *Nature* 597, no. 7876 (2021): 318–24.
"Fact Check: CDC Did Not 'Admit' Covid-19 Can Only Be Caught Once." Reuters Fact Check, Reuters, December 27, 2021.
Hernandez, J. "Spotify Will Add a Covid Advisory to Podcasts After the Joe Rogan Controversy." NPR, January 30, 2022.
Kolata, G., and B. Mueller. "Halting Progress and Happy Accidents: How mRNA Vaccines Were Made." *New York Times,* January 15, 2022.
Kwan, M. Y. W., G. T. Chua, C. B. Chow et al. "mRNA Covid Vaccine and Myocarditis in Adolescents." *Hong Kong Medical Journal* 27, no. 5 (2021): 326–27.
Malone, R. W., P. L. Felgner, and I. M. Verma. "Cationic Liposome-Mediated RNA Transfection." *Pro- ceedings of the National Academy of Science, USA* 86, no. 16 (1989): 6077–81.
Milbank, D. "Opinion: Pro-Lifers, RIP. The Pro-Death Movement Is Born." *Washington Post,* January 24, 2022.

Devine, C., and D. Griffin. "Leaders of the Anti-Vaccine Movement Used 'Stop the Steal' Crusade to Advance Their Own Conspiracy Theories." CNN, February 5, 2021.

Dvorak, P. "The Anti-Vaxxers Are Coming to D.C., and Their Leader Is a Kennedy." *Washington Post,* January 20, 2022.

Frenkel, S. "The Most Influential Spreader of Corona- virus Misinformation Online." *New York Times,* July 24, 2021.

Gorski, D. "Joe Mercola: Quackery Pays." *Science-Based Medicine,* February 6, 2012.

Haelle, T. "This Is the Moment the Anti-Vaccine Move- ment Has Been Waiting For." *New York Times,* August 31, 2021.

Hiltzik, M. "Column: Following FDA Approval of Pfiz- er's Shot, the Anti-Vaccine Movement Cooks Up New Conspiracy Theory." *Los Angeles Times,* September 1, 2021.

Jamison, P., and E. Silverman. "Anti-Vaccine Activists See D.C. Rally as a Marker of Recent Gains." *Wash- ington Post,* January 22, 2022.

Kakkar, H., and A. Lawson. "We Found the One Group of Americans Who Are Most Likely to Spread Fake News." *Politico,* January 14, 2022.

Kolata, G. "Tucker Carlson Has a Cure for Declining Virility." *New York Times,* April 22, 2022.

Krugman, P. "The Snake Oil Theory of the Modern Right." *New York Times,* August 30, 2021.

Kunzelman, M. "Anti-Vaccine Doctor Sentenced to Prison for Capitol Riot." Associated Press, June 16, 2022.

Lawson, M. A., and H. Kakkar. "Of Pandemics, Politics, and Personality: The Role of Conscientiousness and Political Ideology in the Sharing of Fake News." *Journal of Experimental Psychology, Gen- eral* 151, no. 5 (2022): 1154–77.

Levitz, E. "Levitz: 'Fox News Is Literally Killing Its Viewers' with Covid Lies." MSNBC, January 26, 2022.

McIntosh, A. M., J. McMahon, L. M. Dibbons et al. "Effects of Vaccination on Onset and Outcome of Dravet Syndrome: A Retrospective Study." *Lancet Neurology* 9, no. 6 (2010): 593–98.

Nagourney, A. "A Kennedy's Crusade Against Covid Vaccines Anguishes Family and Friends." *New York Times,* February 26, 2022.

Peiser, J. "Miami School Says Vaccinated Students Must Stay Home for 30 Days to Protect Others, Citing Discredited Info." *Washington Post,* Octo- ber 18, 2021.

Pengelly, M. "Guests Urged to Be Vaccinated at Anti- Vaxxer Robert F Kennedy Jr's Party." *The Guard- ian,* December 18, 2021.

Rawat, D., A. Roy, S. Maitra et al. "Vitamin C and Covid- 19 Treatment: A Systematic Review and Meta- Analysis of Randomized Controlled Trials." *Dia- betes & Metabolic Syndrome: Clinical Research & Reviews* 15, no. 6 (2021): 102324.

Reilly, P. "RFK Jr. Says Wife Cheryl Hines, Not Him, Urged Party Guests to Be Vaxxed for Covid." *New York Post,* December 18, 2021.

Reiss, J., and M. R. Smith. "Inside One Network Cashing in on Vaccine Disinformation." AP News, May 13, 2021.

"RFK Jr.'s Anti-Vaccine Group Kicked Off Instagram and Facebook." Associated Press, August 18, 2022.

Riess, R., and G. Lemos. "Miami Private School Makes Bogus Claims About Vaccines While Ordering Pupils Who Get a Shot to Stay Home for 30 Days." CNN, October 19,

Hahn, S. M. "Opinion: FDA Commissioner: No Matter What, Only a Safe, Effective Vaccine Will Get Our Approval." *Washington Post,* August 5, 2020.

Islam, A., M. S. Bashir, K. Joyce et al. "An Update on Covid-19 Vaccine Induced Thrombotic Thrombo- cytopenia Syndrome and Some Management Recommendations." *Molecule* 26, no. 16 (August18, 2021).

Knight, R., V. Walker, S. Ip et al. "Association of Covid-19 with Major Arterial and Venous Thrombotic Diseases: A Population-Wide Cohort Study of 48 Million Adults in England and Wales." *Circulation* 146, no. 12 (2022): 892–906.

Mostafavi, A., S. A. H. Tabatabaei, S. Z. Fard et al. "The Incidence of Myopericarditis in Patients with Covid-19." *Journal of Cardiovascular Thoracic Research* 13, no. 3 (2021): 203–207.

Offit, P. A. *Vaccinated: One Man's Quest to Defeat the World's Deadliest Diseases.* New York: Harper- Collins, 2007.

"Operation Warp Speed: Accelerated Covid-19 Vaccine Development Status and Efforts to Address Man- ufacturing Challenges." Government Accounting Office, February 2021.

Watanabe, A., R. Kani, M. Iwagami et al. "Assessment of Efficacy and Safety of mRNA Covid-19 Vaccines in Children Aged 5 to 11 Years: A Systematic Review and Meta-Analysis." *Journal of the American Medicine Association Pediatrics* 177, no. 4 (2023). doi.org/10.1001/jamapediatrics.2022.6243.

Yasuhara, J., K. Masuda, T. Aikawa etal. "Myopericarditis After Covid-19 mRNA Vaccination Among Adoles- cents and Young Adults: A Systematic Review and Meta-Analysis." *Journal of the American Medicine Association Pediatrics* 177, no. 1 (2022). doi.org/10.1001/jamapediatrics.2022.4768.

第5章　デマで金もうけ

Alba, D. "YouTube Bans All Anti-Vaccine Misinforma- tion." *New York Times,* September 29, 2021.

Basen, R. "Doc Fired After Standing Up to Private Equity: RFK Jr.'s Anti-Vax Machine." *MedPage Today,* December 21, 2021.

Bradner, E., and K. Maher. "DeSantis Targets Covid Vaccine Manufacturers and CDC in Latest Anti-Vaccine Moves." CNN, December 13, 2022.

Brashier, N., G. Pennycook, A. J. Berinsky et al. "Timing Matters When Correcting Fake News." *Proceed- ings of the National Academy of Sciences* 118, no. 5 (2021). doi.org/10.1073/pnas.2020043118.

Bredderman, W. "How a Clinton Associate Bankrolled the Anti-Vax Underground." *Daily Beast,* October 29, 2021.

Brumfiel, G. "For Some Anti-Vaccine Advocates, Mis- information Is Part of a Business." NPR, May 12, 2021.

Brumfiel, G. "Anti-Vaccine Activists Use a Federal Data- base to Spread Fear About Covid Vaccines." NPR, June 14, 2021.

Center for Countering Digital Hate. *The Disinformation Dozen: Why Platforms Must Act on Twelve Leading Online Anti-Vaxxers*, March 24, 2021. counter hate.com/disinformation-dozen.

Dean, J., and G. Duff. "Joe Mercola: An Antivaccine Quack Tycoon Pivots Effortlessly to Profit from Spreading Covid-19 Misinformation." *Veterans Today*, August 6, 2021.

STEPHEN HAHN

Baumann, J. "Botched Covid Plasma Announcement Clouds FDA's Vaccine Process." *Bloomberg Law,* August 25, 2020.

Blake, A. "The FDA Offers a Big Correction After Help- ing Hype Trump's Coronavirus Announcement." *Washington Post,* August 24, 2020.

Carr, T. "Is the Trump Administration Eroding Trust in the FDA?" *Undark,* October 14, 2020.

"Coronavirus (Covid-19) Update: FDA Encourages Recovered Patients to Donate Plasma for Devel- opment of Blood-Related Therapies." U.S. Food and Drug Administration, April 16, 2020.

Edwards, E. "Why Did the FDA Authorize Convalescent Plasma, a Potential Treatment for Covid-19?" NBC News, August 24, 2020.

"FDA Chief Apologizes for Overstating Plasma Effect on Virus." Associated Press, August 25, 2020.

"FDA Issues Emergency Use Authorization for Conva- lescent Plasma as Potential Promising Covid-19 Treatment, Another Achievementin Administra- tion's Fight Against Pandemic." U.S. Food and Drug Administration, August 23, 2020.

Florka, N. "FDA, Under Pressure from Trump, Autho- rizes Blood Plasma as Covid-19 Treatment." *STAT,* August 23, 2020.

Hiltzik, M. "Column: FDA Boss Hahn Admits Error on Plasma, But Fails to Recover His Credibility." *Los Angeles Times,* August 25, 2020.

Kinch, M. S., and J. P. Henderson. "How Politics Mud- died the Waters on a Promising Covid-19 Treat- ment." *Scientific American,* August 25, 2020.

Kupferschmidt, K., and J. Cohen. "In FDA's Green Light for Treating Covid-19 with Plasma, Critics See Thin Evidence—and Politics." *Science,* August 24, 2020.

Oprysko, C. "FDA Chief Issues Mea Culpa for His Plasma Treatment Claims." *Politico,* August 25, 2020.

"President Trump News Conference." C-SPAN, August 23, 2020.

Rutschman, A. S., L. Vertinsky, and Y. Heled. "Opinion: We Worry the FDA Is Under Extreme Pressure to Rush Approvals for Covid-19 Treatments." *Mar- ket Watch,* August 27, 2020.

Rutschman, A., L. Vertinsky, and Y. Heled. "FDA Is Departing from Long-Standing Procedures to Deal with Public Health Crises, and This May Foreshadow Problems for Covid-19 Vaccines." *The Conversation,* August 27, 2020.

Sachs, R. "Understanding the FDA's Controversial Con- valescent Plasma Authorization." *Health Affairs,* August 27, 2020.

Sharfstein, J. "How the FDA Should Protect Its Integ- rity from Politics." *Nature,* September 9, 2020.

Thomas, K., and S. Fink. "F.D.A. 'Grossly Misrepre- sented' Blood Plasma Data, Scientists Say." *New York Times,* August 24, 2020.

第4章　とっておきの切り札

Gargano, J. W., M. Wallace, S. C. Hadler et al. "Use of mRNA Covid-19 Vaccine After Reports of Myo- carditis Among Vaccine Recipients: Update from the Advisory Committee on Immunization Prac- tices—United States, June 2021." *Morbidity and Mortality Weekly Report* 70, no. 27 (July 9, 2021).

Kloypan, C., M. Saesong, J. Sangsuemoon et al. "Conva- lescent Plasma for Covid-19: A Meta-Analysis of Clinical Trials and Real-World Evidence." *Euro- pean Journal of Clinical Investigation* 51, no. 11 (2021): e13663. doi.org/10.1111/eci.13663.

Korley, F. K., V. Durkalski-Mauldin, S. D. Yeatts et al. "Early Convalescent Plasma for High-Risk Out- patients with Covid-19." *New England Journal of Medicine* 385, no. 21 (2021): 1951–60.

Lattanzio, N., C. Acosta-Diaz, R. J. Villasmil et al. "Effec- tiveness of Covid-19 Convalescent Plasma Infu- sion Within 48 Hours of Hospitalization with SARS-CoV-2 Infection." *Cureus* 13, no. 7 (2021): e16746. doi.org/10.7759/cureus.16746.

Mucha, S. R., and N. Quraishy. "Convalescent Plasma for Covid-19: Promising, Not Proven." *Cleveland Clinic Journal of Medicine* 87, no. 11 (2020): 664–70.

Peng, H. T., S. G. Rhind, and A. Beckett. "Convalescent Plasma for the Prevention and Treatment of Covid-19: A Systematic Review and Quantitative Analysis." *JMIR Public Health and Surveillance* 7, no. 6 (2021): e31554. doi.org/10.2196/25500.

Piscoya, A., L.F. Ng-Sueng, A.P. del Riego et al. "Efficacy and Harms of Convalescent Plasma for Treat- ment of Hospitalized Covid-19 Patients: A Sys- tematic Review and Meta-Analysis." *Archives of Medical Science* 17, no. 5 (2021): 1251–61.

Salazar, E., K. K. Perez, M. Ashraf et al. "Treatment of Coronavirus Disease 2019 (Covid-19) Patients with Convalescent Plasma." *American Journal of Pathology* 190, no. 8 (2020): 1680–90.

Salman, O. H., and H. S. A. Mohamed. "Efficacy and Safety of Transfusing Plasma from Covid-19 Sur- vivors to Covid-19 Victims with Severe Illness: A Double-Blinded Controlled Preliminary Study." *Egyptian Journal of Anaesthesia* 36, no. 1 (2020): 264–72.

Sekine, L., B. Arns, B. R. Fabro et al. "Convalescent Plasma for Covid-19 in Hospitalised Patients: An Open-Label, Randomised Clinical Trial." *Euro- pean Respiratory Journal* 59, no. 2 (2021): 2101471. doi.org/10.1183/13993003.01471-2021.

Simonovich, V. A., L. D. Pratx, P. Scibona et al. "A Ran- domized Trial of Convalescent Plasma in Covid- 19 Severe Pneumonia." *New England Journal of Medicine* 384, no. 7 (2021): 619–29.

Sullivan, D. J., K. A. Gebo, S. Shoham et al. "Early Out- patient Treatment for Covid-19 with Convales- cent Plasma." *New England Journal of Medicine* 386, no. 18 (2022): 1700-1711.

Tortosa, F., G. Carrasco, M. Ragusa et al. "Use of Conva- lescent Plasma in Patients with Coronavirus Disease (Covid-19): Systematic Review and Meta-Analysis." medRxiv (preprint). doi.org/10.1101/2021.02.14.20246454.

Wooding, D. J., and H. Bach. "Treatment of Covid-19 with Convalescent Plasma: Lessons from Past Coronavirus Outbreaks." *Clinical Microbiology and Infection* 26, no. 10 (2020): 1436–46.

Writing Committee for the REMAP-CAP Investigators. "Effect of Convalescent Plasma on Organ Support-Free Days in Critically Ill Patients with Covid-19: A Randomized Clinical Trial." *Journal of the American Medical Association* 326, no. 17 (2021): 1690–1702.

Journal 59 (2021): 2102002. doi.org/10.1183/13993003.02002-2021.

CONVALESCENT PLASMA

Agarwal, A., A. Mukherjee, G. Kumar et al. "Convales- cent Plasma in the Management of Moderate Covid-19 in Adults in India: Open Label Phase II Multicentre Randomised Controlled Trial (PLACID Trial)." *British Medical Journal* 371 (2020): m3939.

Agarwal, N., S. Mishra, and A. Ayub. "Convalescent Plasma Therapy in Covid-19 and Discharge Sta- tus: A Systematic Review." *Journal of Family Medicine and Primary Care* 10, no. 10 (2021): 3876–81.

Alsharidah, S., M. Ayed, R. M. Ameen et al. "Covid-19 Convalescent Plasma Treatment of Moderate and Severe Cases of SARS-CoV-2 Infection: A Multi- center Interventional Study." *International Jour- nal of Infectious Diseases* 103 (2021): 439–46.

Axfors, C. P. Janiaud, A. M. Schmitt et al. "Association Between Convalescent Plasma Treatment and Mortality in Covid-19: A Collaborative Systematic Review and Meta-Analysis of Randomized Clini- cal Trials." *BMC Infectious Diseases* 21, no. 1170 (2021). doi.org/10.1186/s12879-021-06829-7.

Bégin, P., J. Callum, E. Jamula et al. "Convalescent Plasma for Hospitalized Patients with Covid-19: An Open-Label, Randomized Controlled Trial." *Nature Medicine* 27, no. 11 (2021): 2012–24.

Casadevall, A., Q. Dragotakes, P. W. Johnson et al. "Con- valescent Plasma Use in the USA Was Inversely Correlated with Covid-19 Mortality." *eLife* 10, no. e69866 (2021). doi.org/10.7554/eLife.69866.

Cho, K., S. C. Keithly, K. E. Kurgansky et al. "Early Convalescent Plasma Therapy and Mortality Among US Veterans Hospitalized with Nonsevere Covid-19: An Observational Analysis Emulating a Target Trial." *Journal of Infectious Diseases* 224, no. 6 (2021): 967–75.

Duan, K., B. Liu, C. Li et al. "Effectiveness of Convales- cent Plasma Therapy in Severe Covid-19 Patients." *Proceedings of the National Academy of Sciences* 117, no. 17 (2020): 9490–96.

Elbadawi, A., M. Shnoda, M. Laguio-Vila et al. "Conva- lescent Plasma in the Management of Covid-19 Pneumonia." *European Journal of Internal Medi- cine* 89 (2021): 121–23.

Hatzl, S., F. Posch, N. Sareban et al. "Convalescent Plasma Therapy and Mortality in Covid-19 Patients Admitted to the ICU: A Prospective Observational Study." *Annals of Intensive Care* 11, no. 1 (2021): 73. doi.org/10.1186/s13613-021-00867-9.

Joyner, M. J., J. W. Senefeld, S. A. Klassen et al. "Effect of Convalescent Plasma on Mortality Among Hospitalized Patients with Covid-19: Initial Three-Month Experience." medRxiv (2020). doi.org/10.1101/2020.08.12.20169359.

Klassen, S. A., J. W. Senefeld, P. W. Johnson et al. "The Effect of Convalescent Plasma Therapy on Mor- tality Among Patients with Covid-19: Systematic Review and Meta-Analysis." *Mayo Clinic Proceed- ings* 96, no. 5 (2021): 1262–75.

Klassen, S. A., J. W. Senefeld, K. A. Senese et al. "Conva- lescent Plasma Therapy for Covid-19: A Graphical Mosaic of the Worldwide Evidence." *Frontiers in Medicine* 8 (2021). doi.org/10.3389/fmed.2021.684151.

quine in the Treatment of Outpatients with Mildly Symptom- atic Covid-19: A Multi-Center Observational Study." *BMC Infectious Diseases* 21, no. 1 (2021): 72. doi.org/10.1186/s12879-021-05773-w.

Lewis, K., D. Chaudhuri, F. Alshamsi et al. "The Efficacy and Safety of Hydroxychloroquine for Covid-19 Prophylaxis: A Systematic Review and Meta- Analysis of Randomized Trials." *PLOS ONE* 16, no, 1 (2021): e0244778. doi.org/10.1371/journal.pone.0244778.

Liu, J., R. Cao, M. Xu et al. "Hydroxychloroquine, a Less Toxic Derivative of Chloroquine, Is Effective in Inhibiting SARS-CoV-2 Infection In Vitro." *Cell Discovery* 6, no. 16 (2020). doi.org/10.1038/ s41421-020-0156-0.

Mahase, E. "Hydroxychloroquine for Covid-19: The End of the Line?" *British Medical Journal* 369 (2020): m2378. doi.org/10.1136/bmj.m2378.

Maisonnasse, P., J. Guedj, V. Contreras et al. "Hydroxy- chloroquine Use Against SARS-CoV-2 Infection in Non-Human Primates." *Nature* 585, no. 7826 (2020): 584–87.

Manivannan, E., C. Karthikeyan, N. S. Hari Narayana Moorthy et al. "The Rise and Fall of Chloroquine/ Hydroxychloroquine as Compassionate Therapy of Covid-19." *Frontiers in Pharmacology* 12 (2021): 584940. doi.org/10.3389/fphar.2021.584940.

Martins-Filho, R. R., L. C. Ferreira, L. Heimfarth et al. "Efficacy and Safety of Hydroxychloroquine as Pre- and Post-Exposure Prophylaxis and Treat- ment of Covid-19: A Systematic Review and Meta-Analysis of Blinded, Placebo-Controlled, Randomized Clinical Trails." *Lancet Regional Health—Americas* 2, no. 100062 (2021). doi.org/10.1016/j.lana.2021.100062.

RECOVERY Collaborative Group. "Effect of Hydroxy- chloroquine in Hospitalized Patients with Covid-19." *New England Journal of Medicine* 383, no. 21 (2020): 2030–40.

Saag, M. S. "Misguided Use of Hydroxychloroquine for Covid-19." *Journal of the American Medical Asso- ciation* 324, no. 21 (2020): 2161–62.

Sayare, S. "He Was a Science Star. Then He Promoted a Questionable Cure for Covid-19." *New York Times,* May 12, 2020 (updated May 21, 2020).

Self, W. H., M. W. Semler, L. M. Leither et al. "Effect of Hydroxychloroquine on Clinical Status at 14 Days in Hospitalized Patients with Covid-19: A Ran- domized Clinical Trial." *Journal of the American Medical Association* 324, no. 21 (2020): 2165–76.

Sivapalan, P., C. S. Ulrik, T. S. Lapperre et al. "Azithro- mycin and Hydroxychloroquine in Hospitalised Patients with Confirmed Covid-19: A Randomised Double-Blinded Placebo-Controlled Trial." *European Respiratory Journal* (2022). doi.org/10.1183/13993003.00752-2021.

Takla, M., and K. Jeevaratnam. "Chloroquine, Hydroxy- chloroquine, and Covid-19: Systematic Review and Narrative Synthesis of Efficacy and Safety." *Saudi Pharmaceutical Journal* 28, no. 12 (2020): 1760–76.

WHO Solidarity Trial Consortium et al. "Repurposed Antiviral Drugs for Covid-19—Interim WHO Sol- idarity Trial Results." *New England Journal of Medicine* 384 (2021): 497–511.

Xu, J., and B. Cao. "Lessons Learnt from Hydroxychlo- roquine/Azithromycin in Treatment of Covid-19." *European Respiratory*

Conspir- acy Video Spreads Across Social Media." BBC News, May 8, 2020.

Trang, B. "Covid Vaccines Averted 3 Million Deaths in U.S., According to New Study." *STAT,* December 13, 2022.

Zadrozny, B., and B. Collins. "As '#Plandemic' Goes Viral, Those Targeted by Discredited Scientist's Crusade Warn of 'Dangerous' Claims." NBC News, May 7, 2020.

第3章 FDAのしくじり

HYDROXYCHLOROQUINE

Aljadeed, R. "The Rise and Fall of Hydroxychloroquine and Chloroquine in Covid-19." *Journal of Phar- macy Practice* 35, no. 6 (2021): 971–78.

Axfors, C., A. M. Schmitt, P. Janiaud et al. "Mortality Outcomes with Hydroxychloroquine and Chloro- quine in Covid-19 from an International Collabo- rative Meta-Analysis of Randomized Trials." *Nature Communications* 12, no. 2349 (2021). doi.org/10.1038/s41467-021-22446-z.

Bansal, P., A. Goyal, A. Cusick IV et al. "Hydroxychloro- quine: A Comprehensive Review and Its Contro- versial Role in Coronavirus Disease 2019." *Annals of Medicine* 53, no. 1 (2020): 117–34.

Barratt-Due, A., I. C. Olsen, K. Nezvalova-Henriksen et al. "Evaluation of the Effects of Remdesivir and Hydroxychloroquine on Viral Clearance in Covid-19." *Annals of Internal Medicine* 174, no. 9 (2021): 1261–69.

Benen, S. "Trump Thinks He May Have 'A Natural Ability' to Address Viral Outbreaks." MSNBC, March 9, 2020.

Cavalcanti, A. B., R. G. Zampieri, R. G. Rosa et al. "Hydroxychloroquine With or Without Azithro- mycin in Mild-to-Moderate Covid-19." *New England Journal of Medicine* 383 (2020): 2041–52.

Ferner, R. E., and J. K. Aronson. "Chloroquine and Hydroxychloroquine in Covid-19." *British Medi- cal Journal* 369 (2020). doi.org/10.1136/bmj.m1432.

Fiolet, T., A. Guihur, M. E. Rebeaud et al. "Effect of Hydroxychloroquine With or Without Azithro- mycin on the Mortality of Coronavirus Disease 2019 (Covid-19) Patients: A Systematic Review and Meta-Analysis." *Clinical Microbiology and Infection* 27, no. 1 (2021): 19–27.

Gautret, P., J.-C. Lagier, P. Parola et al. "Hydroxychloro- quine and Azithromycin as a Treatment of Covid- 19: Results of an Open-Label Non-Randomized Clinical Trial." *International Journal of Antimi- crobial Agents* 56, no. 1 (2020). doi.org/10.1016/j.ijantimicag.2020.105949.

Ghazy, R. M., A. Almaghraby, R. Shaaban et al. "A Sys- tematic Review and Meta-Analysis on Chloro- quine and Hydroxychloroquine as Monotherapy or Combined with Azithromycin in Covid-19 Treatment." *Scientific Reports* 10, no. 22139 (2020). doi.org/10.1038/s41598-020-77748-x.

Hoffman, M., K. Mösbauer, H. Hofmann-Winkler et al. "Chloroquine Does Not Inhibit Infection of Human Lung Cells with SARS-CoV-2." *Nature* 585, no. 7826 (2020): 588–90.

Hussain, N., E. Chung, J. J. Heyl et al. "A Meta-Analysis on the Effects of Hydroxychloroquine on Covid-19." *Cureus* 12, no. 8 (2020). doi.org/10.7759/ cureus.10005.

Ip, A., J. Ahn, Y. Zhou et al. "Hydroxychloro-

March 16, 2023.
Zhu, W., Y. Huang, J. Gong et al. "A Novel Bat Coronavi- rus with a Polybasic Furin-Like Cleavage Site." *Virologica Sinica* 38, no. 3 (2023): 344–50. doi.org/10.1016/j.virs.2023.04.009.
Zimmer, C. "Newly Discovered Bat Viruses Give Hints to Covid's Origins." *New YorkTimes,* October 14, 2021.

第2章　陰謀論の甘いわな

Andrews, T. "Facebook and Other Companies Are Removing Viral 'Plandemic' Conspiracy Video." *Washington Post,* May 7, 2020.
Cook, J., S. van der Linden, S. Lewandowsky, and U. Ecker. "Coronavirus, 'Plandemic' and the Seven Traits of Conspiratorial Thinking." *The Conversa- tion*, May 15, 2020.
Darby, L. "What Is 'Plandemic,' the Latest Anti-Vaxxer Conspiracy Theory?" *GQ,* May 11, 2020.
Enserink, M., and J. Cohen. "Fact-Checking Judy Mikovits, the Controversial Virologist Attacking Anthony Fauci in a Viral Conspiracy Video." *Science,* May 8, 2020.
Fichera, A., S. H. Spencer, D. Gore, L. Robertson, and E. Kiely. "The Falsehoods of the 'Plandemic' Video." FactCheck.org, May 8, 2020 (updated June 29, 2021).
Frenkel, S., B. Decker, and D. Alba. "How the 'Plandemic' Movie and Its Falsehoods Spread Widely Online." *New York Times,* May 20, 2020.
Funke, D. "Fact-Checking 'Plandemic': A Documentary Full of False Conspiracy Theories About the Coronavirus." *Politifact*, May 7, 2020.
Haelle, T. "Why It's Important to Push Back on 'Plan- demic'—And How to Do It." *Forbes,* May 8, 2020.
"The Infodemic: *Plandemic 2* Is Another Covid-19 Con- spiracy Theory Video." Voice of America, August 19, 2020.
Kearney, M. D., S. C. Chiang, and P. M. Massey. "The Twitter Origins and Evolution of the Covid-19 'Plandemic' Conspiracy Theory." *Misinformation Review,* Harvard Kennedy School, October 9, 2020.
Landsverk, G., and A. Woodward. "A Point-By-Point Debunk of the 'Plandemic' Movie, Which Was Shared Widely Before YouTube and Facebook Took It Down." *Business Insider,* May 22, 2020.
"Millions View Viral Plandemic Video Featuring Dis- credited Medical Researcher Judy Mikovits." ABC/Reuters, May 13, 2020.
Naughton, J. "How the 'Plandemic' Conspiracy Theory Took Hold." *The Guardian,* May 23, 2020.
Nazar, S., and T. Pieters. "Plandemic Revisited: A Product of Planned Disinformation Amplifying the Covid- 19 'Infodemic.'" *Frontiers in Public Health* 9 (July 14, 2021). doi.org/10.3389/fpubh.2021.649930.
Neuman, S. "Seen 'Plandemic'? We Take a Close Look at the Viral Conspiracy Video's Claims." NPR, May 8, 2020.
Sommer, W. "Discredited Doctor and Sham 'Science' Are the Stars of Viral Coronavirus Documentary 'Plandemic.'" *Daily Beast,* May 8, 2020.
Spencer, S. H., J. McDonald, and A. Fichera. "New 'Plan- demic' Video Peddles Misinformation, Conspira- cies." FactCheck.org, August 21, 2020 (updated June 29, 2021).
Spring, M. "Coronavirus: 'Plandemic" Virus

Holmes, E. C., S. A. Goldstein, A. L. Rasmussen et al. "The Origins of SARS-CoV-2: A Critical Review." *Cell* 184, no. 19 (2021): 4848–56.

Honigsbaum, M. "Viral by Alina Chan and Matt Ridley Review—Was Covid-19 Really Made in China?" *The Guardian,* November 15, 2021.

Hu, B., L.-P. Zeng, X.-L. Yang et al. "Discovery of a Rich Gene Pool of Bat SARS-Related Coronaviruses Provides New Insights into the Origin of SARS Coronavirus." *PLOS Pathogenesis* 13, no. 11 (2017). doi.org/10.1371/journal.ppat.1006698.

Kessler, G. "Fact-Checking the Paul-Fauci Flap Over Wuhan Lab Funding." *Washington Post,* May 18, 2021.

Lewis, T. "New Evidence Supports Animal Origin of Covid Virus Through Raccoon Dogs." *Scientific American,* March 17, 2023.

Madhusoodanan, J. "Animal Reservoirs—Where the Next SARS-CoV-2 Variant Could Arise." *Journal of the American Medical Association* 328, no. 8 (2022): 696–98.

Matza, M., and N. Yong. "FBI Chief Christopher Wray Says China Lab Leak Most Likely." BBC.com, March 1, 2023. bbc.com/news/world-us-canada-64806903.

Menachery, V. D., B. L. Yount, Jr., K. Debbink et al. "A SARS-Like Cluster of Circulating Bat Coro- naviruses Shows Potential for Human Emer- gence." *Nature Medicine* 21, no. 12 (2015): 1508–1513.

Mikkelson, D. "AIDS Created by the CIA?" Snopes.com, March 5, 2003 (updated September 22, 2014).

Mueller, B. "New Data Links Pandemic's Origins to Raccoon Dogs at Wuhan Market." *New York Times,* March 16, 2023.

Newey, S. "Chinese Scientists Find 'Suspicious' Fea- ture of Coronavirus in the Wild." *The Telegraph,* May 9, 2023.

"Nobel Peace Laureate Claims HIV Deliberately Created." ABC News, Australia, October 9, 2004. abc.net.au/news/2004-10-09/nobel-peace-laureate-claims-hiv-deliberately/565752.

Pezenik, S., J. Margolin, K. Morris, and T. Moran. "New Report from Senate Republicans Doubles Down on Covid Lab Leak Theory." ABC News, April 18, 2023.

Phillips, A. "'No-Brainer' Covid Was Made in a Lab, Johns Hopkins Doctor Says." *Newsweek,* March 1, 2023.

Quammen, D. *Spillover: Animal Infections and the Next Human Pandemic,* New York: W.W. Norton & Company, 2012.

Rasmussen, A., and M. Worobey. "Covid-19 Almost Certainly Did Not Come from a Lab Leak. Here's How We Know." *Globe and Mail,* July 28, 2022.

Sanders, L., and K. Frankovic. "Two-Thirds of Ameri- cans Believe That the Covid-19 Virus Originated from a Lab in China." YouGov America, March 10, 2023.

Worobey, M. "Dissecting the Early Covid-19 Cases in Wuhan." *Science* 374, no. 6572 (2021): 1202–1204.

Worobey, M. "I Called for More Research on the Covid 'Lab Leak Theory.' Here's What I Found." *Los Angeles Times,* March 8, 2023.

Worobey, M., J. I. Levy, L. M. Serrano et al. "The Huanan Seafood Wholesale Market in Wuhan Was the Early Epicenter of the Covid-19 Pandemic." *Science* 377, no. 6609 (2022): 951–59.

Wu, K. "The Strongest Evidence Yet That an Animal Started the Pandemic." *The Atlantic,*

主要参考文献

はじめに

Klaassen, F., M. H. Chitwood, T. Cohen et al. "Changes in Population Immunity Against Infection and Severe Disease from SARS-CoV-2 Omicron Vari- ants in the United States Between December 2021 and November 2022." medRxiv (preprint), November 23, 2022. doi.org/10.1101/2022.11.19.22282525.

Little, D., E. Barkley, J. Kibitel et al. "Which Comorbid- ities Increase the Risk of a Covid-19 Breakthrough Infection." EpicResearch.org, March 31, 2022. epicresearch.org/articles/which-comorbidities-increase-the-risk-of-a-covid-19-breakthrough-infection.

Mandavilli, A. "The CDC Is Not Publishing Large Por- tions of the Covid Data It Collects." *New York Times,* February 22, 2022.

Stulpin, C. "Universal Masking No Longer Recom- mended in Health Care Facilities, CDC Says." *Infectious Disease News,* September 30, 2022.

Tin, A. "More Than 9 in 10 Kids Have Survived at Least One Bout with Covid, the CDC Estimates." CBS News, December 15, 2022.

Trinkl, J., K. Bartelt, B. Joyce et al. "Paxlovid Signifi- cantly Reduces Covid-19 Hospitalizations and Deaths." EpicResearch.org, September 22, 2022. epicresearch.org/articles/paxlovid-significantly-reduces-covid-19-hospitalizations-and-deaths.

Wen, L. "Public Health Needs a Reset." *Washington Post,* March 7, 2023.

第1章　悪夢の始まり

Andersen, K. G., A. Rambaut, W. I. Lipkin et al. "The Proximal Origin of SARS-CoV-2." *Nature Medi- cine* 26, no. 4 (2020): 450–55.

Cohen, J. "New Clues to Pandemic's Origin Surface, Causing Uproar." *Science* 379, no. 6638 (2023): 1175–76.

Doucleff, M. "What Does the Science Say About the Origin of the SARS-CoV-2 Pandemic." NPR, Feb- ruary 28, 2023.

Dwyer, D. "Watch: Anthony Fauci and Rand Paul Clash Over Wuhan Lab, Origin of Covid-19." Boston.com, May 12, 2021.

Engber, D. "The Lab-Leak Theory Meets Its Perfect Match." *The Atlantic,* November 24, 2021.

Gale, J. "Bats in Laos Caves Harbor Closest Relatives to Covid-19 Virus." *Bloomberg,* September 18, 2021.

Gordon, M. R., and W. P. Strobel. "Lab Leak Most Likely Origin of Covid-19 Pandemic, Energy Depart- ment Now Says." *Wall Street Journal,* February 26, 2023.

Gostin, L. O., and G. K. Gronvall. "The Origins of Covid- 19—Why It Matters (and Why It Doesn't)." *New England Journal of Medicine* (2023). doi.org/10.1056/NEJMp2305081.

Graham-Harrison E., T. Phillips, and J. McCurry. "Doc- tor Who Blew Whistle Over Coronavirus Has Died, Hospital Says." *The Guardian,* February 6, 2020.

Gronvall, G. K. "The Contested Origin of SARS-CoV-2."*Survival* 63, no. 6 (2021): 7–36.

■や行

■ら行

■わ行

■ま行

■な行

■は行

■た行

■さ行

■か行

索引

［著者］

ポール・A・オフィット

医学博士、フィラデルフィア小児病院ワクチン教育センター長、ペンシルベニア大学ペレルマン医学部ワクチン学モーリス・R・ヒルマン教授兼小児科学教授。タフツ大学とメリーランド大学医学部を卒業し、メリーランド大学医学部の優秀小児科医J・エドモンド・ブラッドリー賞、米国感染症学会のワクチン開発若手研究者奨励賞、米国立衛生研究所の研究キャリア開発賞など受賞歴多数。

ロタウイルス特異的免疫反応やワクチンの安全性に関する論文を180本以上発表している。2006年に米疾病対策センター、2013年に世界保健機関が乳幼児全員への接種を推奨したロタウイルスワクチン、ロタテックの共同開発者でもある。この功績により、ペンシルベニア大学医学部のルイジ・マストロヤンニ賞とウィリアム・オスラー賞、全米感染症財団のシャルル・メリュー賞を受賞したほか、ビル＆メリンダ・ゲイツ財団による世界の人々の健康のための「リビング・プルーフ・プロジェクト」の開始にあたっても表彰された。

2009年には米国小児科学会から優れた功績を残した小児科医に贈られる会長賞、2011年には米国医科大学協会のデイビッド・E.ロジャーズ賞、公益医学センターのオデッセイ賞を受賞し、米国科学アカデミー医学研究所（現：米国医学アカデミー）の会員に選出された。さらに2012年にフィラデルフィア医科大学の医学功労賞、2013年に全米感染症財団のマクスウェル・フィンランド科学功労賞、メリーランド大学医学部の優秀同窓生賞を受賞している。2015年にはペンシルベニア大学のリンドバック特別教育賞を受賞し、米芸術・科学アカデミーの会員に選出された。2016年には、フィラデルフィア市のフランクリン創設者賞、ピッツバーグ大学公衆衛生大学院のポーター賞、『フィラデルフィア・ビジネス・ジャーナル』誌から生涯功労賞、米国哲学協会から医学に大きな貢献をした研究者に贈られるジョナサン・E・ロアーズ・メダルを受賞。2018年にはセービンワクチン研究所のゴールドメダル、2019年には米国メディカルライター協会のジョン・P・マクガバン賞、2020年にはチャイルドUSAの公的教育賞を受賞した。2021年、第15回ワクチン会議でエドワード・ジェンナー・ワクチン学生涯功労賞を授与され、ボルチモアのユダヤ人殿堂入りを果たした。2022年には東部小児科研究学会の年間最優秀メンター賞、メリーランド大学医学部の同窓生リーダーシップ学部長賞受賞。2023年、米国哲学協会の会員に選出。

米疾病対策センターの予防接種の実施に関する諮問委員会の元委員で、現在はFDAワクチン諮問委員会の委員を務める。また、自閉症科学財団とワクチン研究財団の設立諮問委員会にも参加している。

［日本語版監修者］

大沢基保

薬博、帝京大学名誉教授。（一財）食品薬品安全センターの研究顧問。東京大学大学院修了後、労働省の研究所にて職業病の研究を行う。その間に英国MRCトキシコロジー研究所、米国ミシガン大学医学部にて研究に従事。その後、帝京大学薬学部に移り、主に重金属などの環境物質の生理／毒性作用について研究し、日本免疫毒性学会賞受賞。WHO／IPCS の免疫毒性に関する環境保健基準書の作成員を務める。

［訳者］

関谷冬華

翻訳者。広島大学大学院先端物質科学研究科量子物質科学専攻博士課程前期修了。研究支援ソフトウェア開発会社、翻訳会社に勤務後、独立。訳書に『世界をまどわせた地図』、『科学の誤解大全』、『ビジュアル パンデミック・マップ』、『禍いの科学』など。

疫禍動乱（えきかどうらん）
世界トップクラスのワクチン学者が語る、
Covid-19の陰謀・真実・未来

2024年9月2日　第1版1刷

TELL ME WHEN IT'S OVER
An Insider's Guide to Deciphering Covid Myths and Navigating Our Post-Pandemic World
Paul A. Offit, M.D.

著者　ポール・A・オフィット
訳者　関谷冬華
日本語版監修　大沢基保
編集　尾崎憲和
装丁　田中久子
装画　木原未沙紀
制作　マーリンクレイン
発行者　田中祐子
発行　株式会社日経ナショナル ジオグラフィック
〒105-8308　東京都港区虎ノ門4-3-12
発売　株式会社日経BPマーケティング
印刷・製本　日経印刷

ISBN 978-4-86313-615-1　Printed in Japan
本書は米National Geographic Partnersの書籍「TELL ME WHEN IT'S OVER」を翻訳したものです。内容については原著者の見解に基づいています。
乱丁・落丁本のお取替えは、こちらまでご連絡ください。
https://nkbp.jp/ngbook